U0249261

中等职业学校食品类专业"十一五"规划教材

粮油食品加工技术

河南省漯河市食品工业学校组织编写

刘延奇　主编

赵学伟　杨留枝　副主编

化学工业出版社

·北京·

本书是《中等职业学校食品类专业"十一五"规划教材》中的一个分册。

《粮油食品加工技术》一书是针对国内专科学校食品类专业学生而编写的一本教材，目的是进一步普及和推广粮油食品加工的工艺技术。本书是作者根据我国传统的技术和经验，在吸收了国内外先进生产和研究成果的基础上编写而成的。书中分章节系统介绍了小麦、稻谷、大豆、植物油脂、玉米、薯类、植物淀粉、杂粮类制品以及功能性粮油食品的基础知识、加工工艺和精深加工工艺。书中重点介绍了粮油加工中的技术问题和工艺路线，而对理论作了概括和简要处理，其指导思想是通过对这些工艺和技术的汇编，为读者提供一本较实用的技术性、指导性书籍。

本书可供大中专院校学生、教师以及工程技术人员使用，也可供粮食企业的技术人员、管理人员参考。

图书在版编目(CIP)数据

粮油食品加工技术/刘延奇主编．—北京：化学工业
出版社，2007.7（2017.10重印）
中等职业学校食品类专业"十一五"规划教材
ISBN 978-7-122-00591-5

Ⅰ．粮… Ⅱ．刘… Ⅲ．①粮食加工-专业学校-教材
②食用油-食品加工-专业学校-教材 Ⅳ．TS2

中国版本图书馆 CIP 数据核字（2007）第 081735 号

责任编辑：陈　蕾　侯玉周　　　　　　文字编辑：昝景岩
责任校对：宋　夏　　　　　　　　　　装帧设计：郑小红

出版发行：化学工业出版社（北京市东城区青年湖南街 13 号　邮政编码 100011）
印　　　装：北京科印技术咨询服务公司海淀数码印刷分部
710mm×1000mm　1/16　印张 16½　字数 324 千字　2017 年 10 月北京第 1 版第 3 次印刷

购书咨询：010-64518888（传真：010-64519686）　售后服务：010-64518899
网　　址：http://www.cip.com.cn
凡购买本书，如有缺损质量问题，本社销售中心负责调换。

定　　价：35.00 元　　　　　　　　　　　　　　版权所有　违者必究

序

　　食品工业是关系国计民生的重要工业，也是一个国家、一个民族经济社会发展水平和人民生活质量的重要标志。经过改革开放 20 多年的快速发展，我国食品工业已成为国民经济的重要产业，在经济社会发展中具有举足轻重的地位和作用。

　　现代食品工业是建立在对食品原料、半成品、制成品的化学、物理、生物特性深刻认识的基础上，利用现代先进技术和装备进行加工和制造的现代工业。建设和发展现代食品工业，需要一批具有扎实基础理论和创新能力的研发者，更需要一大批具有良好素质和实践技能的从业者。顺应我国经济社会发展的需求，国务院做出了大力发展职业教育的决定，办好职业教育已成为政府和有识之士的共同愿望及责任。

　　河南省漯河市食品工业学校自 1997 年成立以来，紧紧围绕漯河市建设中国食品名城的战略目标，贴近市场办学、实行定向培养、开展"订单教育"，为区域经济发展培养了一批批实用技能型人才。在多年的办学实践中学校及教师深感一套实用教材的重要性，鉴于此，由学校牵头并组织相关院校一批基础知识厚实、实践能力强的教师编写了这套《中等职业学校食品类专业"十一五"规划教材》。基于适应产业发展，提升培养技能型人才的能力；工学结合、重在技能培养，提高职业教育服务就业的能力；适应企业需求、服务一线，增强职业教育服务企业的技术提升及技术创新能力的共识，经过编者的辛勤努力，此套教材将付梓出版。该套教材的内容反映了食品工业新技术、新工艺、新设备、新产品，并着力突出实用技能教育的特色，兼具科学性、先进性、适用性、实用性，是一套中职食品类专业的好教材，也是食品类专业广大从业人员及院校师生的良师益友。期望该套教材在推进我国食品类专业教育的事业上发挥积极有益的作用。

食品工程学教授、博士生导师　李元瑞

2007 年 4 月

前　　言

　　教材是办学中不可缺少的要素，我国职业教育的发展，需要一批相应的教材支撑。而目前的中职粮油食品加工类教材，一方面理论偏深，加工技术落后，新的加工技术和装备在教材中没有介绍；另一方面在大专相关学科的教材内容中，其操作技能方面又体现不足。这在一定程度上限制了中职教育的技能强化，因而不能满足中职教育的教学需要。

　　本教材属于中等职业学校层次，其主要内容涉及面制食品、米制食品、大豆食品、植物油脂、玉米食品、薯类食品、杂粮食品、植物淀粉和功能性粮油食品加工等。教材理论部分注重启发学生的独立思考能力，以够用为主；技能方面则强调技术先进、工业规模。本教材在技能方面注重培养学生的创新意识，引导学生使用新原料、尝试新工艺。教材将提高学生的综合素质贯穿于教学活动的始终，使学生的理论和技能协调发展。

　　本教材由郑州轻工业学院刘延奇主编，郑州轻工业学院赵学伟和杨留枝副主编。全书共分十章，其中第一章、第六章和第九章由刘延奇编写，第二章由赵学伟编写，第三章由赵学伟和河南科技学院郝亚勤编写，第四章和第五章由杨留枝编写，第七章由刘延奇和河南科技学院南海娟编写，第八章由郑州轻工业学院李昌文和河南职业技术学院岳青编写，第十章由李昌文和河南省漯河市食品工业学校张娟编写。全书由刘延奇负责统稿，高愿军教授负责审稿。

　　在本书的编写过程中，得到了化学工业出版社和河南省漯河市食品工业学校领导及工作人员的大力支持和热情帮助，在此谨表示衷心的感谢。

　　由于编者水平有限，加上编写时间紧，书中难免有不当之处，敬请读者和同行予以批评指正。

编者

2007 年 4 月

目　　录

第一章 概 述

第一节 粮油食品的发展

我国是农业大国,食品加工业是重要的产业之一。我国的粮油食品加工业源远流长,已有几千年的历史了,而且我国是世界最早使用石臼、石磨等原始工具加工稻麦谷菽的国家之一。米制品和焙烤制品是我国传统食品,早在公元前 2700 年我国就有磨粉的记载。到唐代中期,面条制作传至日本,尔后又由著名旅行家马可·波罗带到意大利,经后人改革创新,成为当今的通心面。我国本土的面食加工,更是品种繁多、花色各异。南北朝时期,食品加工就有了系统的专著,《齐民要术》记载了面、饭的烹制方法。北宋时期,月饼、油条、春卷等新品种又相继问世。如今,随着科技的进步、社会的发展和人民生活水平的提高,特别是改革开放之后,粮油食品工业的发展以提高产品质量、增加花色品种、扩大市场占有率和满足人民生活需求为方向,发展了方便食品、速冻食品,开发了功能性食品等一系列粮油食品的种类。

近年来,粮油食品消费市场也发生了新的转变。首先是人们的消费观念发生了显著的变化,人们对食品的要求不仅是好吃、实惠,而且还要优质、保健、多样、方便,很多质量好、知名度高的优质品牌逐渐成为一种消费时尚。其次就是随着粮油市场竞争的加剧,粮油食品加工企业引进先进的设备和进行大规模的技术改造,使产品之间的质量差异越来越少,企业的经营策略开始向品牌效应转变。

第二节 粮油食品加工的特点和范围

粮油是人类的主要食物,是食品工业的基础原料。21 世纪初,农业和农村经济已进入到战略性调整阶段,逐步优化了农作物品种,提高了粮油生产的质量。确保供给,改善质量,提高人类营养和健康水平仍是 21 世纪食品科技研究的主题。

根据中国的现状和饮食习惯,目前及今后相当长的一段时间内,谷物在我国人民的饮食结构中仍会占主要的地位。今后粮油食品加工业的重点和方向就是要从节约粮食、节约能源、改善品质、提高经济效益、减轻家务劳动等方面改进谷物的加工工艺，制造出一日三餐的主食品进入家庭。因此，谷物的焙烤、蒸煮、煎炸、膨化、冷冻等食品以及方便食品将会得到很快的发展。高新技术也相应地渗透到这一领域，使传统主食品的工业化生产达到规模化、产品标准化、经营连锁化。时至今日，随着人们饮食习惯的改变，营养不均衡、环境污染、化学物质的滥用等所导致的心血管病、糖尿病、癌症等已构成对人类的重大威胁；另外，饮食结构不合理，偏食，以至在不同人群中贫血、骨质疏松、生长发育不良也相当普遍。因此，功能性食品、绿色食品、营养强化食品、营养配餐的研究开发显得非常重要。粮油食品加工就是要立足于技术创新，充分合理利用粮油资源，开发适销对路的优良产品，提高企业的综合经济效益。

粮油食品加工主要有以下几个方面。

1. 小麦制品的加工

小麦营养丰富，含有独特的、能构成面筋的蛋白质，其加工成的小麦粉能制成多种食品，如面条、面包、蛋糕、饺子、花卷等。为了满足不同的社会生产和生活的需要，针对我国传统面制食品专用粉和营养性、方便化专用小麦粉的研究起步晚、产品种类少、专用性不强、影响下游工业发展等问题，小麦制品的加工及发展方向是开展小麦食品专用粉研究开发，或通过添加适当的面粉添加剂，来满足各种制品的需求。另外就是针对目前国内营养不均衡问题，对面粉进行营养强化，拓宽面粉的使用范围。

2. 米制品的加工

碾米属于稻谷的一般加工，其产品是普通大米。针对我国市场对营养方便主食的需求，米制品的加工及研究方向按产品可分为三个方面：一为大米主食产品，如免淘米、强化米、营养米、米粉、方便米饭等；二为大米小食品，如粉丝、米粉条、米饼、方便米粉、年糕等；三为大米饮料类，如米乳汁发酵饮料等。除此之外，开展营养、卫生、安全、方便的米制食品研究，对高纯度大米分离蛋白、大米微粒化淀粉制备关键技术进行研究，以及开发大米分离蛋白的高生物效价和低过敏性产品的研究，也备受各食品开发企业的关注。

3. 大豆制品的加工

中国是大豆的故乡，也是豆制品加工的发源地。传统的大豆制品除豆腐之外，还有豆粉、腐竹、腐乳、豆腐干、豆腐丝、素鸡、熏制品等几十种产品。近几年来，新型大豆制品也不断发展，这些新型的大豆制品主要指以脱脂大豆为原料的大豆蛋白制品、全脂大豆制品，以及采用高新技术的大豆磷脂、大豆寡糖、大豆纤维、大豆异黄酮等功能食品。

4. 植物油脂类的加工

植物油料是一项重要的大宗农产品，油脂及其深加工产品又是食品工业的重要支柱产业。油料不仅是一个重要的脂质资源，而且是一个丰富的蛋白和其他营养素资源。植物油脂加工开发的重点已由油脂转向蛋白质和类脂物及其重要的衍生物。

相应的加工技术也朝着油料内容物分离提取、有效成分不受到破坏或变化的方向不断革新，例如混合溶剂萃取、低温脱溶、水溶法、超临界 CO_2 萃取等制油方法得到了新的发展。

5. 玉米制品的加工

我国玉米产量仅次于稻谷、小麦，占第三位，但是用于食用的玉米仅占总产量的 8% 左右，比例失衡。玉米集许多营养素于一身，被营养学界称为营养的富集物和浓缩物，既是营养保健食品，也是疗效、功能性食品。近几年对玉米的深加工主要表现在：①开发具有低血糖指数和能够预防肥胖类疾病的慢消化淀粉及其他变性淀粉等健康食品产品；②针对我国新能源、新材料的战略需求，开展 L-乳酸生产关键技术和产业化示范研究；③针对我国淀粉糖生产量大，但总体技术水平低、不能生产高端（高纯度）产品，限制了高档饮料、糖果和一些药品开发的问题，开展淀粉糖生产关键技术与产业化研究。

6. 薯类制品的加工

薯类是我国的传统食品之一，传统的薯类制品主要有淀粉、粉条、饴糖、酒等，生产规模较单一、工艺简单。针对这种情况，我国薯类加工应以传统食品为基础，加强科研，积极开发薯类休闲食品和方便食品，以满足人民生活需要。我国对薯类进行深加工主要表现在：①研究原料的加工特征和马铃薯全粉工艺技术，重点突破马铃薯全粉的低剪切制泥技术、回填法多段调质干燥技术，从而改变国产马铃薯全粉品质差、生产规模小、大量从国外进口的现状；②优化甘薯淀粉加工的生产工艺技术，重点突破甘薯细化粉碎技术和机械筛分与水力旋流组合分离提纯技术。

7. 植物淀粉类的加工

淀粉类制品是我国的传统食品。淀粉类制品的主要发展方向是将食品挤压、膨化、微胶囊化、超临界萃取、辐射、超微粉碎、微波、超高压杀菌、冷冻干燥、食品生物技术等高新技术应用于产品的开发和生产，使淀粉类制品的开发更趋于工程化。

8. 功能性食品的加工

功能性食品是当今食品开发的"主旋律"，被认为是"人类 21 世纪的主导食品"，而粮油资源中蕴含着丰富的具有各种生理功效的活性物质，其中很多都是来自粮油加工后的废弃物，将其分离提纯出来，可作为很好的功效成分应用到功能性食品中。

第三节　粮油食品加工业中存在的问题和发展方向

一、粮油加工业中存在的问题

经过近几十年的发展，我国粮油发展形势已发生了根本性的变化，粮食生产能力突破了万亿斤大关，同时我国粮油科技事业也得到空前发展，机械化、现代化水平显著提高，粮油食品工业初具规模。尽管如此，粮油食品加工业仍面临着许多问题，主要有以下几个方面。

① 受制于传统的粮油加工模式。我国传统的粮油加工业，粮油资源的综合利用率低，其巨大的潜在附加值没有体现出来，主要的产品品种少、质量低，产生不了高的增加值。目前，只有少数骨干企业采用了较为先进的装备和生产技术。

② 粮油工业的规模小，布局不合理。由于历史的原因，我国粮油食品工业已形成了点多、面广、小型、分散的格局。这种格局越来越不利于现代化生产技术的推广应用，不适应降低成本、加速流通、占领市场的需要；不适应保证产品质量、满足市场需求的形势；不适应研究开发新产品的要求；更不适应以提高经济效益、促进国民经济发展为主的宏伟目标的实现。

③ 综合利用水平低。如玉米加工中的蛋白、油脂、黄浆水若能充分利用，则成本就能降下来；大豆低聚糖的提取利用，可大大降低分离蛋白的成本；推广米糠灭酶技术，米糠的身价能大为提高；发展米糠油和米糠提取物，可提高碾米厂的效益等。

④ 粮油企业小而散，大多数没有产品研发机构。

二、我国粮油食品加工业发展的方向

随着人们对健康、保健意识的加强，粮油食品工业的发展也以提高产品质量、增加花色品种、扩大市场占有率、满足人民生活需求为发展方向。要满足不断提高的人民生活水平和日益加快的生活节奏之需，实现城市生活多样化、农村食品商业化、家庭饮食社会化、食物结构营养化，使粮油食品能满足不同年龄、不同群体、不同职业、不同消费层次的多种需求。

根据当今粮油食品市场的现状，粮油食品加工业的发展思路是：①扩大规模，降低成本；②树立品牌，扩大影响力；③加强产品研发，提高科技含量。在此基础上，粮油食品加工业发展的方向包括以下几个方面。

（1）功能性保健食品　目前，人们对食品功能性和保健化的需求成为一种趋势，食品工业的发展也主要体现在营养价值的提高和功能性的改善上。功能性食品是指能调节人体节律、提高机体免疫功能、预防疾病及有利于健康的特殊食品。要充分利用特殊食品资源，开发膳食纤维、寡糖、糖醇、多种不饱和脂肪酸及蛋白质、胆碱、醇类、酸类等功能食品原料，进行合理配方和食品形态选择，利用现代科学技术，在某些食品中添加人体所需要的营养素，开发出好的功能食品，从而改善国民的营养状况。

（2）方便食品　所谓方便食品，就是为了适应快节奏的生活、经加工制成的食品成品，可以直接食用或稍加烹制就可以食用的食品。方便食品种类繁多，如方便食品（方便面、方便米饭、方便粥、包子及馒头系列蒸制品等）；速冻方便食品（速冻饺子、速冻包子、速冻馄饨、速冻汤圆、速冻春卷、速冻馒头等）；中西式快餐配餐（米饭配菜套餐、肉饼、包子、糖点、饼干、蛋糕、汉堡包、比萨饼、三明治等）；早餐食品（油饼、油条、速溶麦片、速溶豆奶粉、黑芝麻糊等）。这些食品以其快捷、方便、营养较全面等特点深受广大群众的欢迎。

（3）加强米、面、油的生产　米、面、油是食品工业的基本原料，开发适应食品工业需要的多种专用面粉、专用大米、专用油脂等产品，使我国的粮油加工技术达到或接近发达国家的水平。

（4）食品添加剂　没有食品添加剂就没有现代的食品工业，也就没有现代化工业食品，我国传统食品就无法实现工业化、产业化和现代化，食品添加剂的生产和应用水平是一个国家食品工业现代化程度和发展水平的重要标志。食品添加剂的应用将进一步拉长农产品的加工链和产业链，提高农产品的附加值和经济效益。

复 习 题

1. 粮油食品加工的主要内容有哪些？
2. 简述粮油加工的发展趋势。

第二章 面制品加工

第一节 小麦的分类、子粒结构和化学构成

一、小麦的分类

可以根据播种期、皮色、粒质对小麦进行分类。按播种期可分为冬小麦和春小麦。冬天播种第二年夏季收获的称为冬小麦；春季播种当年收获的称为春小麦。按麦粒皮色可分为红皮麦、白皮麦和花麦。红皮麦的皮色呈红褐色或深红色，白皮麦的皮色呈乳白色或黄白色，红皮麦与白皮麦互混时称为花麦。按麦粒粒质分为硬质小麦和软质小麦。麦粒角质率达 70％以上的为硬质麦，麦粒粉质率达 70％以上的为软质麦。

我国小麦根据皮色、粒质和播种期分为九类，分别是：白色硬质冬小麦、白色硬质春小麦、白色软质冬小麦、白色软质春小麦、红色硬质冬小麦、红色硬质春小麦、红色软质冬小麦、红色软质春小麦、混合小麦。

二、小麦的子粒结构

小麦子粒在发育的过程中果皮与种皮紧密相连，不易分开，故称颖果。从外观上看，麦粒有沟的一面称为腹面，该纵沟称为腹沟。与腹面相对的一面称为背面，背面的基部有胚，顶部有短而坚硬的茸毛。小麦的子粒结构如图 2-1 所示，包括果皮、种皮、珠心层、糊粉层、胚乳和胚几大部分。最外层为表皮，向内依次是果皮、种皮、珠心层、糊粉层、胚乳，其中胚乳占子粒质量的 80％左右。制粉时，糊粉层随珠心层、种皮、果皮一同去掉，形成麸皮。麦胚在制粉的过程中一般也应去除。

三、小麦的化学构成

从化学构成的角度看，小麦中含有水分、蛋白质、碳水化合物、脂肪、矿物质、纤维素、少量维生素等。矿物质、纤维素主要分布在皮层；维生素主要分布在胚和糊

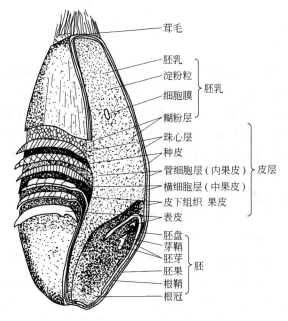

图 2-1 小麦子粒的结构

粉层；脂肪主要分布在胚；碳水化合物主要指淀粉，分布在胚乳；糊粉层和胚中蛋白质的含量较高，但不能形成面筋，胚乳中的蛋白质是构成面筋的主要物质。

第二节 小麦的清理、调质与搭配

小麦在收获、储存、运输的过程中，会混入各种杂质。其中一些为无机杂质，如：沙石、泥块、灰尘、玻璃、金属物等；一些为有机杂质，如：植物的根、茎、叶，其他植物的种子、鼠粪、虫尸、虫卵、绳头纸屑、发芽或霉变的粮粒等。为了保证加工产品的质量，同时也防止杂质在生产过程中对加工设备产生危害，在对小麦进行正式加工之前应首先对其进行清理。

不同的杂质具有不同的特性，应根据杂质与小麦特性的差异，选用不同的分离方法，将杂质与谷物分离，达到有效清理的目的。清理杂质的基本方法有：风选法（根据杂质与谷物悬浮速度的差异）、筛选法（根据宽度和厚度的差异）、精选法（根据形状和长度的差异）、密度分选法（根据密度的差异）、磁选法（根据磁性的差异）、撞击法（根据强度的差异）、色选法（根据颜色的差异）。其中前六种方法在生产实践中已得到广泛应用，色选法主要用于对大米成品中的黄粒米等异色粒的分选。

经清理后所得到的净麦一般应达到如下要求：尘芥杂质含量不得超过 0.3%，其中，沙石含量不得超过 0.02%，其他异种粮谷不得超过 0.5%。

一、风选

根据谷物和杂质悬浮速度的差异，利用气流将杂质分离出去的方法称为风选。气流穿过谷物粮层时，如果气流速度小于谷物的悬浮速度而大于杂质的悬浮速度，气流将杂质带走而留下谷物，达到清理的目的。因此，风选常用于去除轻杂。目前，用于谷物清理的风选设备以垂直吸风风选器和循环吸风风选器为主，其他风选设备较少采用。风选设备可以单独使用，也可以与其他清理设备（如筛选设备）组合使用。下面介绍这两种典型的风选设备。

1. 垂直吸风风选器

垂直吸风风选器主要由带有振动电机的喂料装置、上下两块可调隔板以及机架等部分组成。在振动电机的作用下，物料从喂料斗进入，经淌板流入风道下端口。气流穿过物料，经风道由吸风口排出。通过转动上下隔板的手轮，改变调节隔板的位置从而改变风道的截面积，达到改变风速的目的。风速适宜时可以将轻杂带走，而谷物则下行至出口，达到清理的目的。垂直吸风风选器常与振动筛配合使用，如图 2-2 所示；物料排出振动筛后进入垂直吸风风选器得到进一步风选。

2. 循环吸风风选器

循环吸风风选器的结构如图 2-3 所示，主要由进料斗、风道、圆筒分离器、集尘器、出口、风机电机等部分组成。该设备的特点是自带风机自成风网，采用内循

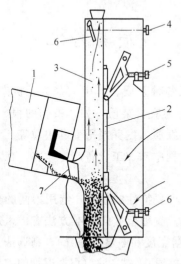

图 2-2　垂直吸风风选器与振动筛的组合
1—振动筛的谷物出口；2—隔板；3—风道；
4—阀门调节手轮；5，6—隔板位置
调节手轮；7—挡风门

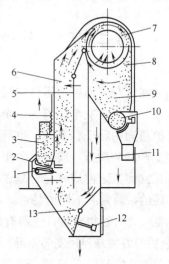

图 2-3　循环吸风风选器
1—隔板；2—偏心机构；3—进料斗；4—弹簧；
5—中隔板；6—垂直风道；7—圆筒分离器；
8—闭风隔板；9—集尘器；10—排杂绞龙；
11—循环风道；12—重力活门；13—收集斗

环气流进行风选。物料由进料斗喂入，由重力活门排出，在此过程中，气流穿过物料层，带走轻杂。当气流经垂直风道、圆筒分离器上的狭窄风道进入集尘器时，由于截面突然增大，风速降低，杂质落到集尘器的底部，经排杂绞龙排出，气流经循环风道得以再利用。圆筒分离器的作用是分离气流中的灰尘轻杂。

二、筛选

筛选设备的主要工作构件为筛面。常用的筛面有冲孔筛面和金属编织筛网两种。冲孔筛面可分为平板冲孔筛面和波纹形冲孔筛面；编织筛面一般由镀锌钢丝或其他金属丝编织而成。筛孔的形状有多种，可以是圆形、长圆形，也可以是三角形、方形、菱形等。

当物料流经筛面时，由于自动分级作用，一些粒度较小的物料逐渐集中在物料层的下部，穿过筛孔，形成筛下物；粒度较大的物料沿筛面继续流动，成为筛上物，由此完成对物料的筛选。

谷物清理中常见的筛选设备有圆筒初清筛、振动筛。

1. 圆筒初清筛

圆筒初清筛为初步清理设备，用于分离谷物中的秸秆、绳头、砖石、泥块等大杂。因筛面不是一个平面而是围成一个圆筒，故而得名。圆筒初清筛结构如图2-4所示，主要由进料机构、筛筒、清理机构、传动机构等组成。其主要工作构件是圆筒形的冲孔筛筒，筛筒分为两段，前段提大杂，称为清理段；后段精选出大杂中的含粮，称为检查段。

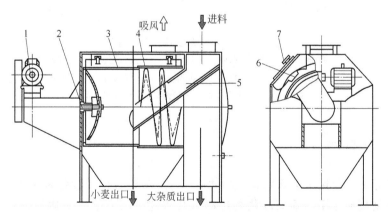

图 2-4 SCY 型圆筒初清筛结构

1—电机；2—传动轴；3—筛筒；4—导流螺旋；5—进料管；

6—清理刷；7—检查门

工作时，筛体在电机的带动下沿传动轴旋转。物料经进料槽落入清理段，筛上物为大杂。随着筛筒的转动，物料进入检查段进一步筛理其中的粮粒，并在导流螺旋推进装置的推导下，至筛端出杂口排出；两段的筛下物为仍带有其他杂质的谷物，收集后由出料口排出。机内扬起的灰尘随气流进入外接的除尘风网。由于初清筛的配用风量很小，除轻杂的作用不大，主要目的在于提供机内负压，防止扬尘。

2. 振动筛

振动筛是一种筛选与风选相结合的清理设备，用于对谷物的进一步清理，去除大杂、小杂和轻杂。图 2-5 为 TQLZ 型振动筛的结构示意图，主要由筛体、进料机构、出料口、振动机构和机架几部分构成。在振动电机的作用下，筛体沿纵向作往复振动。物料由进料口进入进料箱，经可调均料门和分料板在筛面上均匀分布。由于筛体振动和重力作用，物料发生自动分级并向前运动，穿过第一层筛面后大杂留在筛面上，由大杂出口排出。第二层筛面的筛孔较小，只允许小杂通过，沿收集底板经小杂出口排出。谷物沿第二层筛面经卸料口进入垂直吸风道进行风选去除轻杂。

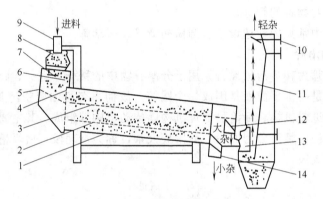

图 2-5　TQLZ 型振动筛结构示意图

1—收集底板；2，3—筛面；4—调节板；5—进料箱；6—分料板；
7—均料门；8—软布套管；9—进料口；10—调风门；11—垂直
风道；12—大杂出口；13—卸料口；14—小杂出口

三、密度分选

密度分选主要用于去除物料中的并肩石、并肩泥，所用设备为密度去石机。密度分选借助气流作用、筛面的往复运动以及特定的筛孔结构来达到分离杂质的目的。密度去石机按气流的形式可分为吸式、吹式、循环式三种。图 2-6 为 QS 型吸式密度去石机的结构示意图，主要由进料机构、筛体、吸风系统、偏心传动机构和机架几部分构成。

工作时，物料经进料管落在筛面的中部，由于筛面作往复运动而产生自动分级，密度小的物料浮于上层，密度大的石子沉入底层。同时气流自下而上穿过物料层，使物料处于流化状态，进一步促进自动分级。上层物料在进口物料的推力和自身重力的作用下向下滑动而排出机外；紧贴在筛面上的石子，在筛面上作向上的加速运动时，由于受到鱼鳞孔凸出边缘的阻挡而不能下滑，而当筛面作反向的加速运动时，由于惯性和气流的吹动，石子爬过鱼鳞孔的背面向上滑动，最后进入沙石检查装置。在沙石检查装置反向气流的作用下，把混在石子中的物料吹回筛面，净化后的石子从出石口排出。

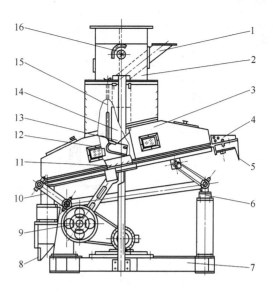

图 2-6　QS 型吸式密度去石机结构
1—进料管；2—吸风管；3—吸风罩；4—精选室；
5—出石口；6—垫板；7—机架；8—出料口；
9—偏心连杆传动；10—支承杆；11—去石
筛面；12—缓冲槽；13—弹簧压力门；
14—料斗；15—拉簧；16—调风门

四、磁选

磁选的主要目的是清除物料中的磁性金属杂质，如：铁钉、螺丝、铁屑、铁块等，以保证安全生产和产品质量。常见的磁选设备有永磁筒、磁力分选器等。

1. 永磁筒

永磁筒结构如图 2-7（a）所示，由外筒体和磁体两部分组成。可以将磁筒直接安装在其他设备的进口，也可以连接在物料输送管道中，构成管道的一部分［见图 2-7（b）］。工作时，物料由进料口落入，经磁体的锥顶向圆筒内散开，从筒体与磁体间的环形空隙通过时，金属杂质被磁体吸附在罩筒表面。由于磁体安装在观察门上［见图 2-7（b）］，清理磁体时，拉开观察门，将磁体带出筒体外，人工清理除去磁体表面的铁杂即可。

2. 磁力分选器

磁力分选器的结构如图 2-8 所示，主要由喂料机构、永磁体、淌板和罩壳组成。工作时，物料由进料装置进入，流经磁钢淌板时，磁性杂质被吸附。清理时，打开观察门，取出磁体清理即可。

五、精选

根据子粒长度和形状的不同，将长粒或短粒谷物或异种谷粒分离出去的方法称为精选，所用的设备称为精选机。分离小麦中的大麦、燕麦或荞子就要使用精选

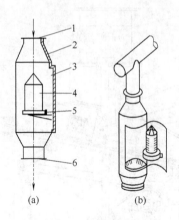

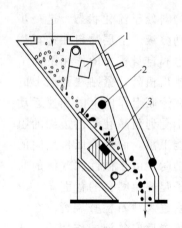

图 2-7　永磁筒结构

1—进料口；2—机壳；3—检查门；

4—永磁体；5—挡杂环；6—出料口

图 2-8　平板式磁力分选器结构

1—压力门喂料机构；

2—提手；3—永磁体

机，因为不论是风选还是筛选，都难以将它们分离出去。常用的精选机包括袋孔精选机和螺旋精选机，前者是根据长度的不同进行精选，而后者是根据形状的不同进行精选。袋孔精选机分为碟片精选机、辊筒精选机、碟片辊筒组合精选机三种。

1. 碟片精选机

碟片精选机的主要工作构件为碟片。工作原理如图 2-9 所示，根据所要分离的杂质的不同，碟片的两面分布着不同形状和大小的凹孔，称为袋孔。碟片成组安装在同一水平轴上，借助碟片的转动，可使谷堆中的短粒嵌入袋孔，带到一定高度后落入收集槽中排出。而长粒由于长度大于袋孔深度，重心在袋孔外而先于短粒落下，仍回到长粒群体中，这样就实现了长粒与短粒的分离。

2. 辊筒精选机

辊筒精选机的工作面不是碟片，而是一个内表面具有袋孔的卧式圆筒，如图 2-10 所示，圆筒内设有短粒收集槽。物料进入辊筒后，随着辊筒的转动，不断与辊筒内表面接触，使短粒装入袋孔内。当辊筒转到一定角度后，短粒由于重力作用

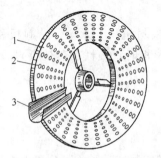

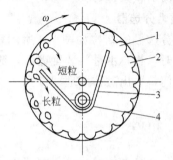

图 2-9　碟片及其工作原理

1—碟片；2—袋孔；3—收集槽

图 2-10　辊筒及其工作原理

1—辊筒；2—袋孔；3—收集槽；4—绞龙

脱离袋孔而落入收集槽。而长粒上升的位置较低，不会落入收集槽，仅在辊筒底部运动，从而实现长短粒的分离。

六、表面处理

表面处理用于毛麦时，其目的在于清除小麦表面黏附的灰尘以及并肩泥块、煤渣、病虫害小麦等；用于光麦清理时，还可以打掉部分麦皮和麦胚。表面处理用于大米成品整理时，目的在于去除米粒表面的残余皮层、黏附的部分糠粉、赋予米粒表面一定的光泽。关于大米的表面处理将在第三章关于大米成品整理中介绍。

表面处理有干法处理和湿法处理两种，干法处理主要包括打击与撞击、擦刷和碾削等，湿法处理一般采用清洗的方法。打击和撞击设备主要有打麦机和撞击机，碾削清理设备主要是碾麦机和加湿光麦机，擦刷设备主要是刷麦机，表面清洗设备主要是去石洗麦机。

七、调质与搭配

谷物的水分对其加工工艺和产品品质产生明显影响。小麦水分太低时子粒坚硬，研磨困难，水分太高时筛理又困难；稻谷水分太高时耐压力差，水分太低时脆性增大，导致碎米率增大。因此，在谷物加工之前应采取一定的方法（如水分调节、蒸汽调节）对谷物的水分进行调整，该过程称为谷物调质。对小麦的水分调节简称润麦，对糙米的水分调节简称润糙。

小麦水分调节过程包括着水和润麦两个环节。着水是向小麦中加水，并使水分均匀地分布在麦粒表面。润麦是让着水后的小麦静置一段时间，使水分从外向内渗透、扩散，在麦粒内部建立合理的水分分布。

可以采用室温水分调节，也可以采用加温水分调节，加温水分调节时水温不应超过52℃。水分调节可以一次完成，也可以分两次或三次完成。水分调节一般在毛麦清理后进行，也可以对毛麦进行预着水，清理后的净麦在入磨前进行喷雾着水，达到水分调节的目的。根据最佳入磨水分确定加水量，硬麦的最佳入磨水分为15.5%～17.5%，软麦的为14.0%～15.0%。水分调节设备包括着水混合机、强力着水机、喷雾着水机及其配套的着水控制系统。

为保证生产的连续性，在着水设备之后应配置一定仓容的润麦仓。润麦时间一般为18～24h，硬麦或冬季24～30h，软麦或夏季16～24h。

由于不同类型的小麦，其加工特性和生产的面粉质量可能存在较大差异，为了保证生产过程的稳定和产品质量符合要求，通常将不同类型的小麦按一定配比混合，称为小麦搭配，简称配麦。将不同小麦先分别加工成面粉，再按相应比例搭配的方法称为配粉。

配麦器是小麦搭配的关键设备，一般放置在麦仓出口下方、螺旋输送机上方。进行小麦搭配时，通过配麦器控制流量，将不同麦仓中的不同小麦按预定搭配比例同时放出，经螺旋输送机输送混合，即可实现小麦搭配。

配麦器有容积式和重力式两种，其中容积式配麦器结构简单、操作方便、价格低廉而被广泛采用。

八、小麦清理流程

小麦清理工艺流程中，调质之前的称为毛麦清理，之后的称为光麦清理。毛麦清理主流工艺流程的组合顺序一般为：①进粮后初清去大杂，称量后入毛麦仓；②风选筛选相结合除大杂、小杂和轻杂；③密度分选去石；④精选除稗等异种粮；⑤磁选去磁性杂质；⑥打麦或擦麦、刷麦，清除表面杂质；⑦筛选去除表面清理下的杂质；⑧磁选去磁性杂质。而后进入调质工序。

光麦清理主流工艺流程的组合顺序一般为：①调质后二度密度分选去石；②磁选去磁性杂质；③第二次打麦或擦麦、刷麦，清除表面杂质；④筛选去除表面清理下的杂质；⑤视工艺需要，附加小麦的再次调质；⑥磁选后进入净麦仓。

第三节　小麦制粉

一、小麦制粉概述

（一）小麦制粉的主要工序

经过清理和水分调节后的小麦（净麦），通过研磨、撞击、清粉和筛理等工序，将皮层与胚乳分离，并把胚乳研磨到一定的细度，加工成适合不同需求的小麦粉，同时分离出副产品的过程成为小麦制粉。

研磨就是通过磨辊对小麦的挤压、剪切、摩擦和剥刮作用，使小麦逐步破碎，从皮层将胚乳逐步剥离并磨细成。主要的研磨设备是磨粉机，其核心工作构件是一对磨辊。

筛理是将研磨后的物料按粒度大小和密度进行分级并筛出面粉。常用的筛理设备有高方平筛、圆筛，以及起辅助筛理作用的打麦机和刷麸机。

小麦经过研磨和筛理以后，形成各种形态的中间物料，统称为在制品。各种在制品包括：麸片（连有胚乳的片状皮层）、麸屑（连有少量胚乳的碎屑状皮层）、麦渣（连有皮层的大胚乳颗粒）、粗麦心（混有皮层的较大胚乳颗粒）、细麦心（混有少量皮层的较小胚乳颗粒）、粗粉（较纯净的细小胚乳颗粒）。麦渣和麦心统称粗粒。

从麦皮上剥刮下来的胚乳颗粒，其中或多或少还含有一些连皮胚乳粒和细碎的麦皮，如果直接磨碎成粉，这些麦皮将同时被粉碎，从而降低面粉的质量。在制高等级面粉时，应当将细碎麦皮、连皮胚乳粒、纯净的胚乳颗粒分离开来，然后分别进行研磨。将三者分离的过程称为清粉。实现清粉所用的设备为清粉机。

（二）制粉过程中的各系统及物料的流向

现在的面粉厂普遍采用逐步粉碎、多道研磨的制粉方式。即，研磨不是一次完成的，而是要经过多道研磨、多道筛理，同时配备有清粉系统。

根据物料种类及其处理方式的不同，将小麦研磨分为皮磨、心磨、渣磨、尾磨四个系统，每个系统又由一道或几道研磨来完成。皮磨系统的任务是剥开麦粒，并将胚乳颗粒剥刮下来，同时尽量保证麦皮完整。心磨系统的任务是将皮磨系统剥刮下来的经筛理分级、清粉提纯的麦心磨成细粉，同时，尽可能轻地研磨麦皮和麦胚，并经筛理后与面粉分离。尾磨是心磨系统的组成部分，其任务是专门处理心磨系统前、中、后路平筛的筛上物。渣磨系统的任务是用较轻的研磨，使麦皮与胚乳分开，麦渣、麦心得到提纯，为心磨提供较多、较好的物料，以利于出好粉和提前出粉。清粉系统的作用是将皮磨和其他系统获得的麦渣、麦心、粗粉、连麸粉粒及麸屑的混合物分开，送往相应的研磨系统。

图2-11给出了制粉流程中各系统物料的大致流向。在前几道研磨系统中尽可能多地提取麦渣、麦心和粗粉。将提出的麦渣、麦心送往清粉机，按照颗粒大小和质量进行分级提纯，同时采用渣磨系统对麦渣进行轻微剥刮，实现麦皮与胚乳的有效分离。精选出的高纯度麦心和粗粉送往心磨系统磨制高等级面粉，而精选出的质量较次的麦心和粗粉则送往相应的心磨系统磨制质量较低的面粉。

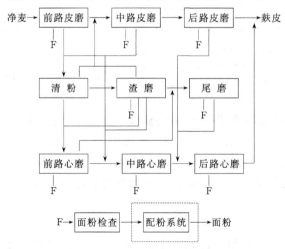

图2-11　制粉过程中各系统的物料流向

二、研磨

研磨是制粉过程中的重要环节，研磨效果的好坏对小麦的出粉率、小麦粉的质量、工艺设备的生产能力以及生产成本都有直接影响。小麦的破碎和研磨是由研磨设备来完成的。常用的研磨设备包括辊式磨粉机，以及起辅助作用的松粉机、撞击磨。

（一）辊式磨粉机

辊式磨粉机的工作原理是利用一对相向差速转动的圆柱形磨辊，对送入两磨辊间研磨区的物料产生一定的挤压和剪切，使物料破碎、麦皮上的胚乳被逐步剥刮下来，并被粉碎成细粉。

目前的辊式磨粉机一般为复式磨粉机，即一台磨粉机上有两对以上的磨辊。图2-12为辊式磨粉机的结构示意图，主要由机架、磨辊、喂料机构、传动机构、轧距调节机构等构成。

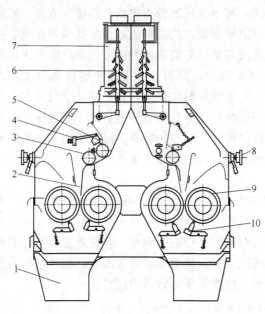

图2-12　辊式磨粉机的结构示意图
1—机座；2—导料板；3—喂料辊；4—喂料门传感器；
5—喂料活门；6—存料传感器；7—存料筒；8—磨辊
轧距调节手轮；9—磨辊；10—清理磨辊的刷子或刮刀

1. 磨辊

磨辊是磨粉机的主要工作构件，由辊体和轴两部分构成。辊体采用两种以上金属经离心浇铸而成，外层是硬度高的冷硬合金铸铁，为研磨层，厚度为辊体直径的8%～13%。磨辊分光辊和齿辊两种。齿辊一般用于皮磨和渣磨系统，光辊常用于心磨系统。一对磨辊中转速较快的一只称为快辊，转速较慢的一只称为慢辊。快辊支撑在机座两端的轴承上，慢辊支撑在活动轴承臂内的轴承上。

快、慢辊靠拢，进入工作状态的过程称为合闸（也称进辊），此时物料喂入两辊之间的研磨区进行研磨。两辊退开，回到等待状态称为离闸（也称退辊），此时应停止喂料。

2. 喂料机构

喂料机构的作用是使物料定量、定速、均匀地在磨辊全部长度上呈薄层进入研磨区。喂料机构位于磨辊的上方，主要由前后喂料辊、喂料活门和传感器组成。前后喂料辊中位于内侧的称定量辊，配合节流闸门控制送入辊间的物料流量；外侧的称分流辊，转速较快，将物料分成更薄的流层，并以一定的降落速度准确进入研磨区。研磨不同物料时，喂料辊的转速不同，辊齿也不同。调节喂料活门和喂料辊之间的喂料间隙，可以控制喂料量。喂料活门可以实现自动调节或手动调节，喂料辊的启停以及喂料活门的开闭与磨辊的离合是连锁的。

3. 轧距调节和松合闸机构

轧距是指两辊横截面的中线连线上两辊面之间的距离。对于齿辊，轧距就是两辊齿顶平面之间的距离。轧距调节和松合闸机构的主要作用是完成磨辊的合、离闸动作，并方便、准确地调整两磨辊间的轧距。由于快辊是固定的，轧距调节以及进、退辊都是靠改变慢辊的位置来实现的。进、退辊是靠气动控制的松合闸来完成的，松合闸与伺服喂料控制机构连锁。轧距调节则是通过转动轧距调节手轮来实现的。为防止物料中偶然出现的硬物对磨辊的损坏，在轧距调节机构里设置了弹簧，对磨辊起保护作用。

4. 传动机构

磨粉机的传动机构通常有两部分：一部分是给磨辊、喂料辊传递动力，一般采用皮带传动；另一部分设置在快、慢辊之间，用来保持两辊间准确、稳定的传动比，由快辊带动慢辊，称为差速传动。目前差速传动形式有齿轮、链条、双面圆弧同步带、齿楔带四种。

5. 磨辊清理机构

磨辊工作时，表面和齿槽内会粘有粉质物料，特别是在原料的水分较高而轧距较小时。磨辊清理机构的作用就是清理这些黏附在磨辊表面的粉质物料，保持辊面的正常工作状态。一般采用刷子或刮刀贴紧辊面，随磨辊的转动自动完成对辊面的清理。刷子最初应用于齿辊的清理，后来逐步发展也用于光辊的清理，而刮刀主要用于光辊的清理。刷子和刮刀机构可以整体移动，磨辊合闸时与磨辊接触，松闸时离开磨辊。

6. 出料装置

磨粉机的出料方式有两种，一种是物料从磨膛出机后进入溜管，然后进入气力输送系统的接料器；另一种是在磨粉机内设置磨膛吸料装置，在磨膛的底部设有锅形的接料器，锅底中央有一向上的突锥，它伸向吸料管的中心，起导流物料的作用。突锥的上方为吸料管，吸料管外面有套管，两者构成一个环形风道，可使物料均匀地进入吸料管。两对磨辊的两根吸料管分别从进料筒的两侧穿过磨顶，接气力输送系统。采用磨膛吸料装置后，磨粉机可以安装在楼底，减少制粉车间的楼层数，节约投资，但气力输送的动耗较高。

7. 吸风装置

研磨使磨辊温度升高，应对磨辊进行吸风冷却。可以借助磨下物料的气力输送系统对磨辊进行冷却。对于齿辊，在磨膛上方的观察门与机身之间留有进风缝；对于光辊，还设置有轧距吸风装置。轧距吸风装置除起冷却磨辊的作用外，主要作用是减小轧距处"泵气"对均匀喂料的影响。

8. 控制机构

控制机构是实现磨粉机离合闸、保持轧距、进行一系列动作的核心。最初的控制机构是手动控制和液压控制，目前液压控制已被淘汰，大多数磨粉机使用的是气动控制和电动控制，甚至全自动控制。

（二）磨辊技术参数及其对研磨工艺效果的影响

磨粉机的研磨工艺效果通常以剥刮率和取粉率来评定。剥刮率是指一定数量的物料经过某道皮磨研磨后，穿过粗筛的数量占物料总量的百分比。例如，100g 小麦经 1 皮磨研磨后，用 20W 的筛子筛理，筛下物为 35g，则 1 皮磨的剥刮率为 35%。取粉率是指物料经某道磨粉机研磨后，穿过粉筛的物料数量占本道磨流量的百分比。

影响研磨工艺效果的因素较多，包括原料的特性、物料的流量、磨辊技术参数、对磨辊的吸风调节及清理等。这里仅介绍磨辊技术参数对研磨工艺效果的影响。磨辊技术参数包括磨辊表面技术参数和磨辊运动技术参数。

1. 磨辊表面技术参数

磨辊的表面技术参数主要指辊面上磨齿的齿数、齿角、磨齿的排列、磨齿斜度。

（1）齿数　是指磨辊周围长度内的磨齿数目，以每厘米长度内磨齿数表示（牙/cm）。齿数的多少是由研磨物料的大小、性质和要求达到的粉碎程度来确定的。入磨物料的颗粒较大或要求磨出物较粗时，选用磨辊的齿数应较少。研磨物料的流量大，齿数可稍少；流量小，磨齿可稍密。一般渣磨 8～10 牙/cm，心磨 10～12 牙/cm，或采用光辊。

（2）齿角　齿角是指磨齿横断面上两个侧面所形成的夹角。磨齿的两个面不是对称的，较窄的齿面称为锋面，它与磨辊中心到齿顶连线的夹角称为锋角；较宽的齿面称为钝面，它与磨辊中心到齿顶连线的夹角称为钝角。在研磨过程中与物料接触并对物料进行破碎的那个角称为前角，前角可以是锋角也可以是钝角。应当注意，磨齿的顶端并不是一条线，而是一个很小的平面，它可以使磨辊的研磨作用变得缓和，减少切碎麦皮的机会，并使磨齿经久耐用。齿角的范围一般为 90°～120°，其中锋角 20°～50°，钝角 55°～70°。

（3）磨齿的排列　由于磨齿有锋角和钝角之分，而磨辊又有快辊和慢辊之分，因此，快辊齿角与慢辊齿角的排列，按作用于研磨物料的前角来表示，有四种方法

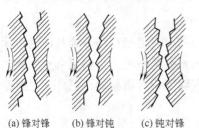

(a) 锋对锋　(b) 锋对钝　(c) 钝对锋　(d) 钝对钝

图 2-13　磨齿的排列

（见图 2-13），即锋对锋、锋对钝、钝对锋、钝对钝。如果采用锋对锋的排列，磨齿对物料的剪切作用最强，粉碎程度最大，而动耗最低。磨下物中麸片较碎，麦渣、麦心多而细粉少，适合加工水分含量高或软而韧的小麦。钝对钝的排列对物

料的挤压作用大而剪切作用小，破碎作用缓和，磨下物中麸片大、麦渣、麦心少而面粉多，面粉中含麸少，但动力消耗大，适合于加工水分低或硬而脆的小麦。钝对锋或锋对钝由于其工艺效果不稳定，很少采用。磨齿排列形式的选择与齿角的选择关系密切，可相互制约、取长补短。如采用锋对锋排列，可适当加大齿角和前角，以免皮

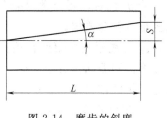

图 2-14　磨齿的斜度

层过碎；选用钝对钝排列时，可选用较小的齿角或较小的钝角，以降低能耗、提高产量。

（4）磨齿的斜度　磨齿的齿槽与磨辊的轴线不是平行的，而是倾斜成一定的角度。同一磨齿两端在磨辊圆周上的距离（弧长，S）与磨辊的长度（L）之比称为磨齿斜度（α），见图 2-14。对于一对磨辊，在磨粉机上就位后，必须使两辊磨齿的倾斜方向相同，这样当一对磨辊转动时，快辊磨齿和慢辊磨齿便形成许多交叉点，在磨辊间的轧距小于物料的情况下，物料就在交叉点上得到粉碎。磨齿的斜度越大，交叉点之间的距离越小，交叉点越多，粉碎作用越强。如果没有斜度，接触是间隙性的，粉碎作用不能均衡地完成，磨粉机易产生震动。

2. 磨辊运动技术参数

（1）磨辊转速和速比　快、慢辊的转速不同，不同研磨系统的磨辊转速也不同。通常快辊的转速在 $450 \sim 600 r/min$ 之间，最低的为 $350 r/min$；前路皮磨采用较高的转速，而后路心磨的转速最低。速比是快辊与慢辊转速或线速的比，在研磨过程中，快、慢辊保持一定的速比是保证研磨效果的重要条件。一般在磨制高等级粉时，皮磨系统的速比为 2.5：1，渣磨系统为（1.5～2）：1，心磨系统为（1.25～1.5）：1。在磨制低等级粉时，各系统的速比可全部采用 2.5：1。

（2）轧距和研磨区长度　改变轧距是磨粉机生产操作的主要调节方法，轧距越小，研磨作用越强，动耗越高，流量越小。一般皮磨系统的轧距为 0.1～0.8mm，心磨系统的为 0.07～0.2mm，后路研磨系统的较小。从两磨辊夹着物料的起轧点到物料与磨辊脱离的终轧点之间的直线距离称为研磨区长度。研磨区越长，物料受研磨的时间越长，破碎作用越大。增大磨辊直径可以增加研磨区长度，减小轧距也能增大研磨区长度。研磨区长度的确定随各道磨粉机的作用而异，一般为 4～20mm。

（三）磨粉机的操作和维护

磨粉机的结构较为复杂，操作难度较大，必须精心操作、妥善维护。重点做好以下三个方面的工作。

1. 保证设备正常运转

① 磨粉机必须在磨辊离闸的状态下启动电机。对于气动控制的磨粉机，在启动电机之前应先启动气源，并接通气控系统。

② 开机后，要经常检查气路中各气动元件、气路及接头是否有漏气或损坏，气压是否符合要求。

③ 磨粉过程中要经常检查喂料机构、磨辊清理机构、集料斗和出料情况。喂料传感机构需动作灵活准确；经常清除清理刷中的积粉；经常检查集料斗中的存料情况，保证排料通畅。

④ 经常检查轴承温度，若温度过高，应检查润滑和传动部分是否正常、轧距是否过紧。每半年彻底检修保养一次轴承。

⑤ 每三个月检查调整一次传动带的张紧度。

2. 保证研磨效果方面

① 安装磨辊时，对两磨辊要认真地校平衡。

② 定期采用标准方法检查剥刮率和取粉率。对于皮磨，平时通过观察磨下物中麸片的大小及含量来判断研磨效果；对于心磨，主要观察含粉的多少，并根据手捻搓感觉其粗细程度进行判断。

③ 检查流量是否稳定，当流量过大或过小时，应及时检查前方设备的工作情况。

④ 防止物料未经研磨而从磨辊两端穿过。若发生该现象，应停机检修调整磨辊挡料板。

⑤ 防止皮磨研磨时出现切丝现象。造成切丝的主要原因有：轧距过紧、齿角过小、流量过低、磨齿特性与物料的粒度和流量不相适应等。

⑥ 防止因流量过高、磨齿过钝、定速机构失效造成速比减小等导致物料缠辊。磨粉机内壁不应有凝结水，磨门外不应有粉尘飞扬。研磨后物料的温度不应超过50℃，否则应检查接料器工作状态。

3. 预防及正确处理故障

① 来料中断或突然停机时，应将磨粉机离闸。

② 出料斗若发生堵塞，应立即退辊并及时疏通。

③ 若喂料活门内有异物，应先退辊再设法取出异物；在运转中，若有异物掉入研磨处，应先停机后取出，避免发生人身事故。

④ 磨辊保护弹簧的张力须适当，保险销或保险垫圈的规格不得任意加大，确保设备安全运转。

⑤ 运行过程中，不得随意调节轧距最小限位装置，以确保研磨效果和保护磨辊。

⑥ 检修后，散落的物料经磁选和筛理后方可回机，防止其中的杂质损坏设备。

三、筛 理

在小麦制粉生产过程中，经每道磨粉机研磨之后，粉碎物料均为粒度和形状不同的混合物，其中一些细小的胚乳颗粒已达到面粉的细度要求，需将其分离出去，避免重复研磨。对于粒度较大的物料也需按粒度大小分成若干等级，根据粒度大小、品质形状（胚乳纯度或麦皮含量）及制粉工艺安排分别送往下道研磨、清粉或打麸等工序继续处理。通常采用筛理的方法完成上述的物料分级任务，所用的设备为平筛以及辅助筛理设备打麸机和刷麸机等。

平筛是小麦制粉厂中的主要筛理设备，因其筛面为水平装置，且整个筛体在工作时作平面回转运动，故称平筛。其主要特点是筛理面积大、分级种类多。平筛按结构不同分为挑担平筛、双筛体平筛和高方平筛。目前使用最多的是高方平筛。

（一）高方平筛

图 2-15 为高方平筛的结构示意图，主要由进料装置、筛箱、传动机构、吊挂装置等组成。高方平筛的筛体分为两个对称的筛箱，每个筛箱由 2、3 或 4 个筛仓组成，每个筛仓内叠放 20～28 层方形筛格。两筛箱由上下平板和钢架连成一体，带有偏重块的立轴装置位于筛体的中间，由自带电机驱动。整个筛体通过吊挂装置悬吊在车间梁下或金属结构的吊架下。筛格四周外侧与筛箱内壁间形成 4 个可供物料下落的狭长外通道，筛格本身有 1～3 个供本格筛上物或筛下物流动的内通道。每仓筛的顶部都有一个或两个进料口，物料经顶格散落于筛格的筛面上，连续筛理后分级物料经内、外通道落入底格出口流出。

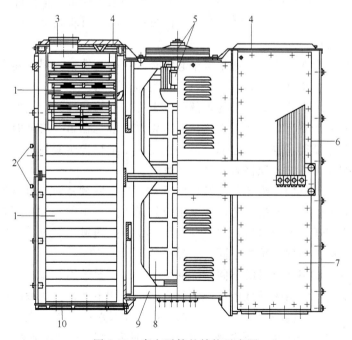

图 2-15　高方平筛的结构示意图

1—筛格；2—仓门把手；3—进料口；4—筛格压紧装置；5—传动装置；
6—吊杆；7—筛箱；8—偏重块；9—中部机架；10—出料口

1. 筛箱

筛箱由筛格、顶格、底格、筛网、筛网清理块和推料块、筛格压紧装置组成。

（1）筛格　筛格由筛框和位于筛框内的筛面格组成，结构如图2-16所示。筛面格一般由木板或贴塑木板制成，分成4～6个小格。筛面格的顶面绷装筛网，底面装承托网，以承托清理块。筛理过程中，清理块不断撞击筛格、筛面，起清理筛面的作用。承托网的网孔较大，可让筛下物自由穿过，落在底板上，底板位于筛格的中部。底板上放置尼龙推料块，工作中推料块随筛体的振动对筛下物有推动作用，利于排料。底板上方一侧或两侧的边框上开有窄长孔，为筛下物的出口。为防止推料块随筛下物一起流出，出口处设有钢丝栅栏。筛下物经出口流出落入下一筛格的筛网上继续进行筛理。由于筛格是相互叠放的，底板下方的空间即为下一筛格筛上物的水平通道。根据筛上物和筛下物的流向不同，可将筛格分为8种形式，由

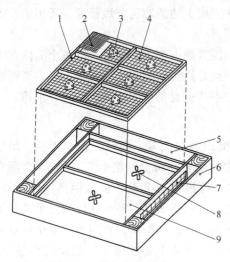

图2-16　筛格结构示意图

1—筛面格；2—筛理筛网；3—清理块；
4—钢丝筛网；5—内通道；6—筛框；
7—钢丝栅栏；8—推料块；9—收集底板

不同的结构来实现。

有的筛格无筛面和底板，通常位于起筛理作用的两筛格之间，起增加筛上物的流动空间高度或调整筛格总高度的作用，称为填充筛格。

（2）顶格　顶格位于每仓筛的顶部，其上方与平筛的进料筒相连，下部在工作时压紧在第一层筛格上。顶格的作用，一是将物料散落在第一层筛面上或导入后侧外通道用于双路筛理，也就是起到分料的作用；二是配合压紧装置对本仓筛格进行垂直压紧。按结构不同，顶格有4种基本形式。

（3）底格　底格位于筛仓底层筛格的下方，其作用是将内外通道各个方向上的筛出物严格分开收集，并按工艺设计要求分别送入底板上的不同出料口。底格有8个进口和与之相通的8个出口，进口分别与本仓内外通道相对应，出口分别与底板上的出口相对应。根据其结构不同有4种型号。

（4）筛网　按制造材料的不同，筛网可分为金属丝筛网和非金属丝筛网。

金属丝筛网通常由镀锌低碳钢丝、软低碳钢丝和不锈钢钢丝编制而成，一般为筛孔较大的筛网。筛网规格通常以一个汉语拼音字母和一组数字表示，字母表示金属丝的材料，如Z表示镀锌低碳钢，R表示软低碳钢钢丝，数字表示每50mm筛网宽度上的筛孔数。制粉厂习惯以每英寸（＝0.0254m）筛网宽度上的筛孔数表示，并以W表示金属筛网，如20W。

非金属丝筛网主要有尼龙筛网、化纤筛网、蚕丝筛网和蚕丝与锦纶交织筛网。非金属筛网的规格以两个或三个汉语拼音字母以及一组数字表示，字母表示非金属丝的材料以及编织方法，数字表示每厘米筛网长度上的筛孔数。制粉厂常用数字后加 GG 表示，54GG 表示 1 维也纳英寸（＝1.0375 英寸＝0.0264m）中有 54 个筛孔。

（5）筛网清理块和推料块　目前常使用聚氨酯清理块，形状为弧形三角，底部有一凸台。推料块过去常用牛皮块，现多用聚氨酯制作，呈十字形。

（6）筛格压紧装置　高方平筛在运动时必须将筛格压紧，以防止串粉和串料。筛格的压紧装置包括水平压紧装置和垂直压紧装置。

筛格在筛仓内的水平压紧：筛格里侧的两个角卡在筛箱后部的两个立柱间，两侧卡在箱体外侧两边的立柱间，靠筛门实现水平压紧。与筛格接触的筛箱立柱以及筛门边框处都粘有长绒毛来保证密封。筛格水平压紧有两种形式，一是利用仓门直接压紧，另一种是在筛格外侧用条形木楔先压紧，然后再压紧仓门。

垂直压紧装置位于每仓筛格的顶部，通过顶格实现压紧。利用一对锥形齿轮的转动，带动压紧螺杆上下移动以完成压紧或松开筛格的动作。垂直压紧与水平压紧要交替进行，不可一次完成压紧。

2. 传动机构

高方平筛的传动机构安装在两筛箱之间的传动钢架上。电机通过皮带传动带动主轴旋转，主轴上固定有可调节的偏重块，偏重块随主轴旋转而产生离心力，带动筛体回转，达到筛理的目的。

3. 吊挂装置

为保证筛体在水平面内作回转运动，高方平筛采用吊装的形式支撑筛体。吊杆的下端与筛体相连，上端与楼层的大梁或吊挂钢架的横梁相连。常用的吊杆材料有藤条、玻璃钢和钢丝绳。

（二）高方平筛的筛路

物料在筛理分级过程中的流动路线称为筛路。筛路是由多种形式的筛格组合而成的。高方平筛有 8 种标准粉筛路可供选择，适用于前路出粉法生产二等粉、标准粉以及特制一等粉和标准粉联产的粉路。高方平筛有 23 种等级粉筛路可供选择，应根据物料筛分的级数、物料的筛理特性、流量等因素选择合理的筛路。不同研磨系统的筛下物，由于其筛理特性不同，应选择不同的筛路。

（三）平筛的安装、操作及维护

1. 平筛的安装

安装平筛时，4 根吊杆要相互平行，承受的拉力要一致，保证筛体顶部水平。偏重块的安装角度影响筛体的振幅，安装高度影响筛体的平动状态。平筛的回转半径和运动频率要配合恰当才能得到理想的筛理效果，振幅或偏心矩加大时需选用较低的振动频率或转速。

2. 开机前的检查与维护

认真检查吊挂装置的可靠性，定期用扭力扳手检查吊杆的压紧螺栓和钢丝绳的连接情况；安装筛格后要注意均匀压紧；电源线应沿吊杆接入并与吊杆捆扎牢靠，运行过程中不得产生甩动；进出料布筒的连接要牢固；筛体必须在静止状态下启动，在筛体振动幅度范围内不得有障碍物。

3. 筛体运行中的检查与维护

① 对中心轴的上下轴承应定期注润滑油，发现不正常声响要及时停机检修。发现平筛转速低于额定值时应检查传动带的张紧情况。

② 经常检查平筛各出口处物料的流量和质量情况，特别是粉路的筛上物和筛下物。

③ 筛面的张紧程度是否合适。

④ 发生堵塞时应先设法停止进料，而后疏通出口，堵塞严重时应停机。

⑤ 回粉物料应根据质量情况，采用回粉机分别均匀地回入相应平筛。

4. 停机后的检查与维护

① 认真检查工作不正常的筛仓，发现筛孔堵塞或损坏，应查找原因并及时清理或修补更换。在清理筛面时，应使用软毛刷轻刷，切勿用力拍打。

② 短时停机时，可将进出口布筒打开，放出筛仓内的湿热空气；长时间停机，应拆出筛格进行清理，并将筛仓内外打扫干净。

5. 维修时的注意事项

① 筛面的修补面积不应超过 10%，以保证有效的筛理面积；对已近破碎的筛面特别是粉路筛面应及时更换。

② 所用筛网要平整、光滑、丝径均匀、规格正确，不得使用不合格的筛网。

③ 使用专用的绷装机安装筛网，张紧程度适宜，经、纬向的张紧度要一致，防止筛孔变形。要采用专用黏结剂进行安装，安装筛网前不要忘记放入清理块。

④ 安装筛格前要检查底板上推料块的状况。

⑤ 每次装拆筛格时，要仔细检查筛仓内各筛格上的密封毡，如有损坏应整条更换。装拆筛格时要水平抬起后取出或装进，轻拿轻放，防止强力推拉损坏密封条。

⑥ 压紧筛格时须两侧均匀用力，不得单边一次压紧，且垂直压紧与水平压紧要交替进行。

四、清粉

在制粉工艺中，按品质对粒度相近的在制品（麦渣、麦心或粗粉）进行提纯分级的工序称为清粉，所使用的设备为清粉机。

（一）清粉机

清粉机的结构如图 2-17 所示，主要由喂料装置、筛体、筛格、出料装置、传动装置和风量调节机构组成。筛体是清粉机的主体，清粉机的机架内有两个结构相同的筛体。每个筛体内有 2～3 层筛面，每层筛面有 4 个筛格，通过挂钩相互连接，以抽屉的形式卡在筛体两侧的滑道内，筛孔配置由进料端向后逐渐增大。采用振动电机传动的清粉机，筛体由 4 个空心橡胶弹簧支撑；采用偏心传动的清粉机，筛体通过吊杆悬吊在机架上。

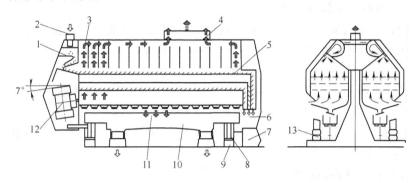

图 2-17　清粉机结构示意图

1—喂料机构；2—进料口；3—吸风室；4—总风管；5—筛面；6—筛上物出口；
7—筛上物出料调节箱；8—方钢立柱；9—机座；10—集料输送槽；11—筛下
物出口；12—振动电机；13—中空橡胶弹簧

清粉机工作时，从进料口流入的物料在喂料装置的作用下均匀地分散在整个筛面宽度上。在振动电机或偏心传动的带动下筛面作往复运动，物料徐徐流到三层筛面上。在此筛理的过程中，吸入的空气穿过筛面和料层，使物料翻滚。在气流和筛面振动的联合作用下，物料逐渐分层，很轻的物料（吸风粉）被风吸走；较轻的小麸片和带麸片的物料成为筛上物而流入筛上物出口；纯净的麦心则穿过筛面，从前段筛面落下；麦渣则从后段筛面落下。这些筛下物可按不同的质量要求收集到振动槽内，然后从不同的出口排出。

（二）清粉机的操作与维护

1. 清粉机的调节与启动

① 振幅的调节。清粉机的运动参数包括振幅、振动频率和筛体抛掷角度，其中振动频率一般保持不变。进料量大时可采用较大的振幅，对于振动电机传动的清粉机，缩小振动电机两端偏重块的夹角即增加两偏重块的重叠部分，可增大振幅。

② 抛掷角的调节。在一定范围内适当增加抛掷角度可促进物料的自动分级和产量的提高。振动电机传动时，调整两台振动电机的装置角度可以改变抛掷角；偏心传动时，调整前后吊杆倾角可以改变抛掷角。精选大粗粒时选用较大的抛掷角

（7.5°～12°），精选小粗粒时选用较小的抛掷角（7.5°～12°）。

③ 开机前应检查筛面上是否堵料、振动电机的接线是否紧固。

④ 清粉机须在静止状态下启动。设备启动后，观察筛体的运动情况；检查清理刷的运行情况和筛格锁紧情况。

2. 生产中的一般操作

① 风量调节。大粗粒比细小物料需要更多的风量。清粉机全负荷生产时，总风门要开启2/3，保证各段筛面有足够的风量。各吸风室的风门要做相应调节，一般情况下，前段料层较厚，风量应大些。

② 物料流量调节。若清粉机的流量过大，筛面上料层过厚，使混合物料不能完全自动分级，气流因阻力过大而难以均匀通过料层，清粉效果明显降低。精选物料粒度大时流量可高一些；粒度小时流量需低一些。

③ 检查维护筛面。通过观察物料的运动状况和筛网的伸展程度定期进行张紧。

④ 通过调整、更换筛面，调节筛出率及筛下物的品质。

⑤ 调节集料箱下的拨板，选择筛下物的分配状态；调节筛上物出料箱中的拨斗，选择筛上物料的分配。

3. 清粉机的维护与保养

① 每周清理一次清粉机的有机玻璃观察窗，以利于对筛上物料及进料状态的观察。

② 每周应清理一次喂料装置内的积尘。

③ 打开补风门或人工清理风道内的积料，清理后应将补风门恢复到原来的位置。

④ 清粉机进料端与出料端装置的鼓形空心橡胶垫的性质不同，应分别成对进行更换，绝不能单个更换。

五、面粉后处理

面粉后处理是面粉加工的最后环节，该环节包括面粉的收集与配制、杀虫、修饰与强化、称量与包装等。在现代化的面粉厂中，面粉后处理是必不可少的环节。面粉后处理设备包括杀虫机、振动卸料器、面粉混合机、批量秤、微量元素添加机等。

1. 面粉的收集与配制

根据市场的需求，面粉厂一般要能同时生产几种档次的面粉或专用粉，这主要是通过配粉来实现的。将高方平筛筛出的面粉，按质量分别送入几条螺旋输送机（一般为2～3条）中，然后经过检查筛、杀虫机、称量后送入配粉车间，成为基本粉，这个过程称为面粉的收集。散存仓内的几种基本粉，根据其品质的不同按比例混合搭配，或根据需要加入品质改良剂、营养强化剂等，形成不同用途、不同等级的面粉，该过程称为面粉的配制。

2. 面粉的修饰与强化

面粉的修饰是指根据面粉的用途，通过一定的物理或化学方法对面粉进行处理，以弥补面粉在某些方面的缺陷或不足。常用的面粉修饰方法有漂白、氧化、氯化等。新加工的面粉中含有微量的胡萝卜素，使面粉呈浅黄色，通过加入漂白剂可以改进面粉色泽。常用过氧化苯甲酰作为漂白剂，但是添加量不应超过 0.06g/kg。面粉通过氧化处理可以提高面粉的筋力，常用的氧化剂为溴酸钾和 L-维生素 C，两者混合使用效果更好。但出于食品安全的考虑，欧洲一些国家已禁止使用溴酸钾。对面粉进行氯化处理可以增加面团的吸水量和膨胀力，同时还有漂白的作用，一般要求处理后面粉的 pH 值在 4.6~5.1 之间。

面粉的营养强化可分为氨基酸强化、维生素强化和矿物质强化。氨基酸强化主要是强化赖氨酸，可以在面粉中直接添加赖氨酸，也可以添加富含赖氨酸的大豆粉或大豆蛋白。添加维生素时，由于有些维生素如维生素 C 性质不稳定，需进行稳定化处理。稳定化的方法有化合法和微胶囊法。前者是将维生素与其他物质进行成盐或成酯等反应而变得稳定；后者由于成本较高，目前较少采用。面粉可以作为钙、锌、铁等矿物质的有效载体，通过营养强化增加人们对矿物质的摄入量。

六、专用粉的加工

专用小麦粉是相对于通用小麦粉而言的，它是指有特定的品质要求，为某些特殊需求而生产的小麦粉。如高筋小麦粉、低筋小麦粉；面包用小麦粉、面条用小麦粉、饺子粉、速冻食品专用小麦粉等。在通用小麦粉生产的基础上通过下列工艺技术可以生产专用小麦粉。

1. 以优质小麦生产专用粉

小麦的品质是决定面粉品质的根本因素，以符合某种专用粉所需品质的优质小麦为原料是生产专用面粉最妥善的途径。可以用强筋小麦加工高筋面粉，弱筋小麦加工低筋面粉。一般用优质强筋的硬红冬麦或硬白麦加工面包用面粉或面条用小麦粉，用优质弱筋的软白麦或软红麦加工用于蛋糕、饼干、春卷等加工的专用粉。

2. 从制粉过程的各粉流中提取专用粉

小麦制粉的过程是一个逐次研磨、多道筛理的过程，形成多种中间物料。不同的物料有不同的组分构成和品质特性，从而可以满足不同的需求。如渣磨和心磨粉的筋力较好，而皮磨的筋力较差。可以从工艺或操作上扩大这些差别，从中提取出符合某种特殊要求的专用粉。这是一种在线分流提取专用粉的方式，在美国称为剖流制粉技术。

3. 以成粉混配成专用粉

由不同品质小麦磨制的面粉，按照一定的比例进行混配，可以得到不同用途的专用粉。即使是同类小麦，分别研磨后再行混配，也能互补增效、协同增效，如两种或两种以上的强力粉混合，其烘焙品质更佳。

4. 使用添加剂改善面粉品质

在使用配麦、配粉、在线粉流提取等方法生产专用粉时，如果某些品质仍不符合专用小麦粉的要求，可以以此粉作基础粉，再按比例混配合适的食品添加剂，制成专用粉。

5. 在小麦粉精加工系统中生产专用粉

现今的面粉厂在小麦清理、磨筛成粉后，还有面粉精加工系统，也称面粉后处理系统，备有杀虫、成品检查、计量、粉仓、配粉、混配等设施，可以配粉，也可使用添加剂，这是生产专用粉的较佳方式。

6. 其他方式

使用某些新工艺、新技术可以生产一些特定的专用粉。如使用精磨机、气流分级机可以提取出高蛋白粉。

第四节　面制食品的分类

面制食品是以小麦粉为主要原料制作而成的一大类食品。小麦粉中的蛋白在和面的过程中可以形成具有网络结构的面筋，使面团具有一定的黏弹性，这是小麦粉与其他谷物面粉的重要区别，也是制作面制食品的基础。根据加工方式的不同可以将面制食品分为烘烤食品和蒸制食品两大类。

一、烘烤食品

烘烤食品是指以面粉为主要原料，以油、糖、蛋、奶等为辅料，采用烘烤工艺熟化和定型的一大类食品。它主要包括面包、饼干、糕点3大类，我国的传统食品烙饼、火烧、月饼也属于烘烤食品。

（一）面包

面包是以面粉为主料，以酵母、糖、盐等为辅料，经过面团调制、发酵、成型、醒发和烘烤工序制成的食品。目前尚无统一的面包分类标准，常见的分类方法有以下几种。

1. 按面包的柔软度分类

硬式面包：如法国的棒式面包、荷兰的脆皮面包、维也纳的辫形面包、英国的茅屋面包、意大利的橄榄形面包等都属于硬式面包。

软式面包：大部分亚洲和美洲国家生产的面包属于软式面包，如小圆面包、热狗、汉堡包、三明治等。

2. 按成型难易和配料多少分类

普通面包：配方中以面粉、水、酵母、盐为主，配料的种类相对较少，成型简单，如意大利咸面包。

花色面包：配料种类较多，配方中含有较多的油、糖、蛋、奶等辅料，成型操作复杂，如各种夹馅面包、起酥面包、果料面包等。

优质面包应当具有以下特征：面包体积大、瓤心孔隙小而均匀，孔壁薄，结构均匀，有弹性，洁白美观；面包皮上色深浅适当，无裂缝，无气泡；味美可口。

（二）饼干

饼干是以面粉为主料，油、糖等为辅料，经面团调制、成型、烘烤等工序制作而成的烘烤方便食品。饼干的种类繁多，分类方法各异，通常根据原料配比不同将饼干分为 5 类。

1. 粗饼干

几乎不用糖和油，一般以标准粉为主料。由于面团韧性大、弹性强，只宜采用冲印或辊切成型，坯体较厚。成品结构紧密，质地坚硬，表面无花纹，有大小不匀的气泡，口感硬脆且干燥。目前，国内基本上不再生产这种饼干。供野餐或旅行用的清水饼干即属此类。

2. 韧性饼干

油、糖的用量较少。一般采用冲印或辊切成型。此类饼干块形较大而坯体薄，表面为凹形花纹，较光洁。断面有较整齐的层状结构；松脆可口，酥性较差，脆性突出；口味、香气淡雅，可兼作主食和点心。常见的品种有葱油薄脆饼干、奶油饼干、什锦饼干等。

3. 酥性饼干

油、糖的用量较高，且往往辅以乳品、蛋品等营养价值高、风味好的配料。一般采用辊切成型。这种饼干块形小而厚实，表面花纹清晰且多为凸花，有立体感，无针孔；断面为无层次的疏松多孔结构，口感酥松；主要用作点心和儿童食品。一般甜饼干属于此类，如椰子饼干、橘子饼干、乳脂饼干等。

4. 甜酥性饼干

油、糖的用量非常高，加水量很低，且多辅以乳品等高档配料。一般只能采用挤注或钢丝切割成型。这种饼干块形小而厚，花纹较深，图案粗放呈浮雕状，立体感强，断面为较紧密的多孔性结构；口感酥化，口味香；属高档饼干，一般作为点心食用。常见的品种有桃酥、奶油酥、椰蓉酥等。

5. 发酵饼干

发酵饼干又可分为甜发酵、咸发酵和素饼干等类型。甜发酵饼干即常说的克力架，甜味突出；咸发酵饼干又称苏达饼干，甜味极淡，咸味突出。

发酵饼干的糖、油用量一般极少。生产中主要通过对面团的过度发酵、夹酥操作以及提高制品的膨松度等作用，削弱面筋的结合强度，使成品具有良好的口感。

采用辊切或冲印成型。

发酵饼干一般为薄而大的长方形，表面一般无花纹，但有大小不等的气泡并带有穿透性针孔；断面为清晰的层次结构；口感脆性突出，口味清淡，发酵香味明显。

（三）糕点

根据糕点的用料和产品特征可以将糕点分为蛋糕和点心两大类。

1. 蛋糕

蛋糕是以鸡蛋、面粉、砂糖为主要原料制作而成的，具有浓郁的蛋香味，质地松软或酥散的烘烤方便食品，根据配料的不同可分为以下几类。

海绵蛋糕：有丰富、细密的气泡结构，质地松软，富有弹性。根据蛋品的不同又分为蛋白类和全蛋液类。

奶油蛋糕：质地酥散，滋润，带有油脂尤其是奶油的特有香味。

水果蛋糕：在奶油蛋糕中加入一种或几种水果制品。根据果料加入的多少又可分为重型、中型和轻型三种。

装饰蛋糕：又称裱花蛋糕，是以海绵蛋糕或奶油蛋糕为糕坯，经过适当装饰而成的具有一定艺术品位的喜庆蛋糕。

2. 点心

一般将点心分为中式点心和西式点心两种。

中式点心：多以面粉为主要原料，以油、糖、蛋为辅料，油脂以植物油和猪油为主；调味料多用糖渍桂花、玫瑰、味精、十三香等；风味以甜味和天然香味为主；成熟方式有烘烤、蒸煮和油炸。

西式点心：在选料上，专用面粉、油、糖、蛋、奶并重，油脂侧重于奶油，同时使用较多的巧克力、鲜水果等。风味上带有浓郁的奶香味，并常带有香精、香料形成的各种风味。成熟方式以烘烤为主。

二、蒸制食品

蒸制食品是以面粉为主要原料，经过和面、成型、汽蒸或水煮方式熟制的一类面制食品。它主要包括挂面、方便面、馒头、花卷、包子、发糕等。

挂面、方便面、馒头的分类在以后各节中介绍。这里仅介绍花卷、包子、蒸糕的分类。

1. 花卷

花卷可称为层卷馒头，是面团经过揉轧成片后，不同面片间层叠或在面片上涂抹一层辅料，然后卷起形成不同的颜色层次或分离层次，也有卷起后再经过扭卷或折叠形成各种花色形状，然后经醒发和蒸制而成的一类蒸制食品。

在揉轧成的面片上涂抹一层含有油盐的辅料，制作而成的花卷称为油花卷。所用的辅料包括葱花、姜末、花椒粉、五香粉、芝麻粉、辣椒粉等。揉轧后的小麦粉面片上叠加一层杂粮面片，再压和、卷制、刀切成型的花卷称为杂粮花卷。根据叠加的辅料层的不同，还有豆沙卷、莲蓉卷、鸡蛋花卷等甜味花卷，以及菜莽卷、五彩卷等其他特色的花卷。

2. 包子

包子是一类带馅馒头，是将发酵面团擀成面皮，包入馅料后捏制成型的一类蒸制食品。根据馅料的口味，包子有甜、咸之分。甜馅包子有豆包、果馅包、糖包等。咸馅包子习惯上捏成带有皱褶花纹的圆形，分为肉馅包子和素馅包子两种。

3. 发糕

发糕是发酵蒸糕的简称，其实是一类非常虚弱的馒头。其面团调制得相当软，甚至为糊状，经过发酵，倒入模盘中醒发后蒸制，而后切成方形、菱形或三角形等形状。发糕大多为甜味。常见的发糕有杂粮发糕、大米发糕、奶油发糕等。

关于焙烤食品的加工，《焙烤食品加工技术》一书中有详细的论述。下面介绍主要蒸制食品挂面、方便面和馒头的加工技术。

第五节　挂面的加工

挂面是由湿面条挂在面杆上经干燥而制成的，故此得名。它的特点是保存期长，食用方法简单，而且可以通过添加各种调味物质，获得各种风味的挂面。挂面的分类方法有多种，以面条的宽度来分，可以分为 1.0mm、1.5mm、2.0mm、3.0mm、6.0mm 五个基本品种，分别称为龙须面或银丝面、细面、小阔面、大阔面和特阔面。以添加物来分有鸡蛋挂面、牛奶挂面、肉松挂面、番茄挂面、辣味挂面等。还有添加某些维生素的营养强化挂面以及添加某些功能性食品成分的食疗挂面，如茯苓挂面。湿切面的生产方法与挂面干燥前的过程相同，只是不经干燥和包装。

一、挂面的基本配方

1. 面粉

一般选用特一粉、特二粉或标准粉。

2. 水

用水量为面粉质量的 25%～32%，应根据面粉品质（主要是面筋含量）、成品的品种、工艺设备等具体情况而定。水的硬度应小于 3.6mmol/L。

3. 食盐

一般为面粉质量的 1%～4%，根据季节有所调整，夏多冬少，春秋适中。添加时应先溶于水。

4. 食碱

多数地区制作挂面不加碱，少数气候炎热潮湿而有加碱习惯的地区加碱，加碱量为面粉质量的 0.1%～0.2%。生产湿切面时，为了防止销售过程中因时间延长而发酸，需加碱。

在制作花色挂面时还要加入其他添加物，例如，鸡蛋挂面中的加蛋率为面粉质量的 10%（鲜鸡蛋）或 2.5%（蛋粉）。牛奶挂面中加奶率为面粉质量的 14%～25%（鲜牛奶）或 2%～3%（奶粉）。茯苓挂面中加入面粉质量 2% 的茯苓粉。

二、挂面生产的工艺流程

挂面生产的工艺流程见图 2-18，主要包括和面、熟化、压片、切条、干燥、切断、计量和包装、面头处理等工序。

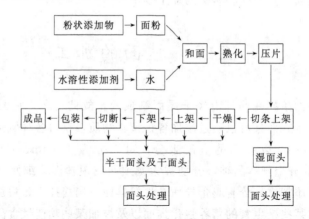

图 2-18 挂面生产工艺流程图

（一）和面

和面是挂面生产的第一道工序，也是一道关键的工序，和面效果的好坏直接影响以后操作工序是否顺利和挂面质量的好坏。

和面的目的是为了使面筋蛋白充分吸水胀润，形成面筋网络结构，同时淀粉也吸水膨胀，并被包裹在面筋网络中，形成具有适当弹性、延展性和可塑性的面团。反映在感官上要求面团呈散豆腐渣状、干湿适当，粒度一致、色泽均匀，不含生粉，手握成团，用手轻轻揉搓后仍能成为松散的颗粒。

和面的效果受到面粉质量、加水量等因素的影响。面粉的湿面筋含量一般应为30%～32%；加水量一般控制在 25%～32% 左右；温度会影响面粉的吸水率，一般和面温度控制在 25～30℃左右。原料混合、面粉吸水需要时间，和面时间一般控制在 15～20min，最短不得低于 10min，否则面条成品容易酥断。

目前生产上普遍使用的和面机有立式和卧室两种。立式和面机的容积较小，卧式和面机又有单轴和双轴之分，双轴的容量较大。和面机的转速一般采用 70～100r/min，以 90r/min 为最佳。卧式双轴和面机的结构如图 2-19 所示，全机由机壳双缸体、双搅拌轴和圆柱形搅拌齿（桨叶）组成。桨叶由螺母固定在主轴的径向孔内，主轴与传动装置相连，双缸底部安装有卸料门，加水装置安装在面缸上方中央。与面粉接触的双缸体、搅拌器、卸料门等均采用不锈钢制成。真空和面机是目前国际上较为先进的和面设备，该机的和面筒内抽成真空，在真空状态下，水分呈雾状，更容易与面粉结合，使面粉中的蛋白质和淀粉充分吸水，形成面筋网络，有利于提高湿面剂的数量和质量。

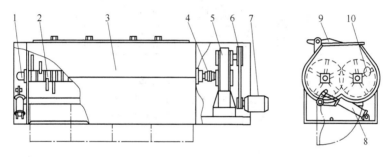

图 2-19　卧式双轴和面机结构
1—轴承座；2—搅拌轴；3—箱体；4—联轴器；5—减速器；6—皮带及
大、小链轮；7—电机；8—汽缸；9—盖；10—桨叶

（二）熟化

面团的熟化就是把和面后如同散豆腐渣状的面团放入一个低速搅拌的容器中，在低温低速搅拌下进一步改善面团工艺特性的过程。熟化设备有卧式熟化机和立式熟化机两种，卧式熟化机的结构与卧式双轴和面机相同，但是比和面机长得多，一般在 2m 左右。

影响熟化工艺效果的主要因素有熟化时间、搅拌速度、温度。在生产中把和面与熟化时间之和控制在 30min，一般和面时间 15～20min，则熟化时间控制在 10～15min，但在条件允许的情况下，应尽量延长熟化时间。搅拌速度以能防止面团结块并能满足喂料为原则，只要达到这两点要求，搅拌速度越低越好。熟化一般在常温下进行，比较理想的熟化温度为 25℃左右，宜低不宜高。值得注意的是，卧式熟化机转速较高，面团散热比较困难，很容易使面团温度升高。

（三）压片

压片是将面团经过若干道辊压作用形成面片的过程。压片为切条成型做准备。经压片制得的面片要薄厚均匀、平整光滑、无破边、无孔洞、色泽均匀，并有一定的韧性和强度。

1. 压延设备

复合压片设备与连续压片设备一起完成制面的压片工序。复合压片机将熟化后的面团压延成两条面带，再复合压延成一条面带，见图 2-20。连续压片设备将复合压片机压出的面带经过多组轧辊的辊压，形成具有一定强度和韧性的符合工艺要求的面带，见图 2-21。

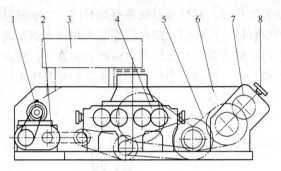

图 2-20 复合压片设备

1—电机；2—减速机；3—熟化器；4—初压部分；5—链条；

6—机架；7—复合部分；8—调节手轮

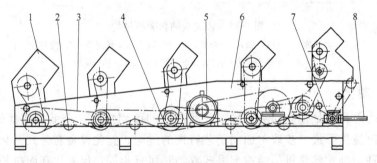

图 2-21 连续压片设备

1—轧辊架；2—张紧轮；3—齿型皮带；4—轴承座；

5—电机；6—机架；7—变速器；8—传动长轴

2. 影响压片工艺效果的因素

影响压片工艺效果的主要因素有面团的工艺特性、压延倍数、压延道数、压辊直径、压延比、轧辊转速等。

① 面筋形成充分且质量好的面团，在复合压片、连续压延过程中产生的断片、破片现象较少。面团含水量对压片效果有明显影响，含水量越大，面片越软，轧辊施加的压力越小，面片的紧密度不足，同时黏度也越大，容易粘在轧辊上，影响连续压延。含水量少时，不易喂料，压扁时易断。

② 压延倍数是初轧面片厚度与末轧面片厚度的比值，它反映复合压延前后变

形的程度。目前国内制面多采用复合压延，压延倍数为 8～10。

③ 压延比也称轧薄率，是面片进出同道轧辊的厚度差与进入轧辊前面片厚度的比值，它反映面片经每道轧辊后变薄的幅度。复合压延阶段的压延比一般为 50%，以后的压延阶段各道的压延比应逐步减小，最后一道掌握在 10%～15% 之间。

④ 压延道数是指在整个压延设备中所配置的轧辊对数。压延道数与压延比有密切关系，适当增加压延道数可减少压延比，增加揉压次数，利于面筋在面带中纵向分布。一般在复合阶段用 2 道轧辊，在压延阶段用 4～5 道轧辊就可以了，单片轧面一般采用 6～7 道轧辊。

⑤ 轧辊直径越大，对面片的作用力越大，作用时间也越长。在复合压片阶段先用 $\phi240mm$ 的轧辊压出两条面带，再将两条面带复合成一条面带，复合时为防止分条现象，采用 $\phi300mm$ 的轧辊。复合以后进入到连续压片阶段，轧辊的直径逐道减小，最后一道轧辊的直径仅为 $\phi90mm$，只对面片起最后的辊光作用。

⑥ 轧辊转速越快产量越大，但转速过快会降低面片表面的光滑度。一般轧辊转速为 5～6r/min，线速度 4～5m/min。

（四）切条

把经过若干道辊压成型的薄面片，沿纵向切成一定形状和横向切成一定长度的操作工序称为切条。利用一对并列放置、相向等速转动、相互啮合的齿轮来完成切条。在齿辊转动的作用下面片从两齿辊中间通过，利用齿轮凹凸槽的紧密配合，面片被纵向切成面条。在齿辊下方装有两片对称而紧贴齿辊凹槽的篦齿，以铲除被剪切下的面条，不让其黏附在齿辊上。这一对齿辊通常称为面刀。在面刀的下方装有切断刀，以一定的转速旋转，周期性地将从面刀落下的湿面条切成所需的长度。

除面片质量外，面刀质量是影响切条效果的主要因素，如果面刀两齿辊的啮合深度不够，可能引起并条现象，若篦齿牙净度不够，面刀齿槽中会积累杂质，降低面条表面的光洁度。

（五）干燥

干燥是挂面生产的重要环节，它不仅仅决定挂面的质量，而且直接影响能耗、产品得率、产量及成本等经济指标。干燥后的挂面要求水分在 12.5%～14.5% 之间，且平直光滑、不酥不裂、不外干里潮。

1. 干燥设备

目前常用的挂面干燥设备有固定式和移动式两种。对于固定式烘房，面条在烘房内处于静止状态，干燥速度慢且干燥不均匀。移动式烘房又分为隧道式和索道式。隧道式干燥的特点是挂面多排（3～9 排）并列进入烘房，由传动装置带动链条在烘房内移动，是我国普遍采用的干燥形式。索道式烘房是我国从日本引进的挂面自动生产线中的干燥设备，挂面在传动链索上单行排列。其特点是干燥时间长，温湿度可以自动控制，干燥挂面的品质良好，但设备占地面积大。

2. 干燥工艺

挂面的干燥工艺分为 4 个阶段：冷风定条、保潮出汗、升温降潮和降温冷却。

（1）冷风定条（预干燥阶段）　潮湿的面条进入烘房的初期，借助不加温或微加温的空气降低湿挂面的表面水分，初步固定挂面的性状，防止因自重拉伸而断条。此阶段烘房内的温度一般控制在 20～30℃，相对湿度控制在 85%～90%，运行时间占总干燥时间的 15%～20% 左右，经过预干燥阶段湿挂面的水分降到 28% 以下。

（2）保潮出汗　这一阶段升高温度，但不排潮，保持烘房内的高温高湿状态。高湿是为了降低面条表层水分向空气中蒸发的速度，防止表面结膜；高温是为了加热面条，加速水分由内层向外层扩散。在这种条件下，面条内部的水分向表层转移而表层的水分不能及时进入到空气中，而停留在挂面表面，形成"出汗"。这个阶段烘房的温度一般控制在 35～40℃，相对湿度控制在 95% 左右，干燥时间占总干燥时间的 20%～25%，面条的水分降至 25% 左右。

（3）升温降潮　在这一阶段加大通风，并适当排潮以降低相对湿度，加速扩散和蒸发。该阶段烘房内的温度为 45～50℃，相对湿度 55%～60%，运行时间占总干燥时间的 30% 左右，面条的水分降至 16% 左右。

保潮出汗和升温排潮构成挂面干燥的主干燥阶段，在主干燥阶段，面条失去的水占总失水量的 80% 以上。

（4）降温冷却（最后干燥阶段）　经过上述 3 个干燥阶段以后，面条的水分只是比要求的水分略高，但温度还很高，因此，在最后干燥阶段不加温，只通风，让挂面在降温散热的同时将多余的水分蒸发出去。降温速度宜慢不宜快，一般每分钟降温 0.5℃。降温过快会在面条内部产生较大的温差，引起面条的不均匀收缩和酥断。最后干燥阶段的时间至少要占总干燥时间的 30% 以上，使烘房出口处的温度和相对湿度尽可能与空气接近。

（六）切断

为了便于购买、计量、包装、运输和食用，需对烘干后的长面条进行切断。目前常用的切断设备有圆盘式切面机和切片式切面机。切断工序是整个挂面生产过程中面头量最多的环节，因此，在尽可能把整杆挂面得到最多成品挂面的同时，还要尽量减少挂面的断损，将断头量降到最低。挂面的切断长度一般取 200～240mm，长度的允许误差为 ±10mm，断头率小于 6%～7%。

（七）计量和包装

计量和包装是挂面生产的最后一道工序。人工计量时一般用市购的电子台秤。在少数从日本引进的挂面自动生产线中有自动计量设备。包装后成品挂面的净重偏差不应超过 ±1.0%。当前绝大多数制面厂都采用人工包装，主要包装材料是纸和塑料，基本是 500g 装，也有采用更小的包装。

（八）面头处理

在挂面的生产过程中，不可避免地要产生面头。面头量一般约占投料量的 10%～15%，对面头应及时处理后再回机加工。面头大致分为湿面头、半湿面头和干面头三种。在切条、挂条、上架以及烘房入口处落下的面头，水分含量较高，称为湿面头。湿面头的性质接近于面团，要及时回入和面机并与面团充分搅匀。在烘房内冷风定条和保潮出汗阶段落下的面头为半湿面头。处理半湿面头的方法有两种，一种是把面头浸泡后加入和面机，另一种是将面头推至高温区干燥后与干面头一起处理。烘房后部落下的面头以及在切断、计量、包装过程中产生的面头都是干面头。干面头不能直接回入和面机，经一定处理后方可。为保证挂面质量，干面头的回机率不得超过 15%。

第六节 方便面的加工

方便面自 1958 年问世以来发展迅速，因其食用方便快捷和风味多样而深受广大消费者喜欢。按照生产过程中干燥工艺的不同，可以将方便面分为油炸方便面和热风干燥方便面两种。

各种方便面的配方大同小异，基本配方是小麦粉 100kg，精盐 1.4kg，食碱 0.14kg，增稠剂 0.2kg，水 33kg。根据工艺要求还可添加一些磷酸盐、乳化剂、

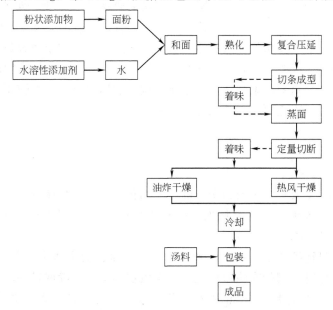

图 2-22 方便面生产工艺流程图

抗氧化剂等。

方便面生产的基本原理是将成型后的面条通过汽蒸使淀粉充分糊化，然后通过油炸或热风干燥实现快速脱水，防止淀粉发生回生，以获得较好的复水性。可以概括为"充分糊化，快速干燥"。

方便面的生产工艺流程各厂各不相同。如有的厂在蒸面和切断之间加以着味工序，有的则将着味设在分排与干燥之间，还有相当一部分厂没有着味工序。但主要工序是基本相同的，如图 2-22 所示。

方便面的生产工艺流程中，和面、熟化、轧片、切条工序与挂面相同，下面对其中的特殊工序进行介绍。

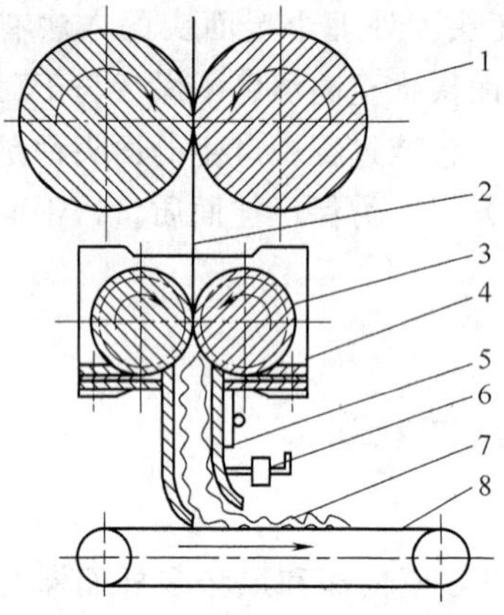

图 2-23　切条折花自动成型装置
1—末道轧辊；2—面带；3—面刀；
4—铜梳；5—成型导箱；6—调整
压力的重锤；7—已成型的面块；
8—不锈钢网带

一、波纹成型

方便面的形状一般是波纹状的，不仅为了美观，还利于加工过程中的快速熟化和脱水。波纹成型是在切条机面刀下方的一个波纹成型导箱内自动完成的，见图 2-23。切条后的面条进入导箱后，一方面受到导箱压力门的阻挡，另一方面，由于导箱下方不锈钢输送网带的线速度低于面条进入导箱的速度，面条受到网带的阻挡。在双重阻力的作用下面条发生弯曲，同时又由于面刀切割出的面条具有往复摆动的特点，使得面条往复弯曲，形成波浪形。面条线速度和输送网带线速度比值的大小是影响成型效果的主要因素，比值越大波纹越小，比值一般为（7∶1）～（10∶1）。压力门的压力大小是影响成型的另一个重要因素，在生产中压力调节和速比调节是相辅相成的，要交替调节。波纹成型的工艺要求是波纹整齐、密度适当。

二、蒸面

蒸面工序的主要目的是使面条中的淀粉糊化变熟，糊化度越高，制得的方便面的复水性越好。对于非油炸方便面，要求糊化度在 80% 以上；对于油炸方便面，要求糊化度在 85% 以上。

蒸面是通过连续式自动蒸面机来完成的。蒸面机的主体是一条长 12～15m 的方形隧道。工作时，网带在隧道中运行，面条在网带上面随网带一起运行，由蒸汽喷嘴喷出的蒸汽穿过网带加热面条，使其熟化。生产时，蒸汽主管道的压力为 0.12～0.15MPa，靠近出口端的压力为 0.06～0.07MPa，使蒸面机的进口温度达到 90～95℃，出口温度达到 100～105℃。蒸面时间一般控制在 60～90s。加大蒸汽压力可以缩短蒸面时间。

三、切断折叠

如图 2-24 所示，从连续蒸面机出来的熟波纹面带，在通过一对相对旋转的切刀和托辊时，按一定的长度被切断。与此同时，通过装在曲柄连杆机构上折叠板的往复运动，面带下落通过折叠导辊时，折叠板正好插在被切断面带的中部，推动面带进入折叠导辊和分排输送网带之间。这样就将面带折叠起来。分排输送网带能够把折叠好的两（或三）行面块分左右排列为四（或六）行，使之与面盒的行数相等。面块随输送网带运行到尽头时，通过溜板自动进入油炸机面盒或热风干燥机面盒。该工序的要求是定量基本准确，折叠整齐，进入面盒基本准确。

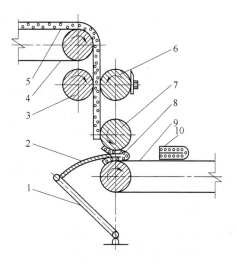

图 2-24　定量切断折叠装置

1—连杆；2—折叠板；3—切刀托辊；4—输送带；
5—已蒸熟的面带；6—切刀；7—折叠导辊；
8—正在折叠中的面块；9—分排输送网带；
10—已折叠成型的面块

四、干燥

干燥的目的除通过脱水便于保存外，还在于通过快速干燥使其糊化面条的内部结构和外部形状及时固定，防止面条回生，利于提高复水性。与挂面的干燥不同，对方便面要求快速干燥，干燥方法有油炸干燥和热风干燥两种。

1. 油炸干燥

油炸干燥是我国方便面生产中普遍采用的快速脱水方式。油炸方便面与热风干燥方便面相比不仅膨松性好、复水快、色泽美观，而且口味、风味也较好。另外，在油炸过程中，由于面条中水分的迅速汽化并逸出，不仅降低了水分，而且在面条中形成多孔性结构，并提高了淀粉的糊化度。

图 2-25 为连续油炸机的结构示意图。面块进入模盒后，随模盒输送链作间歇式运动，当装有面块的模盒运行至油炸锅时，在接触油之前，模盖输送链同步供给模盖，将模盒盖好，防止油炸过程中面块脱出。型模内的面块随输送链向前运动并经受油炸，当型模离开油锅时，模盖自动与模盒分开，当模盒转至盒口朝下时，面块脱盒进入下一道工序。

油炸的工艺要求是：油炸均匀，色泽一致，面块不焦不枯，水分在 10% 以下。

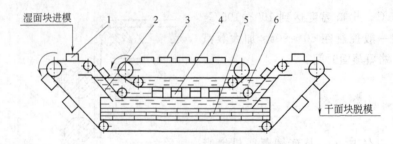

图 2-25　连续油炸机结构示意图
1—模盒输送链；2—油槽；3—模盖输送链；4—模盒与
模盒的配合；5—加热装置；6—炸面食用油

氢化植物油和棕榈油是常用的方便面油炸用油，但这类油的风味欠佳，猪板油与棕榈油配合使用可以改进产品风味。油炸温度一般为 140～150℃，油炸时间以 70～80s 为宜。油炸过程中要及时补充消耗的油量，一般油量以高出模盒 15～20mm 为宜。

油炸后面条含有 20％左右的油脂，易发生氧化酸败，缩短保质期，而且，食用过多油脂对人体健康也不利，因此，有待于开发非油炸且复水性好的方便面。

2. 热风干燥

常用的干燥设备为链盒式连续干燥机。图 2-26 为其结构示意图，主要由干燥室、链条、面盒、加热器和鼓风机组成。链条共有 10 层，链条上装有不锈钢面盒。由于面块装在面盒内，而面盒又与链条相连，这样，链条在往返时都是满载，不像网带式干燥机那样，前进时是满载而返回时是空载。

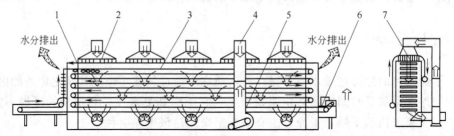

图 2-26　链盒式连续干燥机结构示意图
1—机架；2—换热器；3—链条；4—风管；5—鼓风机；
6—无级调速传动装置；7—不锈钢面盒

空气经换热器加热后自上而下穿过物料层，带走物料的水分而变成湿空气。部分湿空气进入鼓风机后循环利用，另一部分从干燥室的两端排出。为了达到快速干燥的目的，干燥用的热风温度一般为 70～80℃，相对湿度小于 70％，时间持续 35～45min。干燥后的水分含量应低于 12％。

五、冷却与包装

不论是油炸干燥还是热风干燥后的方便面，温度都明显高于室温，不宜立即包装，应先进行冷却。冷却后的面块要求接近室温或高于室温 5℃左右。一般在冷却隧道中采用鼓风机用冷风强制冷却 3～5min 可以达到要求。从冷却机出来的面块落在检查输送带上，加上调味汤料包后进入自动包装机进行包装，常用的包装形式有袋装和碗装两种。

第七节　馒头的加工

馒头是典型的发酵面团蒸制食品，根据所用原料的不同，可以将馒头分为主食馒头、杂粮馒头和点心馒头。主食馒头以面粉为主要原料，是我国最主要的日常主食之一。根据风味、口感不同主食馒头可分为北方硬面馒头、软性北方馒头和南方软面馒头。杂粮具有一定的保健功能，如高粱有促进胃肠蠕动、防止便秘的作用，荞麦具有降血压、降血脂的作用，因此，杂粮馒头日益受到人们的青睐。通常在面粉中添加一定比例的玉米面、或高粱面、红薯面、小米面、荞麦面等杂面制成各种杂面馒头。点心馒头是以特制面粉为主料，比如雪花粉、强筋粉、糕点粉等，适当添加辅料，制作而成的组织柔软、风味独特的馒头。如奶油馒头、巧克力馒头、开花馒头、水果馒头等。本节主要介绍主食馒头的加工技术。

主食馒头基本上是以面粉、酵母、水为原料，有时加入少量的盐或糖，一般不再添加其他物质。馒头的生产工艺与面包的类似，只是馒头是由汽蒸成熟，而面包是采用烘烤的方式。

馒头的加工从工艺上区别，主要在于面团的搅拌和发酵方法不同，而整形后的工序大同小异。面团发酵方法有一次发酵法、二次发酵法、老面发酵法、面糊发酵法等。这里主要介绍一次发酵法和二次发酵法生产馒头的工艺流程。

一次发酵法的工艺流程为：

原辅料 → 和面 → 成型 → 醒发 → 汽蒸 → 冷却 → 包装

二次发酵法的工艺流程为：

剩余原辅料

部分原辅料预处 → 第一次和面 → 面团发酵 → 第二次和面

成型 → 汽蒸 → 冷却 → 包装

在二次发酵工艺中，和面分两次进行，两次和面之间有一个面团发酵阶段，二次和面之后再醒发。而一次发酵法中没有面团发酵阶段，面团一次和成，而后进行醒发。一次发酵的生产周期短，所用设备少，操作简单，但是所用酵母的量大，馒头的口感和风味不如传统手工产品。二次发酵法所蒸制馒头口感风味都较佳，但是生产周期长，所需设备多、人力消耗大。

一、原料准备和投料

蒸制馒头所用的原料一般分为大量原料、少量辅料和微量添加剂。大量原料指小麦粉、水；少量辅料指酵母、糖、盐、油脂、奶粉等；微量添加剂是指面团改良剂、营养强化剂等。其中面粉、水、酵母是馒头制作的基本原料。应根据不同的产品要求选用不同的面粉，在投料前最好对面粉过筛，除去杂质。所用水的硬度要适中，pH 值在 6.5 左右。酵母是制作馒头的关键基料，即发干酵母可不经特别处理直接投入面粉搅匀即可。对于鲜酵母和普通干酵母，在搅拌前一般要进行活化。对于鲜酵母，加入酵母质量 5 倍的 30℃左右的水；对于干酵母，加入酵母质量约 10 倍的水，水温 40～45℃为宜。活化时间 10～20min，活化期间应不断搅拌。

一次发酵法的基本配方：小麦粉 100kg，水 36～42kg，即发干酵母 0.3～0.4kg（鲜酵母 1kg 左右），根据面粉情况添加或不加碱。二次发酵法的基本配方（北方馒头）：面粉 100kg，水 36～42kg，即发干酵母 0.16～0.2kg（鲜酵母 0.5kg 左右），碱 50～100g。根据需要在基本配方的基础上还可以添加其他辅料。

投料的顺序（二次发酵法）：①首先将水、糖、蛋、甜味剂、面团改良剂等置于容器中搅拌充分。如果使用鲜酵母也应在此工序加入。②将奶粉、即发干酵母混入面粉后放入搅拌机，加入上述混合水，搅拌成面团。③面团已经形成，面筋还未充分扩展时加入油脂。④最后加盐，在面团搅拌完成前 5～6min 加入。

二、和面与发酵

1. 一次发酵法

和面时搅拌时间一般为 12～15min，面团应达到光滑细腻、出现延展性为止。用水温调节面团温度，和好的面团温度一般控制在 30～35℃。

2. 二次发酵法

（1）第一次和面 取 70%左右的面粉加入所需的酵母，再加入 80%左右的水。搅拌要轻，一般搅拌 3～4min，和成面团。和面过程中适当反转，让所有干面吃水成团。调节加水温度，和好的面团温度以 28～32℃为宜。

（2）面团发酵 和好的面团放入面斗车内，推入发酵室，在温度 30～33℃、湿度 70%～80%的发酵室或温暖的自然条件下发酵 50～80min，至面团充分膨胀，内部呈丝瓜瓤状。

（3）第二次和面 将剩余面粉全部加到已发酵好的面团中，再加剩余的水和溶解后的碱，和面 8～12min。面团和好后，内部细腻乳白，无大空洞，弹性适中，有一定的延展性。通过调节加水温度，使面团温度达到 $33\sim35℃$，以利于醒发。

三、成型与整形

工厂在生产馒头时一般采用馒头成型机来成型。主要采用卧式双轨螺旋辊馒头成型机，也有少数厂家使用盘式馒头成型机。手工成型前面团必须经过揉面过程，以保证面团中的气体排出，组织细密，产品洁白。可以采用揉面机揉面，也可以手工揉面。

馒头成型机使馒头生坯有了一个较为固定的形状和较为美观的外表，但是，此时的生坯或有结疤，或形状不一，因而需要整形。可以采用馒头整形机整形，也可手工整形。整形后要进行装盘，每盘馒头坯要排列整齐，装满后放入蒸车。待蒸车放满后推入醒发室进行醒发。

四、面坯醒发

在控制的温度和湿度下，使整形后的面团达到应有的体积和形状，这个过程称为醒发。醒发是馒头生产中至关重要的一步，直接影响产品的质量。醒发一般在醒发室内进行，醒发室由加热、加湿和保温等装置组成。醒发温度一般控制在 $38\sim40℃$，相对湿度 $70\%\sim90\%$。采用二次发酵工艺时，醒发时间可以稍短；而采用一次发酵时，醒发时间相对稍长，一般控制在 $50\sim80min$。主要通过观察面团体积膨大的倍数来判断醒发的程度，对于北方馒头，醒发到面坯体积的 $1.5\sim2.5$ 倍为宜；对于南方馒头，一般为 3 倍左右。

五、蒸制

蒸制是馒头加工的熟制工序。通过汽蒸使馒头坯熟化，形成一定的内部结构和外部形状，并具有一定的风味。工业化蒸制馒头的设备为蒸柜和蒸车。蒸柜主要由不锈钢箱体构成，与蒸汽管道相连。装有馒头坯的蒸车推入蒸柜后，扣紧柜门，打开蒸汽阀门，进行汽蒸。蒸柜通汽量越大，馒头坯的体积越小，蒸制时间越短。对于重约 135g 的主食馒头来说，在保证蒸柜内空气排尽、压力在 $0.02\sim0.04MPa$ 的前提下，蒸制 $26\sim27min$ 就可以了。

六、冷却和包装

为了便于规模化生产和大范围销售，蒸制好的馒头必须冷却，然后包装。如果包装时馒头的温度过高，会在包装袋内和馒头表面出现小水滴，使馒头表皮泛白，易于腐败。常用的冷却方法是将馒头放在蒸车上或倒在冷却台上，让其自然冷却20～30min。当中心温度降到50～60℃时应立即进行包装，以塑料袋包装为主。这种趁热包装的馒头在销售的过程中如果采取一定的保温措施，可以保证馒头新鲜而柔软，买回家后不需复蒸，非常方便。对于异地销售或在超市上架销售的馒头，在包装前要将馒头完全冷却至室温，防止在运输和销售的过程中包装袋内出现凝结水，缩短产品的保质期。

复 习 题

1. 简述小麦的子粒结构，小麦制粉的目的在于分离出哪些部分？

2. 风选、筛选、去石、磁选和精选分别是根据小麦与杂质的哪些特性不同达到分离目的的？完成这些清理工序的设备有哪些？

3. 对小麦进行表面清理、调制和搭配的目的是什么？

4. 简述磨粉机的结构，在磨粉机的操作和维护中应注意哪些事项？

5. 简述高方平筛的结构及其操作和维护。

6. 清粉的目的是什么？清粉机是如何实现清粉的？

7. 简述小麦制粉各系统的作用以及物料在各系统间的大致流向。

8. 简述挂面的生产工艺流程。与挂面生产相比，方便面的生产有哪些特殊的工序？

9. 挂面与方便面的干燥方法有何区别？

10. 馒头生产与挂面、方便面生产的根本区别是什么？简述馒头的生产过程。

第三章　米制食品加工

第一节　稻谷制米

一、稻谷的分类、子粒结构和化学构成

普通栽培稻谷可分为籼稻和粳稻两个亚种。籼稻子粒形细长而稍扁平，米质胀性较大而黏性较小；粳稻子粒短而阔，较厚，呈椭圆形或卵圆形，米质胀性较小而黏性较大。在籼稻和粳稻中，根据生长期的长短和收获季节的不同，可分为早稻和晚稻两类。根据其淀粉性质的不同，可分为糯性稻和非糯性稻两类，糯性稻米质黏性大而胀性小，非糯性稻米质黏性小而胀性大。

稻谷为带颖的颖果，由颖（稻壳）和颖果（糙米）两部分构成。颖果由皮层、胚、胚乳三部分构成，见图3-1。皮层包括果皮、种皮、珠心层（外胚乳）和糊粉层，这四部分总称为糠层。在碾米时，被碾下的糠层称为米糠，去皮的糙米则称为大米。稻壳占稻谷质量的20%左右，糙米则占80%～82%。胚乳是稻谷的主要部分，胚乳细胞内充满淀粉粒，蛋白质位于淀粉粒之间的间隙。糙米中各组成部分的质量比大致是果皮占1%～2%，糊粉层及珠心层占4%～6%，胚占1%，盾片占2%，胚乳占90%～91%。

稻谷子粒中含有的化学成分包括水、淀粉、蛋白质、脂肪、纤维素、矿物质等，还含有一定量的维生素。皮层和胚芽内的蛋白质、脂肪含量较高；胚乳中淀粉的含量较高；稻壳中纤维素和矿物质的含量较高；维生素主要集中在皮层和胚芽部分。

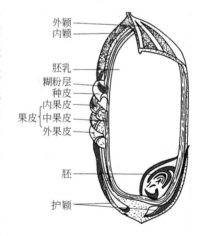

图3-1　稻谷子粒的结构

二、稻谷的清理

用于小麦清理的设备也用于稻谷的清理。各种清理设备的结构及工作原理请参

看第二章第二节中的相关内容。

稻谷清理的要求：净谷含杂总量不超过 0.6％，其中含砂石不得超过 1 粒/kg；含稗不得超过 130 粒/kg。

稻谷清理工艺一般包括初清、称量、风选、除稗、去石、仓储和升运等环节组成的主流工艺，以及风网等配套工艺。主流工艺的组成顺序一般是：①初清去大杂和特大型杂质；②风选筛选相结合除大杂、小杂和轻杂；③高速振动方式筛选除稗；④密度分选去石；⑤磁选去磁性杂质。

三、稻谷制米概述

稻谷制米过程主要包括稻谷清理、砻谷、砻下物分离、糙米碾白、成品处理和副产品整理等工序。与小麦制粉相似，稻谷制米的过程也是逐步分离出不需要的组分，最后留下胚乳的过程，只是小麦制粉的目的在于得到粉碎至一定细度的胚乳，而稻谷制米的目的则是得到尽量好的胚乳。稻谷制米过程中的各工序及其对物料的分离见图 3-2。

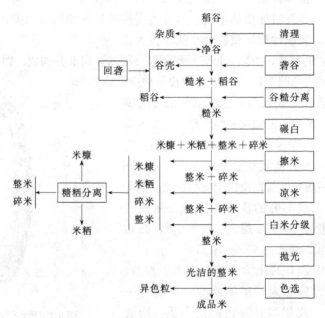

图 3-2　稻谷制米的主要工序及其对物料的分离

四、砻谷及砻下物分离

（一）砻谷

脱除稻谷颖壳的工序称为脱壳，俗称砻谷，脱去颖壳的机械称为砻谷机。由于受砻谷机本身力学性能和稻谷子粒强度的限制，稻谷经砻谷机一次脱壳后不能全部成为糙米，因此，砻下物中含有未脱壳的稻谷、糙米、谷壳。砻下物分离就是将稻谷、糙米、谷壳等进行分离，糙米送往碾米机碾白，未脱壳的稻谷返回砻谷机再次脱壳，而稻壳作为副产品加以利用。

砻谷时，在确保一定脱壳率的前提下，要求应尽量保证糙米子粒的完整，减少子粒损伤，以提高大米出率和谷糙分离的效果。具体要求是：稻壳中含有饱满子粒不超过 30 粒/kg，谷糙混合物种含稻壳量不超过 0.8%。糙米含稻谷量不超过 40 粒/kg，回砻谷含糙量不超过 10%。

1. 典型的砻谷设备

目前我国使用的砻谷设备主要是对辊砻谷机，它的主要工作构件是一对并列安装且富有弹性的辊筒，辊筒作不等速相向转动。谷粒进入两辊筒之间的间隙时，由于稻壳与糙米间没有结合力，在两侧受到辊筒的挤压和摩擦作用时，稻壳与糙米分离，实现脱壳。

辊筒是实现砻谷的关键构件，它是铸铁圆筒上覆盖一层弹性材料制成的，常用的弹性材料为橡胶或聚氨酯。辊筒是成对安装的，两辊可以相对倾斜或水平排列。两辊间的轧距越小，辊间压力越大，对稻谷的挤压和摩擦作用越强。通过辊间压力调节机构完成轧距的调节。根据辊间压力调节机构的不同，对辊砻谷机可分为压砣紧辊砻谷机、液压紧辊砻谷机和气压紧辊砻谷机。这里仅介绍压砣紧辊砻谷机和气压紧辊砻谷机两种。

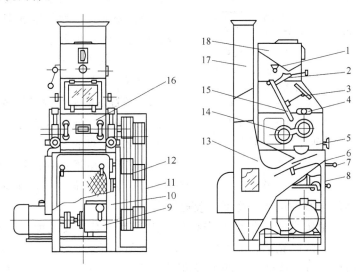

图 3-3　MLGT·36 型压砣紧辊砻谷机

1—流量调节机构；2—短淌板；3—长淌板角度调节机构；4—松紧辊同步轴；5—活动辊支承点调节手轮；6—砻下物淌板角度调节机构；7—手动松紧辊操作杆；8—重砣；9—变速箱；10—机架；11—传动装置；12—张紧轮；13—稻壳分离装置；14—辊筒；15—长淌板；16—检修门；17—吸风管；18—进料斗

（1）压砣紧辊砻谷机　MLGT·36型压砣紧辊砻谷机的结构如图3-3所示，主要由进料机构、辊筒、辊压调节机构、自动松紧机构、传动机构、谷壳分离装置等部分组成。进料机构由进料斗、流量控制装置和喂料装置等组成。辊筒为双支承座式结构，通过辊筒两边的轴承、轴承座固定在机架上。改变压砣的重量可以改变辊间压力，调整砻谷效果。

工作时，稻谷由进料斗通过淌板均匀分散于两橡胶辊筒之间，在两辊的挤压和摩擦作用下，部分稻谷的谷壳与糙米分离，实现脱壳。脱壳后的混合物经谷壳分离装置分离出稻壳后排出机体，稻壳由吸风管排出。

（2）气压紧辊砻谷机　MLGQ·25.4型气压紧辊砻谷机是在消化吸收国外同类产品的基础上结合我国砻谷机的优点设计出来的，结构如图3-4所示。它具有产量高、能耗低、噪声低、辊压调节准确、便于自动控制等特点。与MLGT·36型压砣紧辊砻谷机的主要区别在于采用气压松紧辊机构。辊筒为悬臂式支承结构，拆卸方便迅速。更换辊筒时只需松开紧固螺栓，便可将辊筒连同法兰一起抽出。

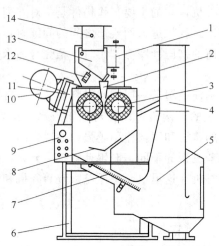

图3-4　MLGQ·25.4型气压紧辊砻谷机
1—流量调节装置；2—进料导向板；3—辊筒；
4—吸风道；5—稻壳分离装置；6—底座；
7—砻下物淌板；8—缓冲box；9—气动
控制箱；10—电机；11—可摇动框架；
12—进料汽缸；13—活动料斗；
14—料位器

传动机构与气压松紧机构组成一体。电机安装在可摇动机架上，安装底座可由螺杆进行调节，从而张紧皮带。辊间压力是通过可摇动框架及电机的自重与汽缸压力一同来控制的，正常生产时，表压控制在0.2~0.3MPa。

2. 砻谷机的操作对工艺效果的影响

（1）流量　通过调节进料闸门的开启程度实现对流量的调节。流量过高时，两辊间稻谷的数量增加且排列无序，稻谷接触胶辊的机会少，所以，脱壳率下降，糙碎增加。流量过低时，辊间稻谷数量少，虽然可以提高脱壳率，但产量降低，胶耗增大。

（2）辊压　辊压过高可能使脱壳率低、爆腰率上升，胶耗增大。只有辊压合适，才能获得良好的脱壳率，降低糙碎、爆腰率和胶耗。

（3）胶辊的硬度与安装　胶辊的硬度要合适，一般为邵氏80°~90°，加工粳稻或夏天时应选用硬度高的胶辊，加工籼稻或冬天时应选用硬度低的胶辊。安装胶辊时要求两辊中心线要平行、两辊端面对齐，否则易产生大小头和飞边现象，造成胶辊利用率下降，胶耗增大，同时脱壳率和产量也降低。

（4）吸稻壳风量　调节吸风量时，既要保证将稻壳尽量完全吸走，又要减少跑粮现象。

（二）谷糙分离

谷糙分离是稻谷加工中的重要环节，也是实际生产过程中出现问题较多的环节。由于稻谷和糙米在粒度、密度、容重、摩擦系数、悬浮速度等方面存在较大差异，为实现谷糙分离提供了有利条件。常用的分离方法有筛选法、密度分离法和弹性分离法。生产中常用的谷糙分离设备有谷糙分离平转筛、重力谷糙分离机等。

1. 典型的谷糙分离设备

（1）GCP-1 谷糙分离平转筛　GCP-1 型谷糙分离平转筛主要有 GCP·63×3-1 型、GCP·80×3-1 型、GCP·100×3-1 型、GCP·112×3-1 型四种，其中 GCP·63×3-1 型谷糙分离平转筛的结构见图 3-5，外形为方形，主要由进料机构、筛体、筛面倾角调节机构、偏心回转机构、传动及调速机构和机架等部分组成。筛体内装有三层抽屉式筛格，每层筛面下面均设有集料板，将筛下物导向下层筛面的进料端，以确保筛上物的厚度，促进物料的自动分级。筛体通过三组偏心回转机构支撑在机架上，由传动机构带动其中一组转动，使筛体作平面回转运动。

工作时，谷糙混合物由进料口进入筛体，在筛面宽度方向上均匀分布。由于筛体作平面回转运动，倾斜筛面上的谷糙混合物同时受到离心力、重力和筛面摩擦力的作

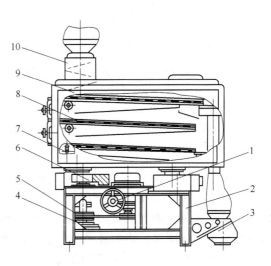

图 3-5　GCP·63×3-1 型谷糙分离平转筛
1—调速手轮；2—机架；3—出料机构；4—减速箱；
5—调速机构；6—偏心回转机构；7—筛面倾斜角
调节机构；8—筛面；9—筛体；10—进料机构

用，作螺旋线运动，经过三层筛面的连续筛理，最后完成谷糙分离过程。

（2）MGCZ·115×5 型重力谷糙分离机　重力谷糙分离机的最大特点是对品种混杂严重、力度均匀性差的稻谷原料有较强的适应性，谷糙分离效率高，操作管理简单。MGCZ·115×5 型重力谷糙分离机的结构如图 3-6 所示，主要由进料机构、分离箱体、偏心传动机构、支承机构和机架等部分组成。分离箱是核心构件，呈倾斜状。分离箱内安装 5 层分离板，分离板是用薄钢板冲制而成的，凸台呈马蹄形。谷糙混合物落入分离板上后，由于分离板在偏心传动机构作用下作往复振动，使谷糙混合物产生自动分级，稻谷上浮而糙米下沉。糙米在凸台的推动作用下，向上移动从分离板的上部排出，稻谷则在重力和进料推力的作用下向下移动，由下出口排出，从而实现谷糙分离。

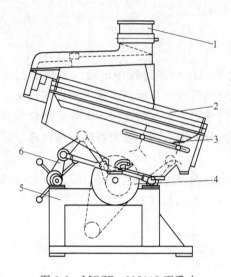

图 3-6　MGCZ·115×5 型重力
谷糙分离机

1—进料机构；2—分离箱体；3—出料
口调节板；4—偏心传动机构；
5—机架；6—支承机构

2. 谷糙分离设备的操作对分离效果的影响

① 流量。合适的流量使工作面上谷糙混合物运动速度平稳，料层厚度变化不大，自动分级效果好，有效实现谷糙分离。流量过高，糙米难以下沉接触工作面，谷糙分离效果差；流量过低，稻谷接触工作面的机会增加，同样影响谷糙分离。

② 工作面的倾斜角度。增大倾斜角可以提高净糙纯度，但回砻谷数量和含糙量增多，糙米产量降低。通常在保证糙米质量的前提下，可适当减小工作面倾斜角，提高设备产量，减少回砻谷数量。

③ 在重力谷糙分离机的出料口设有两块挡板，一块为糙米挡板，一块为回砻谷挡板。合适的挡板位置对确保糙米和回砻谷的质量和数量有利。

④ 经常清理工作面，筛孔的配置要合理。

⑤ 转速和回转半径是影响谷糙分离平转筛分离效果的主要工作参数。转速高、回转半径大有利于物料的自动分级和分离效果的提高，但是转速过快、半径过大，会造成糙米穿孔困难，影响糙米的产量。转速慢、半径小，则自动分级作用差。转速与回转半径是两个相互联系的因素。对于重力谷糙分离机来说，转速（振动频率）高，有利于提高分离效果，但转速过高会使物料在分离板上产生剧烈跳动，破坏自动分级，反而降低分离效果。

五、碾米

碾米是通过摩擦擦离或碾削的方法部分或全部剥除糙米子粒表面皮层的过程。糙米皮层中含有大量的纤维素，作为日常主食直接食用会不利于人体的长期消化吸收；另外，直接用糙米蒸饭，不仅蒸煮时间长，而且颜色深、口感差。通过碾白去除糙米的皮层有利于提高食用品质。对碾米工序的一般要求是，在保证成品米符合质量标准的前提下，提高纯度，提高出品率和产量，降低成本和保证安全生产。

用于碾米的设备称为碾米机。碾米机的主要工作部件是碾辊，根据制造材料的不同，碾辊分为铁辊、砂辊和砂铁结合辊三种。根据碾辊轴的安装形式，碾米机分为立式碾米机和横式碾米机两种。立式碾米机多采用砂辊和铁辊，横式碾米机采用砂辊、铁辊和砂铁混合辊。碾辊、米筛和压筛条（又称米刀）共同构成碾白室。米筛装在碾辊的外围，与碾辊间的间隙即为碾白间隙。碾辊转动时糙米在碾白室内受机械力作用而得到碾白，碾下的米糠通过米筛筛孔排出碾白室。

在碾白的过程中，主要依靠米粒与碾白室构件之间以及米粒与米粒之间强烈的摩擦擦离作用使糙米碾白，称为摩擦擦离碾白。借助高速旋转且表面带有锋利砂刃的金刚砂辊，削去糙米皮层，达到碾白目的的称为碾削碾白。同时利用摩擦擦离作用和碾削作用的称为混合碾白，混合碾白可以减少碎米，提高出米率，改善米色，同时还有利于提高设备的生产能力，降低电耗。目前，我国使用的大部分碾米机基本上都属于混合碾白型。在碾米过程中不断向碾米室内喷入气流，让气流参与碾白的称为喷风碾米。喷风碾米有助于降低米温，提高大米的外观色泽和光洁度，提高出米率。下面介绍3种混合碾米机。

（一）典型的碾米设备

1. NS型螺旋槽砂辊碾米机

结构如图3-7所示，主要由进料装置、碾白室、擦米室、传动机构和机架等部分组成。上面是碾白室，采用砂辊碾白；下面是擦米室，采用铁辊擦米。砂辊的进口端砂粒较粗，有利于开糙，出口端砂粒细而较软，利于精碾。砂辊表面均开有4个等距螺旋槽，从进口端到出口端螺旋槽由深变浅、由宽变窄，因而使碾白室的截面积逐渐减小，与碾米过程中米粒体积逐渐减小相一致，使碾白室内的碾白压力保持均衡，利于对米粒的均匀碾白。砂辊后面是拨料铁辊，其4根凸筋可以拆卸，便

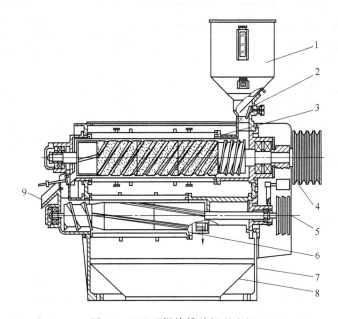

图3-7 NS型螺旋槽砂辊碾米机

1—进料斗；2—流量调节装置；3—碾白室；4—传动带轮；5—防护罩；
6—擦米室；7—机架；8—接糠斗；9—分路器

于磨损后更换。

工作时，糙米由进料斗经流量调节机构进入米机，被螺旋输送器送入碾白室，在旋转砂辊的带动下做螺旋线运动。米粒前进过程中，因受到高速旋转砂辊的碾削作用而得到碾白。拨料铁辊将米粒送至出口排出碾白室。从碾白室排出的米粒，皮层虽已基本去除，但表面较粗，且黏附有糠粉，因而再送入擦米室进行擦米。米粒在擦米铁辊的缓和摩擦作用下，擦去表面的糠粉，磨光米粒表面，成为光亮洁净的白米。从米筛筛孔排出的糠秕混合物经接糠斗排出机外。

2. NF·14 型旋筛喷风碾米机

结构如图 3-8 所示，主要由进料装置、碾白室、糠秕分离室、喷风机构、传动机构和机架等部分组成。碾白室为悬臂结构形式，伸出在机架箱体之外。碾辊为具有较大偏心和较高凸筋的砂辊，凸筋后面各有一条喷风槽。位于外围的六角形筛筒可以旋转，转速 5r/min，转向与砂辊转向相同。碾白室下面是糠秕分离室，利用风选原理对碾白室排出的糠秕混合物进行分离，并进一步吸除白米的糠粉、降低米温。

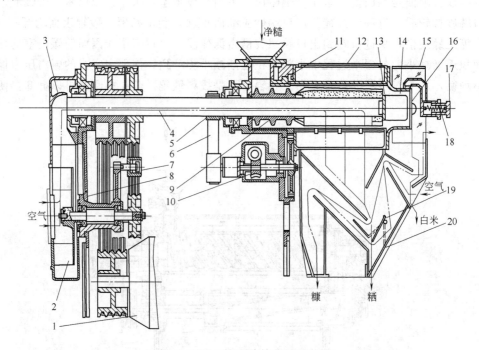

图 3-8 NF·14 型旋筛喷风碾米机

1—电机；2—风机；3—进风套管；4—主轴；5—减速箱主动轮；6—平皮带；7—压轮；8—机架；
9—螺旋输送器；10—蜗轮；11—齿轮；12—碾白室上盖；13—拨米器；14—精碾室；
15—挡料罩；16—压力门；17—压簧螺母；18—弹簧；19—调风活门；20—可拆隔板

工作时，糙米经进料斗由螺旋输送器送入碾白室。主要由于受喷风的作用，米粒在碾白室内呈流动状态边向前推进边碾白。砂辊上的凸筋、喷风槽以及六角米筛都加强了对米粒的翻动，使米粒受碾机会增多，碾白均匀。白米经出口排出碾白室后，再通过糠秕分离室进一步去除黏附在米粒表面的糠粉。米筛排出的糠秕混合物进入糠秕分离室进行分离。

3. MNML 系列立式双辊碾米机

结构如图 3-9 所示，主要由进料机构、碾白室、出料装置、传动装置、吸风系统及机架等部分组成。机架上安装有左右两套碾米装置，每套碾米装置都包括进料机构、碾白室、机壳及出料机构等。进料口位于碾白室的底部，出料口设在碾白室的顶部。采用这种低位进料、高位出料的方式，物料可以由一套碾米装置上端排出后直接靠自流流入另一套碾米装置下端

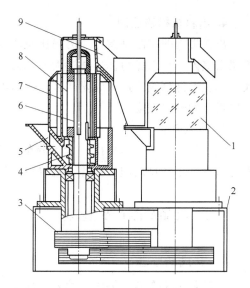

图 3-9 MNML 系列立式双辊碾米机
1—机壳；2—机架；3—皮带轮；4—螺旋输送器；5—进料口；6—主轴；7—米筛；8—碾白室；9—出料口

的进料口，避免使用中间输送设备时对米粒造成损伤。

工作时，物料由进料口进入机内，在螺旋输送器连续向上推力的作用下，被送入碾白室，受碾白作用而脱去糠层。米糠穿过米筛由高压风机吸出机外，米粒则经上端出料口压力门排出，进入第二套碾米装置中进一步碾白。两台这样的碾米机可以串联使用，实现进一步碾白。该机具有碾白均匀、米温低、碎米少、出米率高等优点。

（二）碾米机的操作对碾米效果的影响

1. 物料流量

在碾白间隙和碾辊转速不变的情况下，适当加大物料流量，可以增加碾白室内的压力，从而提高碾白效果。但流量过大会使碎米率增加，而且会造成碾白不均匀，甚至米机堵塞。流量过小，碾米压力不足，会降低碾白效果，而且米粒在碾白室内的冲击作用加剧，也会增加碎米率。因此，应根据碾白间隙、糙米的工艺性质、碾辊转速等因素确定合适的流量。

2. 米刀的厚度

米刀的厚度主要影响碾白室内局部的碾白压力。适当增加米刀的厚度有助于提高碾白效果，促进米粒的翻滚，增加出机米的精度和碾白均匀度。但是，米刀过厚，局部压力过大，则易造成米粒破碎。

3. 筛孔大小

筛孔大小的选择应当既利于米糠的排出，又要防止跑粮现象发生。

4. 出料机构的控制

出料机构的控制是指对压力门压砣质量或弹簧松紧度的控制，其作用是改变整个碾白室内的碾米压力。质量过大或弹力过大，使碾米室内压力上升、米流密度增大，米粒不易翻滚，造成碎米增多、碾白不均匀。质量过小或弹力过小，则难以保证出机米的碾白程度。

5. 喷风风量

大风量有利于米糠排出、米温降低，但米粒翻滚严重，使碎米增多、爆腰加剧。风量过小则喷风碾米的优点难以得到体现。

六、成品及副产品整理

（一）成品整理

成品整理主要包括擦米、凉米、白米分级、抛光、色选等工序。

1. 擦米

碾白后的米粒表面上黏附有糠粉，影响米粒的外观色泽，也不利于大米的稳定储藏。擦去米粒表面糠粉的工序称为擦米。擦米与碾米不同，由于白米的强度较低，擦米作用不应强烈，防止产生过多碎米。出机白米经擦米后，产生的碎米不应超过 1%，含糠量不应超过 0.1%。随着碾米技术日益进步、加工设备不断更新，现今绝大多数碾米厂已不单独配置擦米设备，往往是利用双辊碾米机下方的辊筒进行擦米。

2. 凉米

凉米的目的是降低米温，以利于储藏。尤其在加工高精度大米时，米温要比室温高出 15～20℃，在打包之前必须经过凉米工序。凉米一般在擦米之后进行，并把凉米与吸除糠粉有机地结合起来。凉米后要求米温降低 3～7℃，爆腰率不超过 3%。

降低米温的方法很多，如采用喷风碾米、米糠采用气力输送、成品输送中进行自然冷却等。目前使用较多的凉米专用设备是流化床，它不但可以降低米温，而且还有去湿和吸除糠粉的作用。物料经进料斗进入流化床，在气流和进料推力的作用下沿带孔的床板向前运动，在此过程中米温得到降低，并失去部分水分，最后由出米口排出。穿过床板孔眼的米栖由米栖口排出，带有糠粉的气流进入离心分离器分离出糠粉。

3. 白米分级

将白米分成不同含碎等级的工序称为白米分级。其目的在于根据对成品质量的要求，分离出超过标准的碎米。白米分级的主要设备有白米分级平转筛和辊筒精选机。

4. 抛光

抛光实质上就是湿法擦米。它是将达到一定精度的白米，经着水、润湿后，送入专用设备（白米抛光机）内，在一定温度下，米粒表面发生胶质化，使得米粒晶莹光洁、不黏附糠粉、不脱落米粉，从而改善其储藏性能，提高其商品价值。

MPGF 型白米抛光机的结构如图 3-10 所示，主要由雾化装置、进料装置、抛光室、喷风系统等组成。喷雾装置采用空气压缩机喷雾。抛光室由两节螺旋推进器、两节抛光辊、空心轴以及外围的弧形米筛组成。螺旋推进器与抛光辊间隔排列，构成前后抛光室。辊面上安装有 4 根聚氨酯抛光带，并开有喷风槽。

当白米通过进料装置进入雾化区时，进料装置发出信号给雾化控制箱，使雾化室进入工作状态，对来料喷雾着水。着水后的白米在料斗内短时间停留湿润后，很快进入抛光室。在抛光室内由于抛光辊的旋转摩擦和抛光带的搅拌擦刷作用，米粒不断翻滚受到均匀摩擦，擦除米粒表面的糠粉，同时米粒表面产生有光泽的质地，使米粒表面晶莹、光洁。喷风装置将糠粉和湿气排出抛光室，抛光后的米粒由出米口排出。

5. 色选

色选是利用光电原理，从大量散装产品中将颜色不正常的或受病虫害的个体以及外来夹杂物检出并分离的工序。色选所用的设备为色选机。在不合格产品与合格产品因粒度十分接近而无法用筛选设备分离或因密度基本相同而无法用密度分选设备分离时，色选机的优势就凸显出来了。

色选原理如图 3-11 所示。将某一单颗粒物料置于一个光照均衡的地方，物料

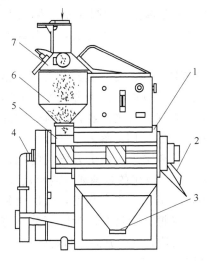

图 3-10 MPGF 型白米抛光机

1—机架；2—出料口；3—糠粉出口；
4—喷风系统；5—抛光室；6—进料
装置；7—雾化装置

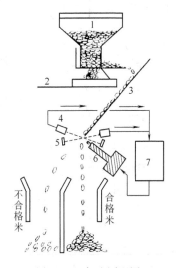

图 3-11 色选原理图

1—进料斗；2—振动喂料器；3—通道；
4—光电探测器；5—基准色板；6—气
流喷射阀；7—放大器

两侧受到光电探测器的探照。光电探测器测定物料反射光的强度，并与基准色板（又称背景、反光板）反射光的强度比较。色选机将光强差值信号放大处理，当信号大于预设值时，驱动喷射阀，将物料吹出，此为不合格产品。反之，喷射阀不动作，说明受检物料是合格产品，沿另一出口排出。目前国内使用的大米色选机，国产设备有 MMS 型、ASM 型两种；进口设备有 EM 型（佐竹）、9400 型（Sortex）等，结构大同小异。

（二）副产品整理

从碾米及成品整理过程中得到的副产品是糠秕混合物，里面不仅含有米糠、米秕（粒度小于小碎米的胚乳碎粒），而且由于米筛筛孔破裂或操作不当等原因，往往还含有一些完整米粒及碎米。米糠中含有很多营养成分，具有较高的经济价值；米秕的化学成分与整米基本相同，也可回收利用。为此，应将米糠、米秕、整米、碎米逐一分离出来，做到物尽其用，此过程称为副产品整理，工艺上称为糠秕分离。

副产品整理的要求是：米糠中不得含有完整米粒和相似整米长度 1/4 以上的米粒，米秕含量不超过 0.5%；米秕不得含有完整米粒和相似整米长度 1/4 以上的米粒。

常用的糠秕分离设备有糠秕分离器和糠秕分离小方筛。

1. KXF 型糠秕分离器

结构如图 3-12 所示，由转向器、上分离室、中间分离室和下分离室 4 部分组成。转向器是米糠出口的导流装置，为蜗形壳体，底面有一套管，活动地套装在分离室的内胆上。上分离室由大圆柱体、内胆组成，中间分离室由一截圆锥筒和圆锥盘组成，下分离室为一漏斗状圆筒。

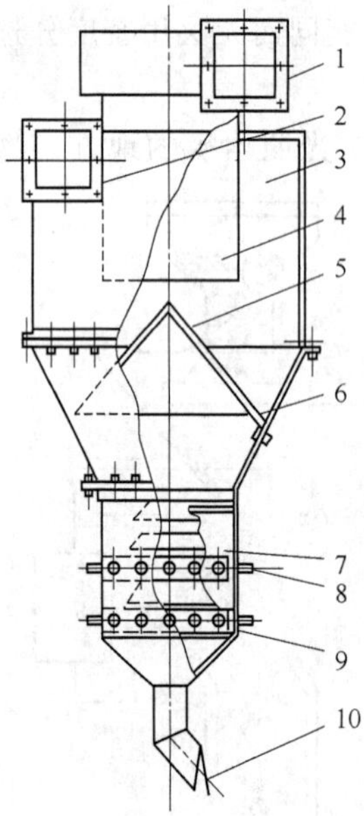

KXF 型糠秕分离器工作时处于负压状态，糠秕混合物随气流延分离器切线方向进入上分离室，其速度逐渐降低，部分米糠被气流带走。经初次风选的混合物由于受重力和离心力的作用，落入中间分离室，在环形截面处受到由下分离室进入的上升气流的风选作用，进行第二次风选。分离出的米糠通过内胆被吸走，尚含有少量米糠的米秕沉降至下分离室，再次受到气流的风选作用，吸走米糠。米秕和碎米降至分离室底部由压力门排出，从而达到糠秕分离的目的。

图 3-12 KXF 型糠秕分离器
1—转向器；2—进口；3—上分离室；4—内胆；5—圆锥盘；6—中间分离室；7—下分离室；8—调节手柄；9—风量调节阀；10—压力门

2. KXS 型糠秕分离小方筛

KXS 型糠秕分离小方筛实际上是一种层数较少（3～5 层）的小型平筛，通过配备不同的筛孔和筛理路线，可以将糠秕混合物分离成米糠、米秕、碎米和整米四部分。

第二节　特种米加工

一、蒸谷米

清理后的稻谷经过水热处理，再进行砻谷、碾米所得到的成品米称为蒸谷米，也称半蒸米。蒸谷米起源于印度，其生产和消费主要集中在南亚国家如印度、巴基斯坦、孟加拉国、斯里兰卡、尼泊尔等，目前在西欧、中美、南美等地区一些国家也进行蒸谷米的生产。全世界有 1/5 的稻谷用于生产蒸谷米。我国从 20 世纪 60 年代开始大规模地生产蒸谷米，主要出口到海湾地区和阿拉伯国家。蒸谷米的营养价值比普通大米的要高，维生素 B_1 和尼克酸的含量提高一倍多。

蒸谷米的生产工艺流程如下：

稻谷→清理→浸泡→汽蒸→干燥与冷却→砻谷及谷糙分离→碾米→成品整理→蒸谷米

1. 清理

稻谷在浸泡之前首先要进行清理，在做好除杂、除石的同时还应尽量去除原粮中的不完善粒。可以采用洗谷机进行湿法清理，水洗时，稻谷表面的绒毛所引起的气泡使稻谷浮于水面。把稻谷放入水中后使水旋转，可以消除水泡，保证清理效果。

2. 浸泡

浸泡是稻谷吸水并发生体积膨胀的过程，目的是为以后汽蒸时淀粉发生糊化创造条件，因为，如果稻谷水分低于 30％，难以将稻谷蒸透，影响蒸谷米质量。

浸泡基本上可以分为常温浸泡和高温浸泡两种方法。所用设备主要有罐柱式浸泡器、平转式浸泡器等。现今广泛采用的是高温浸泡法，预先将水加热到 80～90℃，然后放入稻谷进行浸泡。浸泡时间和水温因稻谷品种不同而不同，浸泡籼稻时水温为 72～74℃，最高不超过 76℃，粳稻不超过 70℃；浸泡时间 3～4h。浸泡后稻谷的水分含量一般控制在 34％～36％。高温浸泡虽能缩短浸泡时间，但由于高温浸泡促使稻壳和米糠层的色素溶解并渗入到胚乳中，故易使米粒变色。

3. 汽蒸

汽蒸的目的在于提高出米率、改善储藏特性和食用品质。稻谷经过浸泡以后，其胚乳内部吸收相当数量的水分，经过加热蒸煮，使稻谷经受强烈的水热处理，一些可溶性营养物质向胚乳内部扩散，微生物和害虫被杀死，稻谷自身的生命力也丧失。此外，蒸煮还导致淀粉发生糊化，米的颜色加深。

根据蒸汽压力的不同，蒸煮的方法有常压汽蒸、高压汽蒸和真空蒸煮。在汽蒸过程中，必须掌握好汽蒸温度和汽蒸时间，使淀粉糊化充分但又不能糊化过度，并注意汽蒸的均匀性。

蒸煮设备的种类很多，除手工蒸煮的蒸灶外，常用的蒸煮设备有蒸汽螺旋输送机、常压蒸煮筒、立式蒸煮器和卧式蒸煮干燥器等。

4. 干燥和冷却

蒸煮以后的稻谷水分含量高达34%～36%，温度达100℃左右。这种高湿高温的稻谷，既不利于储藏，也不利于加工。所以，必须经过干燥使水分降至安全水分，然后进行冷却，降低粮温。

干燥方式有蒸汽间接加热干燥和加热空气干燥两种方式。干燥条件应当比较缓和。应将蒸谷的干燥过程分两个阶段，在第一阶段采用快速干燥脱水，使水分降到16%～18%，而后进入第二干燥阶段，采用慢速干燥或冷却的方式最终将水分降至安全水分。在两个干燥阶段之间要让稻谷进行一定时间的缓苏，也就是停止通入干燥热空气，使稻谷在一定的温度下保持一段时间，目的在于提高碾米时的整米率。常用设备有沸腾床干燥机、喷动床干燥机、流化床干燥机、滚筒干燥机、塔式干燥机以及冷却塔等。

5. 砻谷

稻谷经水热处理后，颖壳开裂、变脆，容易脱壳。因此，在使用砻谷机脱壳时可适当降低辊间压力，达到提高产量、降低胶耗和电耗的目的。脱壳后进行谷糙分离，将得到的蒸谷糙米送入碾米机碾白。

6. 碾米

蒸谷糙米由于皮层与胚乳结合紧密、子粒变硬，且皮层的脂肪含量较高。因此，蒸谷糙米的碾白比较困难，碾白时间是生谷的3～4倍。碾白时，分离下来的米糠由于机械摩擦生热而变成脂状，造成筛孔堵塞，也使碾白室容易打滑，导致碾白效率降低。为了防止这种现象发生，可采取以下措施：采用喷风碾米机，以便起到冷却和加速排糠的效果；碾米机转速比加工普通大米时提高10%；采用四机出白碾米工艺，即经三道砂辊碾米机、一道铁辊碾米机；碾米机排出的米糠采用气力输送。

碾白后的擦米工序应当加强，以清除米粒表面的糠粉。还需按含碎要求进行筛分分级。国外还利用色选机除去异色粒，以提高蒸谷米的商品价值。

二、免淘米

免淘米是一种蒸煮前不需要淘洗、符合卫生要求的大米。食用免淘米不仅可以避免淘洗过程中干物质和营养成分的流失，而且简化了米饭的蒸制工艺，同时还节约用水，避免淘米水带来的环境污染问题。生产免淘米的方法有以下几种。

（一）渗水法

渗水法加工免淘米是在糙米碾制后，在擦米时渗水碾磨以去净米粒表面附着的糠粉。其工艺流程如下：

糙米→碾白→擦米→渗水碾磨→冷却→分级→免淘米

1. 渗水碾磨

与碾米机对米粒的碾白作用不同，渗水碾磨只对米粒表面进行磨光，因此，米粒所受的作用力极为缓和。碾磨中渗水的目的主要是利用水分子在米粒与碾磨室构件之间、米粒与米粒之间形成一层水膜，使碾磨光滑细腻。渗水的另一个作用是对米粒表面进行水洗，使附着在米粒表面的糠粉去净。为了提高渗水碾磨的效果，碾磨时最好渗入热水。

目前尚没有定型的渗水碾磨专用设备。一般使用铁辊筒碾米机，但需要将出口拆除，退出米刀，转速调至 800r/min。碾磨时，水从米机进口渗入，渗水量视大米品种和原始水分而定，一般为大米流量的 0.5%～0.8%。此外，也可将双辊碾米机下部的擦米室改进后用于渗水碾磨。改进的要点是：在擦米室出口的一张米筛上钻一圆孔，插入内经 3～4mm 的钢管，钢管的另一端用胶管与水箱相连。这样就可以利用擦米室前段进行擦米，而后段进行渗水碾磨。

2. 冷却

通常采用流化床对米粒进行冷却，在冷却的同时，也有一定的降水作用，同时还可以吸走米流中的米糠。流化床工作时，风量调节十分关键，要使米粒与气流充分接触。

3. 分级

渗水碾磨后的米粒常夹有糠块粉团，应进行筛理分级。一般采用振动筛，上层筛面用 5×5 孔$/25.4mm^2$，下层筛面用 14×14 孔$/25.4mm^2$，分别筛去大于米粒的糠块粉团和细糠粉。

（二）膜化法

将大米表面的淀粉通过预糊化作用转变成包裹米粒的胶质化淀粉膜，从而生产出免淘米的方法，称为膜化法。加强糙米精选和成品处理中的抛光工序，可以使米粒表面淀粉糊化，起到膜化的作用。另一种膜化法生产免淘米的流程是：

$$\boxed{标一米} \rightarrow 精选去杂 \rightarrow 碾白 \rightarrow 去糠上光 \xrightarrow{\boxed{上光剂}} 分级 \rightarrow \boxed{免淘米}$$

去糠上光是该方法的关键工序。白米在抛光机内受到剧烈的搅拌作用，米温上升，此时将上光剂加入抛光机内。这样，米粒表面淀粉就不可逆地吸收一定量的水分，并有一定量的淀粉糊渗出，从而使米粒表面形成一层薄膜，达到膜化的目的。

目前使用的上光剂有糖类、蛋白类和脂类三种。使用较多的糖类上光剂是葡萄糖、砂糖、麦芽糖和糊精等。使用时，上光剂与温水配成一定浓度的溶液，用导管滴加到抛光机的抛光室内。增加米粒与抛光辊之间的摩擦力，除尽米粒表面的糠粉，同时使部分糖溶液涂布于米粒表面，加快表层淀粉糊化，形成被膜。蛋白类上光剂一般采用水溶性蛋白如大豆蛋白、明胶等。使用方法与糖类上光剂相同。脂类上光剂一般采用不易酸败的高级植物油。

三、营养强化米

普通大米的营养并不全面。强化米是在普通大米中添加某些缺少的或特需的营养素而制成的成品米。目前,用于强化大米的营养强化剂有维生素、氨基酸及矿物质。强化米的生产方法很多,归纳起来可分为内持法和外加法。内持法是通过一定措施保存大米自身某一部分营养素,以达到强化目的的方法。蒸谷米就是采用内持法生产的一种强化米。外加法则是将强化剂配成溶液后,由米粒吸附或涂覆在米粒表面的一种营养强化方法,具体又分浸吸法、涂膜法、强烈型强化法。

(一) 浸吸法

浸吸法生产强化米的工艺流程如图 3-13 所示。

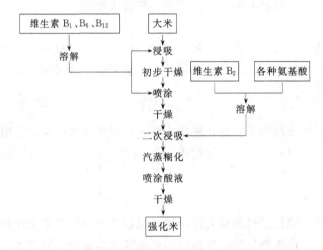

图 3-13　浸吸法生产强化米的工艺流程

1. 浸吸与喷涂

先将维生素 B_1、B_6、B_{12} 称量后溶于 0.2% 的重合磷酸盐中性溶液中(重合磷酸盐可用多磷酸钾、多磷酸钠、焦磷酸钠或偏磷酸钠等),再将大米与上述溶液一同置于带有水蒸气保温夹层的滚筒中。滚筒轴上有螺旋叶片,起搅拌作用。滚筒上方靠近米粒处装有 4~6 只喷嘴,也可将溶液喷洒在翻动的米粒上。该滚筒一机多能,从滚筒另一端通入热空气,可对米粒进行干燥。浸吸时间为 2~4h,溶液温度为 30~40℃,大米吸附的溶液量为其质量的 10%。浸吸后,由辊筒的另一端通入40℃热空气,轻微干燥米粒,而后将未吸尽的溶液由喷嘴喷洒在米粒上,使之全部吸收。最后再次通入热空气,将米粒干燥至正常水分。

2. 二次浸吸

将维生素 B_2 和各种氨基酸称量后溶于重合磷酸盐中性溶液中,再倒入上述滚筒中与米粒混合，进行二次浸吸。溶液与米粒的质量比、浸吸操作方法与上述相同，但最后不进行干燥。

3. 汽蒸糊化

取出二次浸吸后的米粒，置于连续式蒸煮器中进行汽蒸。连续式蒸煮器为内有输送带的密闭式蒸柜，输送带下方装有两排蒸汽喷嘴，蒸柜两端装有汽罩用以排出废蒸汽。米粒经进料斗落到输送带上，随输送带慢速向前移动。在 100℃ 蒸汽下汽蒸 20min 可使米粒表面糊化，起到防止米粒破碎和淘洗时营养流失的作用。

4. 喷涂酸液及干燥

再次将汽蒸后的米粒置于上述滚筒中，边转动边喷入一定量的 5％乙酸溶液，然后通入 40℃ 热空气，使米粒水分降至 13％，即得到强化米产品。

（二）涂膜法

涂膜法是在米粒表面涂上数层黏稠物质以生产强化米的方法。工艺流程如图 3-14 所示。

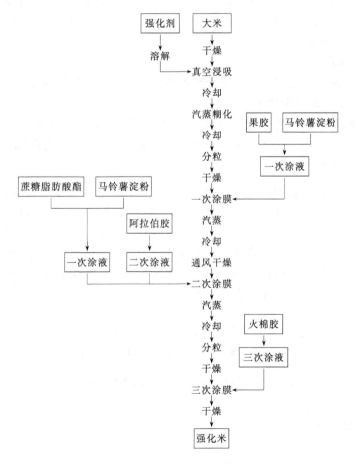

图 3-14　涂膜法生产强化米的工艺流程

1. 真空浸吸

先将维生素、矿物质、氨基酸按配方称量，溶于 40kg 的 20℃水中。大米预先干燥至水分为 7%。取 100kg 干燥后的大米置于真空罐中，注入强化剂溶液，在 $8×10^4$ Pa 真空度下搅拌 10min，由于大米的水分很低，营养强化剂被吸入米粒内部。

2. 汽蒸糊化与干燥

从真空罐取出米粒，冷却后放入连续式蒸煮器中汽蒸 7min，再通入冷空气冷却。使用分粒机将黏结在一起的米粒分开，而后送入热风干燥机中降水至 15%。

3. 一次涂膜

将干燥后的米粒放入分粒机中，加入一次涂液后搅拌混合，使涂液均匀涂覆在米粒表面。一次涂液的配方是：果胶 1.2kg、马铃薯淀粉 3kg 溶于 10kg 的 50℃热水中。一次涂膜后，从分粒机取出米粒，送入连续式蒸煮器中汽蒸 3min，然后通风冷却。接着在干燥机内先以 80℃热风干燥 30min，再用 60℃热风干燥 45min。

4. 二次涂膜

将上述干燥后的米粒再次放入分粒机，先用 1%阿拉伯胶溶液将米粒湿润，再与含有 1.5kg 马铃薯淀粉和 1kg 蔗糖脂肪酸酯的溶液混合浸吸，然后进行汽蒸、冷却、分粒、干燥。

5. 三次涂膜

将二次涂膜干燥后的米粒置于干燥器中，喷入火棉乙醚溶液 1kg（火棉胶与乙醚各半），干燥后即得强化米产品。

第一层涂膜可以改善风味，并具有高度黏稠性。第三层涂膜也具有高度黏稠性，更可以防止老化，提高光泽度，延长保藏期，不易吸潮，可降低营养素损失。

（三）强烈型强化法

强烈型强化法是我国研制的一种大米强化工艺，比浸吸法和涂膜法工艺简单，所需设备少，投资小，便于推广使用。其工艺流程见图 3-15。免淘米进入强化机后，先以赖氨酸、维生素 B_1、维生素 B_2 进行第一次强化，然后入缓冲仓静置适当时间，使营养素向米粒内部渗透并使水分挥发。第二次强化钙、磷、铁，并在米粒表面涂一层食用胶，形成抗水保护膜，起防腐、防虫、防营养损失的作用。第二次缓冲后经筛理去除碎米，即得强化米产品。

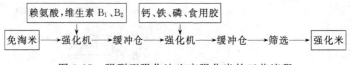

图 3-15　强烈型强化法生产强化米的工艺流程

四、留胚米

留胚米又称胚芽米，是指留胚率在 80%以上、每 100g 大米胚芽质量在 2%以上的大米。与普通大米相比，留胚米含有丰富的维生素 B_1、B_2、E 以及膳食纤维，这些都是现代饮食生活中不可缺少的营养素。长期食用留胚米可以促进人体发育、维持皮肤营养、促进人体内胆固醇皂化、调节肝脏积蓄的脂肪。

留胚米的生产方法与普通米的基本相同，经过清理、砻谷、碾米三个工序。为了使留胚率在 80% 以上，碾米时必须采用多机轻碾的方法，即碾白道数要多、碾米机内压力要低。使用的碾米机应为砂辊碾米机，金刚砂辊筒的砂粒应较细，这样在碾白时米粒两端不易被碾掉，容易保留胚芽。碾米机的转速不宜过高，应根据碾白的不同阶段，使转速由高向低变化。一般情况下，转速应在 $1000m/s^2$ 离心加速度以下。碾米机的配置有单机循环式和多机连续式。单机循环式是在一台碾米机上装有米粒循环料斗，米粒经过 6~8 次循环碾制后得留胚米。该方式占地面积小、设备投资低。多机连续式是将 6~8 台碾米机串联，使米粒依次通过各道碾米机碾制而得留胚米。该生产方式适合大规模生产，占地面积大、投资高。

留胚米因保留胚芽较多，在温度、水分含量适宜的条件下，微生物容易繁殖。因此，留胚米常采用真空包装或充气（二氧化碳）包装。蒸煮食用留胚米时，加水量为普通大米的 1.2 倍，且预先浸泡 1h（也可用温水浸泡 30min）。

五、配米

将品种、食用品质、营养价值不同的大米按一定的比例混合而成的成品米称为配米。配米的生产方法有两种。一种是先将稻谷或糙米进行混配，而后进行加工。该方法不需要一定数量的配米仓和混合设备，投资少，但是，粒度、水分差异大的原料混合在一起加工时对工艺效果产生不良影响。另一种方法是将普通大米按一定的比例搭配、混合而成，目前国内多采用此法。该法简便易行，但是需配 4 个左右的原料散装仓，投资略大。配米的关键设备是流量控制器（配米器）和混合设备。广泛采用的配米器为 HMP 系列质量流量控制器。配米工艺中的混合设备应当具备混合均匀又不产生碎米的功能。目前，国内尚无较为理想的配米混合机，常采用胶带输送机边输送边混合。

第三节 米制食品加工

一、米粉

米粉是指以大米为原料，经过浸泡、蒸煮、压条等工序而制成的条状、丝状米制品。米粉是我国南方人们的传统食品。根据水分含量不同，米粉可以分为干粉和湿粉，湿粉现做现吃，不宜久存；干粉可长期保存。根据加工工艺不同，米粉可以分为切粉和榨粉。两者的区别在于成条方法不同，前者是采用挤压成型的办法得到圆形细长条，后者是将粉片切成截面为方形的细条。

榨粉生产工艺流程：

大米→洗涤→浸泡→磨浆→脱水→混匀→蒸坯→挤片→榨条→蒸煮→冷却→

干榨粉←冷却←干燥←湿榨粉←疏松成型←

切粉生产工艺流程：

大米→洗涤→浸泡→磨浆→脱水→蒸煮→冷却→湿米切粉→切条→干燥→冷却→干米切粉

1. 原料选择

由于大米不含面筋，主要凭借直链淀粉形成的凝胶赋予米粉良好的质地，所以，大米原料中的直链淀粉含量应当较高。籼米中的直链淀粉含量较高，适合生产米粉。

2. 洗涤和浸泡

洗米的目的在于除去米粒表面的糠粉及夹在米中的杂质，使米粒洁净卫生，以保证产品质量。洗涤的程度以洗米水清澈不浑浊为准。可以采用人工洗米，但劳动强度大。射流式洗米机是比较常用的机械洗米设备，结构如图 3-16 所示，由水泵和桶体两大部分组成。大米经输料管送到桶中，水泵送来的水以高速流过桶底的开槽水管。当水流速度增加时，由于在开槽处压力减小，米被吸入管中，经外循环管从桶顶返回桶中，在此过程中米粒得到清洗，浑浊的水从溢流管排出。经过 30min 即可将米洗净，随后在桶中浸泡，使米粒水分含量达到 35%～40%，这时用手可以将米搓成粉状。浸泡时间取决于浸泡温度，

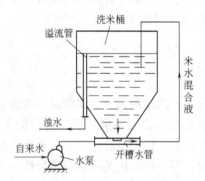

图 3-16　射流式洗米机结构示意图

温度越高时间越短。温度较高时，为防止大米酸败，应定期换水。

3. 磨浆

磨浆有干法和湿法两种，湿法磨浆所得产品的质量较好。干法粉碎采用粉碎机，要求原料洗涤后的含水量为 22%～24%。湿法磨浆采用磨浆机，有石磨、钢磨、砂轮磨，磨浆时，浆液水分含量应在50%～60%之间。磨好的米浆应至少通过 60 目的绢筛。如果磨出的米浆颗粒太粗，大致有以下原因：浸泡时间不够；吸水膨胀不均匀；动磨碟与静磨碟之间的间隙太大，压力不足；进料或进水过多，米粒没有得到充分研磨。

4. 脱水

通过脱水使米浆的含水量降至 35%～38%，含水过多会造成后序挤片或挤条时出现物料倒流现象，挤出的粉条相互粘连，表面不光滑；含水过低，蒸坯时淀粉

难以糊化。脱水方法有布袋压滤脱水、筛池过滤排水、真空脱水几种。图 3-17 为真空吸干机的结构示意图，主要由真空泵、转鼓和螺旋辊刀组成。转鼓的鼓体上钻有很多小孔，周围可以用滤布包裹，转鼓内腔与真空泵相连。当被抽真空的转鼓在浆池内转动时，米浆在鼓体内外的压力差作用下被吸附在转鼓表面并迅速脱水，脱水后的湿粉料经过螺旋辊刀时被刮落，从而实现了连续生产。鼓体转速一般为 1～2r/min。

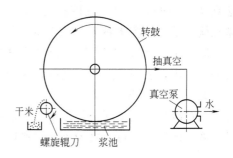

图 3-17 真空吸干机结构示意图

5. 蒸坯、挤片

蒸坯的目的在于使脱水后的粉团初步糊化，同时粉团由松散变成黏合，便于挤片。蒸坯设备多采用隧道式连续蒸粉机或圆筒式连续蒸粉机。图 3-18 为隧道式连续蒸粉机的结构示意图。用温度为 105℃ 的蒸汽汽蒸约 2min，糊化度达到 75%～80% 即可。糊化度太高，坯料太软，挤出的粉条粘连，弹性不足，不耐蒸煮；也可采用间歇式的搅拌蒸粉机进行蒸粉。

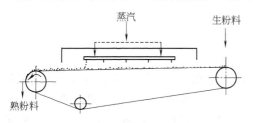

图 3-18 隧道式连续蒸粉机结构示意图

蒸粉后用挤片设备挤片。挤片设备类似于榨条机，只是所用模头的模孔为长方形。磨好的米浆也可以直接喷流到蒸粉机的帆布输送带上，形成较薄的一层，输送带经过蒸煮区时，蒸汽加热使淀粉糊化，得薄片，冷却后切成合适的长度即得粉片。

6. 切条或榨条

将上道工序中冷却后的粉片用切条机按产品的规格要求切成一定宽的扁长条，即得湿切粉，干燥后得干切粉。榨条是通过榨条机来实现的。图 3-19 为单头榨条机的结构示意图。粉片经料斗进入挤压腔后，在旋转螺杆的推动下向前运动，在此过程中物料受到挤压、剪切以及蒸汽的间接加热，熟化度得到提高，最后在一定的压力作用下由模孔排出。改变模孔的形状也可得到扁状粉条。

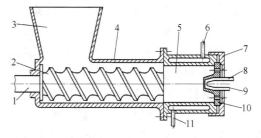

图 3-19 单头榨条机结构示意图

1—主轴；2—挤压螺杆；3—料斗；4—榨筒；5—挤压腔；6—蒸汽进管；7—压模盖；8—孔板进气管；9—孔板出气管；10—孔板；11—废气排出管

7. 蒸煮

经榨条成型后的米粉通常还要进行复蒸，使糊化度进一步提高，达到 90%~95%，含水量控制在 45%~62%。复蒸可以采用蒸汽，也可以将米粉条在输送带上经沸水蒸煮。汽蒸时，温度 95~99℃，时间 10~15min。使用沸水时，时间 1~2min，时间过长会出现粉条烂糊现象。通过复蒸，可以保证成品的糊汤率低，米粉表面光滑、韧性好、咬劲足。

8. 冷却和松条

通过冷却降低米粉条的温度，完成粉料的回生。可以将复蒸后的粉条通过冷水槽，降温疏松；也可以将粉条通过冷风道后进入松条机完成松散，防止粉条间相互黏结。

9. 干燥

为了长期存放，应通过干燥将冷却和松条的粉条水分降到 13% 左右。一般采用低温长时间干燥的方法，常用干燥设备有隧道式干燥机和索道式干燥机。

10. 计量包装

干燥后的米粉条冷却后，计量包装得成品。

二、方便米粉

方便米粉又称即食米粉，其加工过程与传统米粉的加工过程相似，不同之处在于要求即食米粉在热水中的复水性能要好。为了得到较好的复水性，在加工的过程中就要采取一定的技术措施，尽量减少淀粉的回生。方便米粉的生产工艺流程如下：

大米→清洗→浸泡→磨浆→过滤→脱水→蒸粉→榨片、榨丝→波纹成型→冷却→复蒸→
计量包装←冷却←干燥←切断←冷却←

蒸粉之前的工序，方便米粉与传统米粉的基本相同，下面仅对脱水以后的工序加以介绍。

1. 蒸粉

在一般的榨粉生产中，蒸粉的熟度只要求 75% 左右，而在方便米粉生产中，因为最终产品要求复水时间短，这就要求方便米粉的蒸粉熟度必须在 80% 左右。因此，与传统米粉的蒸粉相比，方便米粉在蒸粉后的粉料粒子直径应较大，表面有光泽透明感，用手掰开，里外的成熟度应基本一致。

2. 榨片和榨丝

榨片的目的在于使糊化后的粉料变得紧密而有韧性，并排出粉团内部的空气，便于榨丝机的均匀喂料。经过第一次压榨得到的粉片还必须进行第二次压榨成丝，目的在于得到直径较细的米粉丝并使其组织结构更加密实，同时对物料也有一定的熟化作用。榨片、榨丝所用的设备均为螺旋榨条机，只是模孔的形状及孔径大小不同。目前方便米粉的生产一般采用如图 3-20 所示的榨片榨丝机，它是榨片机与榨条机的组合，榨片机为单头而榨条机为多头。蒸煮后的粉团经榨片机榨成粉片后由

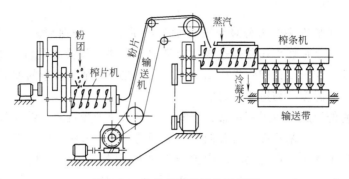

图 3-20　榨片榨丝机结构示意图

输送机直接送往榨丝机，最后从 6 个榨头中挤出粉丝。粉丝落到输送网带上进行波纹成型。

3. 波纹成型

粉丝从榨丝机的榨头流出，落到输送网带上。适当调整榨头与输送网带的间距，同时控制出丝速度与输送网带速度之比，米粉即弯曲成波纹状。这时由于受冷风的强制冷却，表面变硬，形状得以固定。

4. 冷却

一般的米粉生产中，冷却（也称成熟或时效处理）时间为 4～12h，而在生产方便米粉时，采用风机进行强制风冷，冷却时间要短得多。冷却时间短，淀粉的回生程度低，产品的复水性才能得到保证。风冷还起到降低水分、疏松粉丝、减少粘连的作用，但是吹风冷却时间不宜太长，以防粉丝降水过多，表面发脆。

5. 复蒸和切断

方便米粉的复蒸是为了进一步提高熟化度，特别是提高表层的熟度。在复蒸的过程中，米粉继续吸收蒸汽中的水分，在 100℃左右的温度下，糊化度提高到 90％以上。一般采用常压连续式复蒸机进行复蒸处理，复蒸时间 12～18min。图 3-21 为连续式复蒸切断机的结构示意图，复蒸后的粉丝是连续不断的，在出口处被转动的辊刀切成一定长度的米粉块。

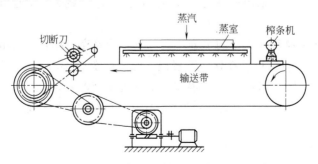

图 3-21　连续式复蒸切断机结构示意图

6. 干燥

通过干燥使米粉块的水分降至安全水分，便于运输和保藏。对于方便米粉来说，干燥的另一个重要作用是通过快速降低水分，快速固定糊化淀粉的内部结构，尽可能防止淀粉在干燥过程中发生回生。因此，在保证米粉质量的前提下，应尽量选用较高的干燥温度，缩短干燥时间。

方便米粉的干燥可以采用网带式干燥机，但这种干燥机的网带是单程负载，干燥机的长度较大，且米粉在网带转向时上下翻动，易变形和断碎。现在普遍采用链盒式热风循环干燥机（参见第二章中关于方便面干燥的内容）。整个干燥过程分为3个阶段，不同阶段的干燥温度、湿度和时间各不一样，前段温度为 $30\sim40℃$，中段温度为 $60\sim70℃$，后段温度 $40\sim60℃$，总的干燥时间 $1.5\sim2.5h$。

三、速煮米饭

速煮米饭又称脱水米饭，由大米经浸泡蒸煮以后再脱水干燥而成。在食用时只需简单蒸煮或直接用热水冲泡即可。速煮米饭的生产工艺流程如下：

精白米→清理→淘洗→浸泡→加抗黏剂→搅拌→蒸煮→冷却→
成品←包装←检验←冷却←干燥←离散←┘

1. 选料

大米品种对速蒸米饭的质量影响很大，如果选用直链淀粉含量高的籼米为原料，制成的制品复水后质地较干硬，口感不佳；如果选用支链淀粉含量高的糯米为原料，加工时黏度大，米粒不易分散，影响加工操作。因此，生产速蒸米饭一般选用精白粳米为原料。

2. 清理

可采用风选、筛选、磁选等干法清理手段，去除大米中的糠粉、尘土、磁性杂质等。

3. 淘洗

经干法清理的大米还要用水淘洗，将大米表面的附着物淘洗掉，并减少霉菌等微生物的携带量。通常采用的淘洗设备为射流式洗米机或螺旋式连续洗米机。

4. 浸泡

通过浸泡使米粒吸收充足的水分，在蒸煮时能够充分糊化。浸泡后大米的水分含量应达到 35% 左右。可以在常温下浸泡，时间一般为 $4h$ 左右。常温浸泡时间过长时大米易发生酸败，可以采用加温浸泡，水温以 $50\sim60℃$ 为宜，不应超过大米的糊化温度（约 $75℃$）。采用真空浸泡的方法可以提高大米的吸水速度，缩短浸泡时间。

5. 加抗黏剂

蒸煮以后的米粒容易相互粘连甚至结块，对以后的干燥和颗粒分散带来不利影响，为此，在蒸煮前要加入抗黏结剂。方法有两种，一种是在浸泡水中添加柠檬酸、苹果酸等有机酸，防止蒸煮过程中淀粉过度流失，但是成品中易残留有机酸味；另一种方法是在米饭中添加食用油脂或乳化剂与甘油的混合物，但油脂的加入易引起脂肪酸败，影响制品的货架寿命。

6. 蒸煮

一般采用蒸汽进行蒸煮，时间为 $15\sim20min$，蒸煮时料水比控制在（1.4～2.7）：1。只要将米饭基本蒸透即可，如蒸煮过度，米粒变得膨大、弯曲，甚至表面开裂，降低成品米饭的品质。糊化度大于 85％的米饭即可视为已经蒸煮；糊化度为 80％时，米饭的口感弹性较差，略有夹生的感觉；当糊化度为 90％时，口感软糯、富有弹性。

7. 离散

蒸煮后的米饭水分可达 65％～70％，虽然在蒸煮前已加入抗黏剂，但由于米粒糊化后的黏性仍会相互粘连。为使米饭能够均匀地干燥，必须使结团的米饭离散。离散方法有多种，较为简单的方法是将蒸煮后的米饭用冷水洗涤 1～2min，去除溶出的淀粉。也可以采用离散机，蒸煮后的米饭在由多孔不锈钢输送带疏松时，冷风穿过物料，达到冷却目的，最后落入高速旋转的离散机而被离散开来。

8. 干燥

将离散后的米饭粒置于网带上，利用顺流隧道式热风干燥器进行干燥。快速干燥是保证米饭品质的关键。在干燥开始阶段热风温度要高，干燥器进口处的热风温度可以高达 $140℃$以上。最后将水分降至 6％以下，干燥过程结束。

提高速煮米饭的糊化度和控制回生是提高产品品质的关键，可以采取如下技术措施来达到这种目的。

控制加工工艺条件，提高糊化度。采用机械方法使米粒产生裂纹，水分容易进入到米粒内部，淀粉易于糊化。这种处理可以在原料大米浸泡后进行；也可以在蒸煮后进行；后者更为有利，因为蒸煮后米粒的弹性增大，受机械作用后出现破碎粒的可能性较小。对原料大米用干热空气处理，使米粒出现裂纹，也是提高吸水速度的一个方法。

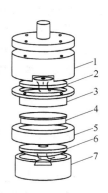

添加环糊精、碱等可以提高糊化度，并可抑制回生。

控制米饭的含水量。米饭的含水量在 9％以下或 65％以上时不易回生，而在 30％～60％时回升速度最快，因此，通过控制加水量控制成品米饭的含水量对防止回生非常重要。

采用冷冻干燥方式干燥米饭。冷冻干燥米饭在冻结时形成大的冰晶，破坏了糊化淀粉的胶体结构，在米饭粒中产生多孔性结构，有利于提高复水速度。真空干燥也能提高速煮米饭的复水性能，但是真空干燥和冷冻干燥的成本都很高。

图 3-22　米饼
膨化模

1—绝热区；2—上压
板加热器；3—上压
板；4—环；5—下
压板；6—下压
板加热器；
7—绝热区

四、膨化米饼

膨化米饼是最为常见的米制休闲食品。米饼的膨化是在米饼机的饼模内完成的，饼模由一个环和上、下两个压板构成（见图 3-22），两压板可以上下移动来调节中间空隙（工作区）的大小。将一定水分的米粒放入已预热至 200℃ 以上的工作区，压下上压板使米粒受压，继续加热（200～220℃），约 6s 后将上压板提升至环的上沿口处，米粒周围的压力急剧降低，使米粒内的水分突然汽化，发生膨化，形成米饼。米饼卸模、冷却后包装即可。

膨化米饼的生产工艺流程如下：

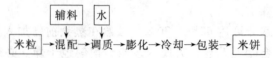

调质是在带喷雾装置的混合机内完成的，边搅拌边喷雾加湿。一般使最终水分达到 14%～18%，加湿后室温放置 1～3h。

复 习 题

1. 简述稻谷的子粒结构，碾米的目的在于得到哪些部分，去除哪些部分？各由哪些制米工序来去除？

2. 砻谷的目的和要求是什么？简述两种砻谷机的工作原理。

3. 简述碾米机的工作原理，以及碾米机操作对碾米效果的影响。

4. 碾米的成品整理和副产品处理包括哪些工序？

5. 简述蒸谷米的加工过程，蒸谷米的砻谷和碾米与普通稻谷的有何不同？

6. 渗水法生产免淘米主要是通过改进碾磨工序来实现的，而膜化法生产免淘米主要是通过改进大米抛光工序来实现的，试详细说明之。

7. 浸吸法和涂膜法生产强化米的过程中都有汽蒸工序，汽蒸的目的是什么？

8. 简述米粉的生产过程，与普通米粉相比对方便米粉有什么特殊要求？在生产过程中采取哪些措施来达到这种要求？

9. 提高速煮米饭品质的技术措施有哪些？

10. 简述膨化米饼的生产过程。

第四章　大豆食品加工

第一节　大豆制品的概述及分类

一、大豆制品的概念和豆制品工业的发展

大豆制品，就是以大豆为主要原料，利用各种加工方法得到的产品，习惯上也简称为豆制品。中国传统的豆制品无论从营养上，还是从饮食文化上，都堪称世界食林之精华。它不但早已流传到东南亚各国，而且日益受到西方发达国家人民的青睐。

我国是大豆的故乡，千百年来大豆制品一直是人们喜爱的食品，大豆制品的种类非常多，历史也非常悠久。而大豆加工技术，首先是豆腐的加工技术在漫长的岁月中随着我国与世界各国的交流而传播到世界各地。中国传统的大豆制品生产虽已有 2000 年的历史，但其生产技术发展极其缓慢，直至 20 世纪中叶，都是小型手工作坊，设备简陋，劳动强度大，劳动环境恶劣。到 50 年代初，豆制品的面貌开始改变，逐步由电力磨代替了人力、畜力磨，电动吊浆、挤浆、刮浆及离心过滤代替了手工滤浆，蒸汽煮浆代替了土灶直火煮浆。20 世纪 80 年代之后，我国自行设计和制造的豆制品生产线相继在全国各地投入使用。目前，我国豆制品生产基本上实现了工厂化、机械化或半机械化。

近些年来，美国和日本以豆腐为主的大豆制品产业得到了突飞猛进的发展，特别是随着杀菌技术的进步和卫生条件的改善，采用无菌充填技术的大规模生产企业也开始出现。这类工厂主要生产充填豆腐，生产规模多为年消耗大豆 10 万～20 万吨。这类工厂的生产设备非常先进，基本上实现了整个生产过程的机械化和自动化，既安全又卫生。生产的产品在常温下也能保存 2～3 个月。20 世纪 80 年代以后，美国也出现了"豆腐热"，豆腐生产也基本实现了机械化。美国《展望经济》杂志甚至预测："未来十年，最成功、最有市场的并非汽车、电视机或电子产品，乃是中国豆腐"。

近年来，在我国的许多大中城市，以超市为中心出现了很多的即食豆腐加工点。这些加工点以现做现卖为特征，以卫生干净和放心为卖点，一时风靡全国。不过，这些加工点既没有解决废水污染环境的问题，卫生条件也并不如想象得那么令

人放心。再考虑到规模效益引起的生产成本差异，我国的传统大豆制品加工还是应该走向大规模，以实现产业化为发展方向。

我国传统的大豆制品除豆腐之外，还包括豆粉、腐竹及豆腐制品，如腐乳、豆腐干、豆腐丝、素鸡、熏制品等多达几十种。

此外，新兴的大豆制品也不断发展。这些新兴大豆制品主要指以脱脂大豆为原料的大豆蛋白制品以及全脂大豆制品。在新兴大豆制品工业领域里，美国和日本处于领先地位。美国的新兴大豆制品主要有大豆粉、大豆浓缩蛋白、大豆分离蛋白和大豆组织蛋白，这些大豆制品广泛用于各种食品的加工，如肉类制品（肉肠、香肠、火腿、肉块、肉馅）、奶制品（咖啡奶油）、烘焙制品（面包、糕点）等。美国的新兴大豆蛋白制品，其基本品种仅有 5～6 个，而复配出来的派生品却有 50～60 种，这些制品在功能和营养方面各有特点。日本的新兴大豆制品发展仅次于美国，主要产品有大豆分离蛋白、组织化大豆蛋白、大豆浓缩蛋白及纤维状新型大豆组织蛋白等，且广泛用于各类食品加工中，如面包、面条、糕点、水产熟制品、肉制品等。

我国于 20 世纪 80 年代引进美国、德国的大豆综合加工技术与设备，生产的新兴大豆制品有：精炼油、人造奶油、起酥油、色拉油、磷脂、组织蛋白、分离蛋白、浓缩蛋白、添加剂预混饲料、配合饲料、豆粕等。此外，还生产大豆蛋白发泡粉、素肉、豆花、机制腐皮、速溶全脂大豆粉。我国大豆制品也已广泛应用于焙烤食品、肉制品、糖果、饮料、冷饮、乳制品、挂面等食品中。

大豆制品的生产不受季节限制，原料供应充足，产品花色多样，食用方便，营养丰富，深受人们的欢迎。

二、大豆制品的分类

大豆制品种类繁多，包括大豆直接制品和由其配方派生的制品，有上千种之多，其中有几千年生产历史的中国传统豆制品，也有运用现代新技术生产的新兴豆制品。对大豆制品的分类，尚无统一方法，一般先根据其生产工艺特点分为传统大豆制品和新兴大豆制品两大类。传统大豆制品又根据其生产工艺方法分为发酵豆制品与非发酵豆制品，再细分为很多品种；新兴大豆制品一般是根据产品主要化学组成或产品性状分类。具体分类见图 4-1。

中国传统的豆制品一般为食品的终产品，可以直接食用。新兴的大豆制品主要是一些大豆的提取制品，这些制品具有很多活性功能特性，其本身是豆制品，又广泛作为食品添加剂用于其他食品生产，从而从肉制品、面制品、焙烤制品、饮料制品等又派生出多达几十种与豆制品有关的食品种类。

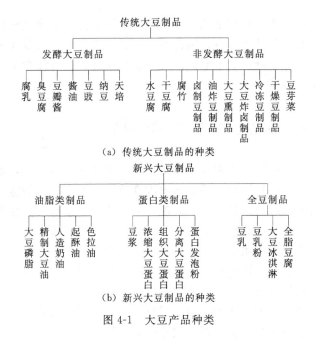

（a）传统大豆制品的种类

（b）新兴大豆制品的种类

图 4-1　大豆产品种类

第二节　豆制品的加工特性

大豆的加工特性主要指大豆在加工过程中的吸水性、蒸煮性、热变性、冷凝性、起泡性、凝胶性和乳化性等。

一、吸水性

众所周知，在豆腐等大豆制品的加工过程中，首先要将大豆在水中浸泡12h以上，使其充分吸水。大豆的吸水速度与环境温度和水温有很大的关系。温度越高，大豆的吸水速度越快。不过温度对大豆的吸水量并没有多大影响。一般来说，充分吸水后的大豆质量是吸水前干质量的2.0～2.2倍。

有一些吸水速度特别慢或者完全不能吸水的大豆称石豆。石豆的产生主要是由于在栽培过程中种子被冻伤，或者是由于干燥过程中干燥温度过高引起的。在干燥状态下，难以分辨是否有石豆，所以在大豆的生产和干燥过程中要加以注意，防止石豆过多使大豆的加工特性降低。

二、蒸煮性

大豆吸水后在高温高压下（如115℃下蒸煮30min）加热就会变软。碳水化合物含量高的大豆，煮熟后显得更软，含量低的大豆煮熟后的硬度较高。这是由于碳水化合物的吸水力较其他成分高，因而碳水化合物含量高的大豆在蒸煮过程中水分更易浸入内部使大豆变软。大豆煮熟后放置时间过长，就可能发生硬化现象，这是大豆中所含钙的影响。

三、大豆的热变性、冷凝性及其他性质

大豆食品的加工过程几乎都存在加热过程。伴随着加热，大豆蛋白质的组分也会发生热变性，首先表现在蛋白质的溶解度变化上。大豆蛋白加热后，其溶解度会有所降低。降低的程度与加热时间、温度、水和蒸汽含量有关。在有水蒸气的条件下加热，蛋白质的溶解度就会显著降低。豆腐的生产就是预先用大量的水长时间浸泡大豆，使蛋白质溶解于水后，再加热使溶出的大豆蛋白质变性，变性后会发生黏度变化。冷却时，黏度会迅速增大，形成凝胶。凝胶的条件和凝胶的性质与很多因素有关，主要有加热温度、蛋白质浓度和酸碱度等。

在大豆制品如豆腐的生产中，通常通过加入消泡剂来消除气泡现象。大豆的热变性、起泡性、凝胶性和乳化性都与大豆的蛋白质有关。

第三节　传统豆制品的加工工艺

一、豆腐的制作

日常生活中常见的豆腐有南豆腐、北豆腐和充填豆腐。豆腐的生产过程经过数千年优胜劣汰的历史洗礼，除了机械化和自动化程度可能有差别外，生产原理基本上是一致的。首先是大豆的浸泡使大豆软化，浸泡后的大豆磨浆后蒸煮，然后通过过滤将豆渣分离，再加入凝固剂等使大豆蛋白质凝胶成型后就得到了豆腐。

豆腐的生产流程如图 4-2 所示。

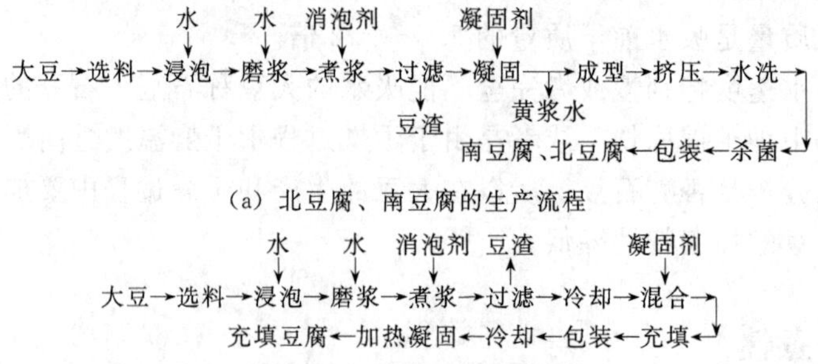

（a）北豆腐、南豆腐的生产流程

（b）充填豆腐的生产流程

图 4-2　传统豆腐的生产流程

1. 磨浆

传统大豆制品的生产工艺各不相同,但就其产品的本质而言,无论是豆腐类制品,还是干燥豆制品都属大豆蛋白质凝胶。生产豆制品的过程就是制取不同性质的蛋白质胶体的过程。大豆蛋白质存在于大豆子叶的储藏组织细胞中,外有一层皮膜组织,其主要成分是纤维素、半纤维素及果胶质等。在成熟的大豆种子中,蛋白质皮膜是比较坚硬的,当大豆浸入水中时,蛋白体膜同其他组织一样,开始吸水溶胀,质地由硬变脆最后变软。处于脆性状态下的蛋白体膜,受到机械破坏时很容易破碎。蛋白体膜破碎以后,蛋白质即可分散于水中,形成蛋白质溶胶,即生豆浆。吸水后的大豆用磨浆机粉碎制备生豆浆的过程称为磨浆。在磨浆时应特别注意两点。①磨浆时一定要边粉碎边加水,这样做不但可以使粉碎机消耗的功率大为减少,还可以防止大豆种皮过度粉碎引起的豆浆和豆渣过滤分离困难的现象。一般磨浆时的加水量为干大豆的3~4倍。②使用砂轮式磨浆机时,粉碎力度是可调的。调整时必须保证粗细适度。粒度过大,则豆渣中残留的蛋白质含量增加,豆浆中的蛋白质含量下降,不但影响到豆腐的得率,也可能影响到豆腐的品质。但粒度过小,不但磨浆机能耗增加,易发热,而且过滤时豆浆和豆渣分离困难,豆渣的微小颗粒进入豆浆中影响豆制品的口感。

2. 煮浆

煮浆的方法很多,从最原始的土灶煮浆到通电连续加热法等都在我国得到应用。

敞口罐蒸汽煮浆法在中小型企业中应用比较广泛。它可根据生产规模的大小设置煮浆罐。敞口煮浆罐的结构是一个底部接有蒸汽管道的浆桶。煮浆时,让蒸汽直接冲进豆浆里,待浆面沸腾时把蒸汽关掉,防止豆浆溢出,停止2~3min后再通入蒸汽进行二次煮浆,待浆面再次沸腾时,豆浆便完全煮沸了。之所以要采用二次煮浆,就是因为大桶加热时,蒸汽从管道出来后,直接冲往浆面逸出,而且豆浆的导热性不是太好,因此豆浆温度由上到下降低,所以第一次浆面沸腾时只是豆浆表面沸腾,停顿片刻待温度大体一致后,再放蒸汽加热沸腾,就可以使豆浆完全沸腾。

封闭式溢流煮浆法是一种利用蒸汽煮浆的连续生产过程。常用的溢流煮浆生产线是由5个封闭式阶梯罐组成的,罐与罐之间有管路连通,每一个罐都设有蒸汽管道和保温夹层,每个罐的进浆口在下面,出浆口在上面。生产时,先把第5个罐的出浆口关上,然后从第一个罐的进浆口注浆,注满后开始通气加热,当第五个罐的浆温达到98~100℃时,开始由第五个罐放浆。以后就在第一罐的进浆口连续进浆,通过5个罐逐渐加温,并由第五个罐的出浆口连续出浆。从开始到最后,豆浆的温度分别控制在40℃、60℃、80℃、90℃和98~100℃。5个罐的高度差均在8cm左右。采用重力溢流,从生浆进口到熟浆出口仅需2~3min,豆浆的流量大小可根据生产规模和蒸汽压力来控制。

在日本，大型豆腐加工厂多采用通电连续煮浆生产线进行豆浆的加热。槽型容器的两边为电极板，豆浆流动过程中被不断加热，出口温度正好达到所需要的温度。这种方法的优点是自动化程度高、控制方便、清洁卫生且有利于连续式大规模生产。

3. 过滤

过滤主要是为了除去豆浆中的豆渣，同时也是豆浆浓度的调节过程。根据豆浆浓度及产品不同，在过滤时的加水量也不同。豆渣不但使豆制品的口感变差，而且会影响到凝胶的形成。过滤既可在煮浆前也可在煮浆后进行。我国多在煮浆前进行，而日本多在煮浆后进行。

先把豆浆加热煮沸后过滤的方法称为熟浆法；而先过滤除去豆渣，然后再把豆浆煮沸的方法称为生浆法。熟浆法的特点是豆浆灭菌及时，不易变质，产品弹性好、韧性足、有拉劲、耐咀嚼，但熟豆浆的黏度较大，过滤困难，因此豆渣中残留蛋白质较多（一般均在 3.0％以上），相应地，大豆蛋白质提取率减少，能耗增加，且产品保水性差。离析水（豆腐放置一段时间后，会有一部分水分从豆腐中分离出来形成离析水）的增加又可能影响到豆腐的感官评价和购买欲望，仅适合于生产含水量较少的豆腐干、老豆腐等。生浆法与此相反，工艺上卫生条件要求较高，豆浆易受微生物污染而酸败变质，但操作方便，易过滤，只要磨浆时的粗细适当，过滤工艺控制适当，豆渣中的蛋白质残留量可控制在 2.0％以下，且产品保水性好、口感滑润。我国江南一带在南豆腐生产过程中大都采用生浆法过滤。

豆浆过滤的方法很多，可分为传统手工式和机械式过滤法两种。家庭和小型的手工作坊主要应用传统的过滤法，如吊包过滤和挤压过滤。这种方法不需任何机械设备，成本低廉，但劳动强度大，过滤时间长，豆渣中残留蛋白质含量较高。而在较大的工厂，则主要采用卧式离心筛过滤、平筛过滤、圆筛过滤等。卧式离心筛过滤是目前应用最广泛的过滤离心方法。它的主要优点是速度快、噪声低、耗能少、豆浆和豆渣分离较完全。另外，也有的大豆粉碎机内部设置过滤网，大豆磨浆过程中通过过滤网将豆浆和豆渣分离。采用这种方法，在磨浆过程中的能耗有所增加，但豆浆中只有很少一部分颗粒较小的豆渣需要进行进一步分离。

4. 凝固

凝固就是通过添加凝固剂使大豆蛋白质在凝固剂的作用下发生热变性，使豆浆由溶胶状态变为凝胶状态。由于内酯豆腐（充填豆腐）的凝胶特性完全不同，将在本章后面加以说明。在这里主要介绍南豆腐和北豆腐的凝胶过程。

凝固是豆腐生产过程中最为重要的工序，可分为点脑和蹲脑两部分。

（1）点脑　点脑又称为点浆，是豆制品生产中的关键工序。把凝固剂按一定比例和方法加入到煮熟的豆浆中，使大豆蛋白质溶胶转变成凝胶，即豆浆变为豆腐脑（又称为豆腐花）。豆腐脑是由大豆蛋白质、脂肪和充填在其中的水分构成的。

影响豆腐脑质量的因素有很多，大豆的品种和质量、水质、凝固剂的种类和添加量、煮浆温度、点浆温度、豆浆的浓度与 pH 值、凝固时间以及搅拌方法等会对凝胶过程产生一定的影响。其中温度、豆浆浓度、pH 值、凝固时间和搅拌方法对产品质量影响最为显著。

点脑时蛋白质的凝固速度与豆浆的温度高低密切相关。豆浆的温度过高，易使豆浆中的蛋白质胶粒的内能增大，凝聚速度加快，所得到的凝胶组织易收缩，凝胶结构的弹性变小，保水性变差，同时，由于凝胶速度太快，加入凝固剂时要求的技术较高，稍有不慎就会导致凝固剂分布不均匀，凝固品质极差；点脑温度过低时，凝胶速度慢，导致豆腐含水量增高，产品缺乏弹性，易碎不成型。因此，点脑温度应根据产品的特点和要求，以及所使用的凝固剂种类、比例和点脑方法的不同灵活掌握。一般说来，点脑温度越高，则豆腐的硬度越大，表面显得越粗糙。南豆腐和北豆腐的点脑温度一般控制在 70～90℃ 之间。要求保水性好的产品，如水豆腐，点脑温度宜稍低一些，以 70～75℃ 之间为宜；要求含水量较少的产品，如豆腐干，点脑温度宜稍高一些，常在 80～85℃ 左右。以石膏为凝固剂时，点脑温度可稍高，盐卤为凝固剂时的点脑温度可稍低，而对于充填豆腐，由于凝胶速度特别快，因此一般都将豆浆冷却后再加入凝固剂。

（2）蹲脑　蹲脑又称为涨浆或养花，是大豆蛋白质凝固过程的继续。点脑操作结束后，蛋白质与凝固剂的凝固过程仍在继续进行，蛋白质网络结构尚不牢固，只有经过一段时间后凝固才能完成，组织结构才能稳固。蹲脑过程宜静不宜动，否则，已经形成的凝胶网络结构会因振动而破坏，使制品内在的组织产生裂隙，外形不整，特别是在加工嫩豆腐时表现更为明显。不过，蹲脑时间过长，凝固物温度下降太多，也不利于成型机以后各工序的正常运行。

5. 成型

成型就是把凝固好的豆腐脑放入特定的模具内，通过一定的压力，榨出多余的黄浆水，使豆腐脑紧密地结合在一起，成为具有一定含水量、弹性和韧性的豆制品。除加工嫩豆腐外，加工其他豆腐制品一般需要在上箱压榨前从豆腐脑中排出一部分豆腐水。在豆腐脑的网络结构中的水分不易排出，只有把已形成的豆腐脑适当破碎，不同程度地打散豆腐脑中的网络结构，才能达到生产各种豆制品的不同要求。南豆腐的含水量较高，可不经破脑，北豆腐只需轻轻破脑，脑花大小在 8～10cm 范围较好，豆腐干的破脑程度宜适当加重，脑块大小在 0.5～0.8cm 为宜，而生产干豆腐（薄百页）时豆腐脑则需完全打碎，以完全排除网络结构中的水分。

豆腐的成型主要包括上脑（又称上箱）、压制、出包和冷却等工序。

豆腐的压制成型是在豆腐箱和豆腐包内完成的，豆腐包布网眼的粗细（目数）与豆腐制品的成型有相当大的关系。北豆腐宜采用空隙稍大的包布，这样压制时排水较畅通，豆腐表面易成"皮"。南豆腐要求含水量高，不能排除过多的水，就必须用细布。

豆腐上箱后，置于模型箱中，还必须加以定型。其作用是使蛋白质凝胶更好地接近和黏合，同时使豆腐脑内要求排出的豆腐水通过包布排出。一般压榨力在 1～3kPa 左右，北豆腐压力稍大，南豆腐压力稍小。

为使压制过程中蛋白质凝胶黏合得更好，除需一定的压力外，还必须保持一定的温度。一般压榨时间为 15～25min。北豆腐在压制成型过程中还应注意整形。压榨后，南豆腐的含水率要在 90% 左右，北豆腐的含水率要在 80%～85% 之间。

豆腐压制完成后，应在水槽中出包，这样豆腐失水少、不粘包、表面整洁卫生，可以在一定程度上延长豆腐的保质期。

（一）彩色豆腐的制作

彩色豆腐与传统豆腐一样，都是以大豆为原料。不同的是，它在制作中加入天然蔬菜汁辅料，形成天然色彩，且含有丰富的营养成分，保存了蔬菜中的纤维质，有利于人体消化吸收。制作彩色豆腐的基本工艺与传统豆腐略同，关键工序是菜汁的加入。

彩色豆腐的色泽主要取决于蔬菜汁的色泽。如制绿色豆腐可选用芹菜、萝卜缨和芹菜缨、辣椒叶、红薯叶等；制作黄色豆腐，可用胡萝卜等；制作红色豆腐，可用番茄来榨汁。

① 榨取菜汁选取新鲜的蔬菜，清洗干净，切碎捣烂，而后榨取汁液，过滤除去菜渣。菜汁的 pH 值小于 6 时，彩色豆腐凝固不完全，产品质地过于软嫩松散。pH 值大于 6.5 时，产品质地粗硬易断，表面粗糙。所以菜汁的 pH 值最好调整到 6.0～6.5 之间，这样产品的质地细嫩，有光泽、弹性大，且出品率高。

② 彩色豆腐的加工应注意豆乳与菜汁的混合比例。菜汁量小，不易使豆腐着色；菜汁过多则会产生青草味，使风味变坏。一般适用量为每 50mL 的豆乳加 8～10mL 的浓缩菜汁。蔬菜汁要在豆浆基本煮好后再加入，加入后煮沸 2～3min 即可，时间过长会使维生素变性，太短则达不到消毒灭菌的作用。

由于蔬菜汁的加入，改变了豆浆原有的 pH 值，所以凝固剂的加入，应因蔬菜汁的 pH 值不同而适当调整，如 pH 值低的番茄汁，凝固剂用量应适当减少。

（二）盒装内酯豆腐的制作

传统的豆腐制作，多采用石膏、卤水作凝固剂，其工艺复杂、产量低、储存期短、人体不易吸收。而以葡萄糖酸内酯为凝固剂生产豆腐，可减少蛋白质流失，提高保水率，大大地增加了产量，且豆腐洁白细腻、有光泽、口感好、保存时间长。

其具体制作方法介绍如下。

（1）浸泡　用多于大豆重量 3～5 倍的清水浸没大豆，浸泡时间一般春季 12～14h，夏季 6～8h，冬季 14～16h，其浸泡时间不宜过长或过短，以扭开豆瓣，内侧平行、中间稍留一线凹度为宜。

（2）磨浆　按豆与水（1：3）～（1：4）的比例，均匀磨碎大豆，要求磨匀、磨细，多出浆、少出渣、细度以能通过 100 目筛为宜。最好采用滴水法磨浆，也可采用二次磨浆法。

（3）过滤 过滤是保证豆腐成品质量的前提，如使用离心机过滤，要先粗后细，分段进行。一般每千克豆滤浆控制在15～16kg。

（4）煮浆 煮浆按一般豆腐的煮浆方式即可。

（5）点浆 点浆是保证成品率的重要一环。待豆浆温度至80℃左右时进行点浆。其方法是：将葡萄糖酸内酯先溶于水中，然后尽快加入冷却好的豆浆中，葡萄糖酸内酯添加量为豆浆的0.3%～0.4%，加入后搅匀。

（6）装盒 加入葡萄糖酸内酯后，即可装入盒中，制成盒装内酯豆腐，稳定成型后，便可食用或出售。如要制成板块豆腐，则按常规方法加压滤水即可。

二、腐竹的制作

腐竹是由热变性蛋白质分子以活反应基团借副价键结成的蛋白质膜，蛋白质以外的成分在膜形成过程中被包埋在蛋白质网络状结构之中。豆浆是一种以大豆蛋白质为主体的溶胶体，大豆蛋白以蛋白质分子集合体——胶粒的形式分散于豆浆中。大豆脂肪以脂肪球的形式悬浮在豆浆里。豆浆煮沸后，蛋白质受热变性，蛋白质胶粒进一步聚集，并且疏水性相对升高，因此熟豆浆中的蛋白质胶粒有向豆浆表面运动的倾向。当煮熟的豆浆保持在较高的温度条件下时，一方面豆浆表面的水分不断蒸发，表面蛋白质浓度相对增高；另一方面蛋白质胶粒获得较高的内能，运动加剧，这样使得蛋白质胶粒间的接触、碰撞机会增加，副价键容易形成，聚合度加大，以致形成蛋白质膜，随时间的推移，薄膜越结越厚，到一定程度揭起烘干即为腐竹。

腐竹是一种营养价值高、易于保存、食用方便的食品。用它加工出的多种美味佳肴，不仅受到国内广大消费者的欢迎，而且还受到国外很多消费者的青睐。

（一）腐竹加工的工艺流程

腐竹加工的一般工艺流程如下：

选料→脱皮→浸泡→磨浆→过滤→煮浆→加热→保温揭竹→烘干→回软→包装

（二）腐竹加工的操作要点

1. 选料

要求选用颗粒饱满、色泽黄亮的优质新大豆为原料，不宜选用陈豆。将原料大豆筛选，去掉生霉、虫蛀的颗粒和其他杂物，然后置于电动万能磨中，去掉豆皮。

2. 浸泡

将精选或去皮后的大豆投入水中浸泡，使其吸水膨胀。采用温水加碱调pH值，定时浸泡。水温控制在30～40℃，加碱量1%，pH值为7.5～8，时间3～4h，加水量为大豆重量的2倍左右，浸好的大豆增重应达到1倍左右。

3. 磨浆与过滤

采用二次研磨三次分离的工艺。磨浆时加水量为干大豆的 8 倍左右。第一次磨浆加干豆重 4.5 倍的水，第二次加干豆重 3.5 倍的水。第三次分离加水 3.5 倍，得到浆的浓度控制在 5.1% 左右，pH 值控制在 7～8，豆渣分离采用 80～100 目的滤布。

4. 煮浆

将上述分离得到的豆浆放入夹层锅内，用蒸汽加热煮沸。不要煮得过老，温度要求达到 100℃。为防止假沸现象出现，可加入 0.1% 的豆浆消泡剂。另外，为防止腐竹在干燥时断裂，并保证成品色泽，可加 0.5% 的甘油和适量脱色剂。煮浆后再进行过滤，以进一步除去细渣及细小杂物，以免糊锅影响产品的质量和出品率。

5. 加热揭竹

煮浆结束后继续用文火加热，使锅内温度保持在 85～95℃，同时不断向浆面吹风。豆浆在接触冷空气后，就会自然凝固成一层优质的薄膜（约 0.5mm），然后用小刀从中间轻轻划开，使浆皮成为两片，再用手或涂油的竹棍分别提取。浆皮遇空气后，便会顺流成条。每 3～5min 形成一层浆皮后揭起，直至锅内豆浆揭干为止。操作中应控制好温度，避免还原糖的大量产生，从而避免或防止褐变反应的发生。一般情况下，将揭竹温度控制在 80℃ 左右，所形成的腐竹色泽最佳。

6. 干燥

挑皮出锅后的湿腐竹，在不滴浆时放入烘房进行烘干。为保证成品腐竹质量，最初采用较高的温度和湿度，即温度 60℃，相对湿度 50%～60%，时间 1h。然后采用低温、低湿处理，即温度低于 50℃，相对湿度在 18%～25%，时间 3～5h。要求干燥要均匀，特别是在浆条搭接处或接触处含水量不能太高。干燥后即成腐竹，含水量在 8%～12%。

7. 回软

烘干后的腐竹，如果直接包装，破碎率很大，所以要经回软处理。回软是用微量水进行喷雾，以减小其脆性。这样既不影响腐竹质量，又提高了产品外观，有利于包装，减少破碎率。但要注意喷水量要小，一喷即过。

8. 包装

成品腐竹，其外观为浅黄色，有光泽，枝条均匀，有空心，无杂质。

一般先用塑料袋包装，每 500g 一袋，顺装在袋内封死，然后再装入硬纸箱中。包装时要注意严把质量关，分级包装，保证腐竹的等级标准。

三、腐乳的制作

腐乳又称乳腐或豆腐乳，是我国一种独特的发酵食品。它是一种口味鲜美、风味独特、质地细腻、营养丰富的佐餐食品。我国现有的腐乳种类很多，按加工中所使用的微生物类型可分为细菌型腐乳和霉菌型腐乳；按产品的颜色和风味大体上可分为红腐乳、白腐乳、青腐乳、酱腐乳及花色腐乳。

制造腐乳的原料主要是大豆，也有用脱脂大豆的。辅料的种类很多，主要有食盐、黄酒（或其他酒类）、红曲、面膏、食糖及各种香辛料。

腐乳的营养价值很高，含蛋白质 14％以上，脂肪 5％以上，碳水化合物 6％以上，每 100g 热量达 544kJ，并含有较多的 B 族维生素，尤其是维生素 B_{12}，100g 红腐乳中维生素 B_{12} 含量为 0.7mg，而青腐乳中每 100g 含量为 1.88～9.8mg。其蛋白质在微生物酶的作用下生成低分子肽及氨基酸，尤其是必需氨基酸含量较为丰富。

腐乳的生产过程是将大豆浸泡，经磨浆、滤浆、煮浆、点脑、压榨、切块制成豆腐白坯，随后再进行接种、前期培菌、搓毛、盐渍成盐坯（也有不经盐渍成盐坯的），最后将配置好的汤料与盐坯一同装入坛中密封，经自然或保温发酵而成。

腐乳的生产工艺流程如下：

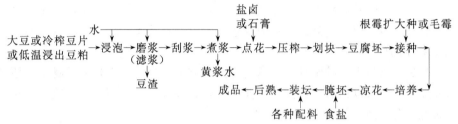

操作方法：

（1）原料处理　制造豆腐乳的原料，无论春大豆、秋大豆、黄皮豆，还是绿皮豆、黑皮豆等均可以。要求原料颗粒饱满、无霉变、无虫蛀，并清除沙土杂质、洗净浸泡。若采用冷轧豆饼为原料，可用稀碱液浸泡至豆饼柔软为止。要求磨得细腻幼嫩，滤出浆液。豆浆出量掌握在大豆原料质量的 8～10 倍。

（2）煮浆点卤　该工序与豆腐制作中的点卤工序相似。

（3）压制成坯　豆浆点卤后，待浆水澄清，即可将凝固状的豆腐花倒入压榨豆腐的框布内。豆腐框一般为木制，长、宽各 36cm，框内用白龙头布作包浆布。包浆后送入木制豆腐压榨机内进行压榨，使水分溢出，开始轻，而后逐步加重，直至全部水分排出。然后松榨，去掉包浆布即成豆腐块，晾 10min 后，趁热用小刀划成小方块。方块规格为 4cm×4cm×1.5cm，这就叫豆腐坯。

（4）发酵盐腌　把晾干后的豆腐坯放在铺有草席的竹篦上，间距 1cm，继续晾 4h 后，送进发酵室进行发酵。发酵室四周密封，内设若干床架，便于排放竹篦，这为传统的发酵法。它利用空气中低温霉菌自然发酵，最适温度为 15℃。3～4 天后，豆腐坯表面开始发霉，并生成较多的白色菌丝，6～7 天后产生出少量黄色孢子，再经 3 天霉菌长满，发酵即成。上述过程为前发酵，使豆腐坯上长满白色的根霉和毛霉。后发酵将上述毛坯盐腌，再加入不同配料装坛，进行压气发酵，直至酿制成成品。在前发酵中，待菌毛长出腐坯表面2cm时，从发酵室内取出，每块分开，不让其互相粘连，然后逐块顺序放入坛内。底部先铺一层食盐，放一层腐坯，坯上再撒盐，照此法层层装至容器口，上面盖一层2cm后的食盐。一般掌握每100kg豆腐坯加盐20kg。经过1个月后坛内自然排出水分，洗去未融化的盐粒，此时菌毛变成一层润滑的腐乳膜。再逐块取出放在竹筛上晾8h，使其干燥收缩。

（5）装坛加汁 经过两次发酵干燥后的腐乳，逐步整齐地装入坛内。装量视市场需要而定，一般大坛装1000块，小坛装50～100块。为方便消费者，可用小坛装储，每坛20～30块，然后加入乳汁。腐乳的品种不同，乳汁的配料也不同。

（6）包装与储藏 腐乳按品种配料装入坛内后，擦净坛口，加盖，再用泥水或猪血封口；也可用猪血拌和石灰粉末，搅拌成糊状物封口。

腐乳的后期发酵主要是在储藏期间进行。由于豆腐坯上生长的微生物与配料中的微生物，在储藏期内引起复杂的生化作用，从而促使豆腐乳成熟。

腐乳的成熟期因品种、配料不一而有快慢，一般在常温下6个月可以成熟。

（7）成品 腐乳储藏到一定时间，当感官鉴定舌觉细腻而柔糯，理化检验符合标准要求时，即为成熟产品。因各品种各具特色，各地质量标准要求也不同。

1. 克东腐乳

黑龙江克东县生产的腐乳属红腐乳，是地方名产之一。它是以豆腐干白坯接入小球菌菌种，加入以白酒、红曲、面曲、食盐以及良姜、白芷、砂仁等13种药材制成的汤料发酵制成的。

汤料配制比例为：食盐160kg，白酒105kg，面曲65kg，红曲14kg，香料1kg（其中：良姜131g，白芷131g，砂仁73g，白豆蔻58g，公丁香131g，母丁香131g，贡桂18g，管木18g，山奈117g，紫蔻58g，肉蔻58g，甘草58g，陈皮18g）。

克东腐乳生产中，当白坯温度降到30℃以下时，进行腌制，每层白坯均匀地撒上一层盐，腌24h后将豆坯上下倒一次，每层再撒少量盐，再腌48h，腌后用清水洗净浮盐和杂质，切块后进入前发酵室，摆在盘子里，喷洒菌液，用布遮严，室温保持28～30℃，发酵3～4天后，品温升至36～38℃，坯子上呈现黄色菌丝，倒垛一次，发酵7～8天，坯子呈红黄色，菌膜厚而致密即为成熟。发酵后的坯子在50～60℃下干燥约12～18h，即可装坛进入后发酵。后发酵温度为25～30℃，时间为80～90天。

克东腐乳营养丰富，含有蛋白质、脂肪、氨基酸和糖类等营养成分。其特点是：色泽鲜艳，质地柔软，味道芳香细腻，后味绵长。由于克东腐乳发酵后产品比较细软，不适合按块出售，而是按重量出售。

2. 桂林腐乳

桂林腐乳早在200多年前就已享有盛誉，曾作为"土贡"年年入朝，被誉为"桂林三宝"的第一宝。

桂林腐乳的生产过程分为三个阶段，整个生产周期需 40～60 天。

第一阶段为制坯阶段，将大豆筛选，除去泥尘杂质，用水清洗浸泡，磨豆过滤，浆渣分离，提取浆汁煮开，加凝固剂点浆，使豆浆变成豆腐脑，再压榨成豆腐，切成豆腐坯。

第二阶段为前发酵阶段，豆腐坯接上毛菌菌种，送培菌房摆放盒内，将盒垛放或架放，控制好房内温湿度，使坯表面长菌，然后捡出霉坯，加食盐、酒腌制，使毛霉停止生长。

第三阶段为后期发酵清理阶段，将腌制腐乳坯装入容器内，加放辅料，密封，存放于发酵库，控温发酵，腐乳成熟后出库清理、检测，合格品出厂。

桂林腐乳一般除加食盐、酒、鲜花椒等辅料外，另采用当地特产八角、公丁香、桂枝等天然香料，使腐乳更具有清香馥郁、回味悠长的特色风味。

桂林腐乳颜色淡黄，表里一致，质地细腻，气香味鲜，咸淡适宜，无杂质异味，块形整齐均匀。

3. 广州白豆腐

白辣腐乳是广州地区的一种特色产品，色泽金黄鲜嫩，风味独特，具有质地细腻、口味鲜美、鲜辣适口的特色。

该腐乳生产中，除必要的食盐、白酒、辣椒等配料外，不添加其他香辛料，投料的比例为：500kg 黄豆，80～90kg 食盐，100kg 体积分数为 50% 的白酒，18kg 辣椒油。白酒使用前用自来水调为酒精体积分数为 19%～20% 后备用。

在后期发酵成熟前 1 个月，需将腐乳汁倒出，过滤后再重新灌入，并增加适量辣椒油封面，继续发酵 1 个月方为成品。

理化指标：含蛋白质 11% 以上，氨基酸态氮 0.42% 以上，总酸 1.0% 以下，水溶性无盐固形物 ≥7%。

4. 臭豆腐

臭豆腐是一种受广大群众欢迎的腐乳，它的生产方法是接入毛霉菌种发酵而成。由于它所使用的坯子含水量小，发酵时间短，加盐量少，发酵温度高，蛋白质分解比较彻底，因而形成了臭豆腐的特殊风味，即"闻着臭，吃着香"。另外，由于在腌制中不加红曲，而加苦浆水、凉水、盐水，所以形成豆青色，也称青腐乳。

臭豆腐之所以臭，是因为在制作的过程中，加盐少，后发酵彻底，蛋白质分解后的含硫氨基酸又进一步分解，产生了硫化氢，它有着刺鼻的臭味，因而闻着臭。但是，当人们吃的时候，由于蛋白质分解彻底，产生的氨基酸较多，而许多氨基酸都有鲜美的味道，所以吃着香。比较著名的是北京王致和臭豆腐。

四、豆豉的制作

豆豉是我国人民日常生活中很受欢迎的调味品之一，既可作调味料，又可直接食用。豆豉是由整粒豆（或豆瓣）经蒸煮发酵而成的。传统的加工工艺是利用毛霉、曲霉或细菌蛋白酶等发酵分解豆类蛋白质，到一定程度后以加盐、酒、干燥等方法抑制酶的活力，延缓发酵过程，让熟豆的一部分蛋白质和分解产物在特定条件下保存下来，形成具有特殊风味的发酵食品。豆豉味道鲜美可口，既能调味，又能入药，长期食用可开胃增食、消积化滞、祛风散寒。

我国豆豉种类繁多，在隋唐时期有咸豆豉与淡豆豉之分。淡豆豉主要是药用，加入不同的调味辅料即可衍生出各具特色的调味型豆豉。

豆豉按水分含量的高低又可分为干豆豉和水豆豉两种。干豆豉豆粒松散完整，油润光亮，多产于南方，如湖南豆豉、四川豆豉。水豆豉在发酵时加入水分多，产品含水量较高，豆豉柔软粘连，多产于北方或由一般家庭制作。

1. 豆豉的制作工艺

按制曲时参与的微生物不同，豆豉又分为曲霉型、毛霉型和细菌型三类。利用曲霉酿造豆豉是我国最早、最常用的方法。毛霉型豆豉在全国同类产品中产量最大，也最富有特色，主要产于四川，以三台豆豉最负盛名。细菌型豆豉产量甚少，以山东水豆豉为代表，一般家庭制作大都属于细菌型豆豉。

豆豉的生产工艺流程如下：

　　　　　　　　　　　　　　　　　　　辅料
　　　　　　　　　　　　　　　　　　　↓
原料→大豆→清选→浸泡→蒸煮→冷却──→制曲→洗曲→拌曲→发酵→干燥→干豆豉
　　　　　　　　　　　　　　　　　　　　　　　　　　　　　↓
　　　　　　　　　　　　　　　　　　　　　　　　　　　水豆豉

（1）选料与浸泡　生产豆豉时大豆的选料与浸泡，其操作基本上与其他豆制品相同，不同之处在于浸泡含水量和浸泡时间。豆豉要求大豆浸泡后含水量在45%左右为宜。水温40℃以下，浸泡时间，冬季一般5～6h，春、秋季为3h，夏季为2h，中间要换一次水。

（2）蒸煮　民间制作多用水煮豆，后改为蒸。常压蒸豆4h左右，工业生产采用旋转高压蒸煮罐，在0.1MPa压力下蒸1h左右即可，以含水量在45%左右为宜。蒸煮豆的目的是使大豆组织软化，蛋白质适度变性，以利于酶的分解作用。同时蒸煮豆还可以杀死附于豆上的杂菌，提高制曲的安全性。

（3）制曲　制曲的目的是使蒸熟的豆粒在霉菌或细菌的作用下产生相应的酶系，为发酵创造条件。

制曲的方法有两种，即天然制曲法和接种制曲法。天然制曲不添加种曲，利用适宜的温度和湿度，控制特定的微生物大量繁殖生长。例如：在通风条件下，5～10℃培养15～20天，为毛霉曲；在通风条件下，26～30℃培养5～6天，为曲霉菌；用稻草或南瓜叶覆盖，20℃下培养3～4天，为细菌曲。这些微生物均不是人工培养的纯菌种，而是依靠空气中的微生物自然落入繁殖。接种制曲，是在曲料（蒸好冷却后的大豆）中接入人工培养的种曲进行培养，并尽量避免其他微生物大量繁殖。

不论是天然制曲还是接种制曲，一般制曲过程中都要翻曲两次，翻曲时要用力把豆曲抖散，要求每粒都要翻开，不得粘连，以免造成菌丝难以深入豆内生长，致使发酵后成品豆豉硬实、不疏松。

（4）洗曲　豆豉成曲附着许多孢子和菌丝，若直接发酵会影响豆豉的风味，因此必须用清水把成曲表面的霉和污染物清洗干净。

豆豉的洗涤有两种方法：一是人工法，二是机械法。人工洗曲，豆曲不宜长时间浸泡在水里，以免含水量增加。机械洗曲，是将豆曲倒入洗豆豉机中，并加入清水，启动电机，带动盛载豆曲的铁制圆筒内转动，使豆粒互相摩擦，洗去豆粒表面的曲菌。洗涤后的豆豉，用竹箩盛装，再用清水冲洗 2～3 次即可。

（5）发酵与干燥　豆曲经洗曲后即可喷水、加盐、加香辛料、入坛发酵，发酵容器最好采用陶瓷坛。装坛时豆曲要装满，层层压实，用塑料薄膜封口，在一定温度下进行厌氧发酵。

豆豉发酵多采用室温自然发酵。豆曲装坛时的含水量是关键，如含水量超过47%，会造成豆豉表面颜色减退、发红，甚至烂身、脱皮。若含水量低于40%，酶的水解作用受到限制，成品不疏松，鲜味较差。拌料后的豆曲含水量达45%左右为宜，此时为水豆豉，出坛后经干燥，将含水量降至20%左右，即为干豆豉。

2. 西瓜豆豉生产工艺

西瓜豆豉在清代称为"香豉"，为河南安阳等地的特产。

① 原料配比：大豆 1000kg，面粉 750kg，西瓜汁 1700kg，食盐 200kg，陈皮、小茴香各 1.4kg，生姜 34kg。

② 操作

制曲：将上等大豆除杂、适度浸泡、沥水、入常压蒸煮锅蒸煮 1～2h，出锅拌入面粉，在室温下接入米曲霉种曲后，传统的方法是将物料装入竹匾或木盘中，移至曲室内制曲。现在大多采用厚层通风法制曲，制曲周期为 3 天，其间保持品温30～35℃，并须翻曲 1～2 次。"三日曲"虽比"二日曲"含水量少，但仍需将其晒干后使用。

发酵：将上述成曲揉散，并与其他材料混匀后入缸发酵，品温控制为 40～45℃。发酵至 40～45 天后，应定期翻料，使上下品温相对均衡。发酵至数月即可成熟。

五、豆乳的加工

近年来，由于人们对豆类的营养价值有了进一步的认识，从而使豆乳类饮料的开发研究、加工利用受到人们的高度重视，并在我国、日本、东南亚等国家和地区得到了迅速发展。目前，开发生产的豆乳类饮料种类很多，其加工方法及产品特性也千差万别。

豆乳，又称豆奶，是在豆浆基础上发展起来的，它是20世纪70年代以来迅速发展起来的一类蛋白饮料。普通豆乳饮料是指不加或只添加少量添加剂（如糖、酸等），而无或只有很轻的豆腥味和苦涩味的豆乳，故简称为豆乳。它与豆浆的主要区别在于他去除了豆腥味和抗营养因子，并通过营养调配，更符合人体的需要。而豆浆在加工中未采取任何措施来脱除豆腥味和苦涩味，因此，豆浆的豆腥味和苦涩味很重。

豆乳作为一类蛋白质饮料，随着工艺和配方的不同，其产品种类也多种多样。工艺条件的差异也导致豆乳产品的风味不同，除了普通的豆乳饮料之外，在制作过程中还可以添加其他的组分，如添加蜂蜜可以制成蜂蜜豆乳，添加不同的蔬菜汁后可制成风味各异的蔬菜汁豆乳。

豆乳属于软饮料产品，其加工工艺将在《软饮料加工技术》一册中详细论述。

第四节　大豆蛋白制品

一、大豆粉

大豆粉的种类很多，按其脂肪含量可分成：全脂大豆粉、脱脂大豆粉、低脂大豆粉、磷脂大豆粉及其他大豆粉。

全脂大豆粉：全脂大豆粉是脱皮大豆粉碎后制成的产品。该产品含有大豆子叶所含有的全部油脂和蛋白质，脂肪含量在18%以上。

脱脂大豆粉：脱脂大豆粉是脱皮、脱脂豆粕加工制成的。其脂肪含量低于1.0%，蛋白质含量高于50%。

低脂大豆粉：低脂大豆粉是在脱脂大豆粉中加入适量的精制大豆油制成的，该类制品的脂肪含量通常为4.5%～9.0%。

磷脂大豆粉：磷脂大豆粉是在脱脂或添加脂质的大豆粉中添加大豆磷酸酯制成的特殊制品。磷脂添加量一般规定为15%。

其他大豆粉：其他大豆粉是指用特殊方法制成的各种大豆粉，例如含蛋白质70%的大豆浓缩蛋白和含蛋白质50%的脱脂大豆粉混合而成的蛋白质含量60%的大豆粉。

有时也将大豆粉分成酶活性大豆粉和非酶活性大豆粉。酶活性大豆粉在英国多为全脂大豆粉，而在美国多为脱脂大豆粉。这类大豆粉的蛋白质分散指数一般都在80%以上。

1. 全脂大豆粉

（1）全脂酶活性大豆粉　全脂酶活性大豆粉的生产工艺流程如下：

原料大豆→清选→干燥→破碎脱皮→粉碎→筛分→包装
　　　　　↓　　　↓　　　↓
　　　　杂质　水分　大豆种皮、胚

大豆经清选除去杂质后，采用干热法干燥至水分 8%～11%，即可进行破碎脱皮，脱皮率要求达到 90% 以上。脱皮大豆经锤式粉碎机或磨碎机粉碎或磨碎，然后送入空气分级器分级，产品的颗粒度为 95% 通过 200 目筛，即筛上物仅剩 5% 以下。

（2）全脂脱腥大豆粉　全脂脱腥大豆粉生产工艺主要有两种。

① 瑞士布勒公司典型工艺。主要工艺过程包括：称量、风选、磁选、去石、调湿、分离、灭酶、脱皮、冷却、研磨、分离金属等。其中，调湿工序在调湿器内完成，每增加 1% 的水分约需 2h。调湿后，水分宜控制在 11%～13%，否则对灭酶脱腥不利。分离的目的是进一步除去带菌豆、破碎豆及不成熟豆。灭酶脱腥在专用加热处理器内完成，处理器内温度为 150～160℃，豆中心温度一般可达到 100～110℃，处理时间为 5～7min。脱皮工序分为两步完成，即撞击脱皮和摩擦脱皮。脱皮后要迅速冷却，以防油脂扩散，不利于研磨。研磨也是分两步完成的，首先用锤式粉碎机粗磨，然后再利用对辊（三对辊）精磨，最后使豆粉的颗粒度达 200 目以上。

② 挤压膨化工艺。日本生产全脂脱腥大豆粉所采用的方法，通常都是挤压膨化工艺。其特点是：物料在挤压膨化机内受到的高温、高压、高剪切力的联合作用，水分迅速汽化，形成蒸汽，并以最短的时间内蒸熟物料，而后将物料经模孔挤出，因突然减压膨胀，使物料形成疏松多孔状颗粒。冷却干燥后，用锤式粉碎机按产品颗粒度要求磨成豆粉。其生产工艺流程如下：

原料大豆→清选→干燥→破碎脱皮→粉碎→调节水分→
全脂豆粉←粉碎分级←冷却干燥←挤压膨化←

2. 脱脂大豆粉

脱脂大豆粉是以脱脂大豆为原料制成的，其生产工艺过程也十分简单。将脱脂大豆粉碎、分级、包装即为成品。

脱脂大豆是提取油脂后的残余物。因提取油脂的方法不同，提油后的残余物有豆粕和豆饼之分，豆粕是指用溶剂浸出法提取油脂后的残余物，而豆饼则是指用压榨法提取油脂后的残余物。

在脱脂大豆生产过程中，由于受多种因素的影响，会导致大豆蛋白发生不同程度的变性，因此，用不同方法所加工的脱脂大豆的性状有所差异。

冷榨法获得的脱脂大豆，由于压榨前未进行加热，蛋白质变性小，使脱脂大豆中可溶性蛋白质保持率能达到 80%～90%，但冷榨法所得脱脂大豆中脂肪的含量较高（5%～10%），因而在储藏中易引起油脂的氧化酸败。用热榨法获得的脱脂大豆脂肪含量低，水分较少，易粉碎，但大豆蛋白已经发生了相当大的热变性，水溶性蛋白质的比率（对全蛋白）在 30％以下，故热榨脱脂大豆宜作为脱脂豆粉加工的原料。

溶剂浸出法是将大豆经适当的热处理（温度低于 100℃）、压扁，再用有机溶剂提取油脂，获得脱脂大豆的方法。用此法获得的脱脂大豆呈颗粒状，蛋白质含量高，脂肪含量低，水分也低，又易于粉碎。其蛋白质变性程度主要因溶剂的种类及脱脂大豆与溶剂分离的方法不同而异。一般来说，以石油系溶剂为主的疏水性很强的溶剂，使脱脂大豆蛋白质变性的力量很弱，即使在较高温度下处理，蛋白质也几乎不变性。与此相比，应用酒精等亲水性强的有机溶剂，则使蛋白质变性的力量很强。因此，通常制取脱脂大豆用的溶剂是疏水性很强的正己烷。

实例：将 3kg 脱脂大豆（氮溶指数 NSI 为 88，蛋白质含量为 49.1％）用研磨机进行粉碎，粉碎后的脱脂大豆的平均粒径为 13μm。用分级机进行粒度分级，得粒径范围为 5～10μm 的脱脂大豆粉，其蛋白质含量和得率都最高，分别为 60.3％和 24.4％，其中蛋白质含量几乎比原料增加 10％。

二、浓缩大豆蛋白

浓缩大豆蛋白通常是以脱皮脱脂豆粕为原料，除去其中水溶性非蛋白成分（主要是水溶性糖类、灰分和各种气味成分等），制得的蛋白质含量在 70％（以干基计）以上的大豆蛋白制品。此外，近年来又开发出来一种新产品，称为全脂大豆浓缩蛋白，该产品是以全脂脱皮大豆为原料，除去其中水溶性非蛋白成分，制得的蛋白质含量在 50％以上的大豆蛋白制品。同大豆粉相比，该类产品脱除了绝大部分棉子糖、水苏糖等低聚糖类，消除了肠内胀气因子，同时产品的滋味、气味和色泽也得到改善。因此，浓缩大豆蛋白作为食品工业基础原料，特别是婴幼儿食品开发方面，受到很大重视。

作为浓缩蛋白生产的原料，以低变性脱脂豆粕为佳，也可用高温浸出粕，但得率低而质量差。大豆浓缩蛋白的生产方法很多，如稀酸沉淀浓缩分离法、酒精溶液洗涤浓缩法、湿热处理法、酸浸醇洗法和膜分离法等。

1. 稀酸沉淀浓缩分离法

稀酸沉淀法制取浓缩大豆蛋白是根据大豆蛋白溶解度曲线，利用蛋白质在 pH 值 4.5 等电点时其溶解度最低这一特性，用稀酸溶液调节 pH 值，将脱脂豆粕中的低分子可溶性非蛋白质成分浸洗出来，使蛋白质沉淀，然后离心分离，将分离出的沉析物中和、干燥，即可制得浓缩大豆蛋白。工艺流程如下：

豆粕→粉碎→酸浸→分离→洗涤→中和→干燥→成品

低变性脱脂豆粕经锤式粉碎机粉碎至通过 100 目筛，移入酸浸罐内，加原料质量 10 倍的水，搅拌混合均匀，加入浓度 37％的盐酸，调节 pH 值至 4.5，持续搅拌 1h。此时，大部分蛋白质沉析与多糖类形成浆状物，可溶性糖、可溶性蛋白质及灰分等物质进入乳清液。将酸浸罐中的全部浆料用输送泵连续送入蝶式浆液分离机进行分离。乳清液为轻相被分离除去，固体浆状物为重相收集于第一水洗罐内。连续加水搅拌洗涤，然后分离除去水洗废液，连续水洗两次后将浆状物移入暂存罐，加碱，调节物料的 pH 至 6.5～7.1，物料的温度为 60℃，即可用高压泵送入喷雾干燥塔内进行干燥。

该工艺的产品得率可达 70%。

2. 酒精溶液洗涤浓缩法

酒精洗涤法是利用脱脂大豆中的蛋白质能溶于水，而难溶于酒精，而且酒精浓度越高，溶解度越低，当酒精浓度在 60%～65% 时，可溶性蛋白质的溶解度最低这一性质，用浓酒精对脱脂大豆进行洗涤，除去醇溶性糖类、灰分及醇溶性蛋白质等。再经分离、干燥等工序，即可得到浓缩蛋白。此法生产的浓缩蛋白质色泽及风味较好，蛋白质损失也少。但酒精能使蛋白质变性，使蛋白质损失了一部分功能特性，同时浓缩蛋白中仍含有 0.25%～1% 的不易除去的酒精，从而使其用途及食用价值或多或少地受到一定的限制。

其工艺流程大致如下：

```
                      乙醇
              ┌─────────────┐
豆粕→粉碎→浸取→分离→二次浸取→分离→干燥→粉碎→成品
              └──────────┐
                      回收乙醇
```

低变性脱脂豆粕经锤式粉碎机粉碎至 50～100 目的细度后，用埋刮板输送机送入浸出罐内。同时将 60%～65%（体积分数）的乙醇溶液由稀乙醇罐泵入浸取罐，使豆粕粉与乙醇溶液质量比为 1:7。浸取罐可配多个，以轮流使用。充分搅拌，在 50℃ 下浸取 30min，此时，豆粕粉中的大部分可溶性糖类、灰分及某些微量元素成分便溶解于乙醇溶液中。一次浸出结束后，由罐体上的高位出液管，用隔膜泵抽出乙醇浸液，并送至蒸馏釜回收乙醇。

为获得色泽浅、异味少的产品，可用泵将 80%～90%（体积分数）的乙醇由浓乙醇储罐送入浸取罐，进行二次浸取。浸取温度为 70℃，搅拌浸取时间为 30min。二次浸取结束后，由罐体上的高位出液管放出乙醇浸液至稀乙醇储罐，该乙醇浸液可供一次浸出使用。

经二次浸出后的浆状物料由浸取罐卸料口卸出，并用隔膜泵送至卧式螺旋沉降分离机，分离出来的乙醇浸液流入蒸馏釜回收乙醇。由卧式螺旋沉降分离机卸出的物料，含湿量约为 70%，移入真空干燥机。物料受热温度最高不超过 80℃，干燥时间为 1h，水分达 7% 以下时，卸出，经涡轮式粉碎机粉碎即为大豆浓缩蛋白。产品得率约为低变性脱脂豆粕的 50%。

3. 湿热处理法

利用大豆蛋白质对热敏感的特性，将豆粕用蒸汽加热或与水一同加热，蛋白质因受热变性后水溶性降低到 10% 以下，然后用水将脱脂大豆中所含的水溶性糖类浸洗出来，分离除去。工艺流程如下：

豆粕→粉碎→热处理→水洗→分离→干燥→浓缩蛋白

先将低温脱溶豆粕进行粉碎，用 100 目筛进行筛分。然后将粉碎后的豆粕粉用 120℃ 左右的蒸汽处理 15min，或将脱脂豆粉与 2～3 倍的水混合，边搅拌边加热，然后冻结，放在 −2～−1℃ 温度下冷藏。这两种方法均可以使 70% 以上的蛋白质变性而失去可溶性。

将湿热处理后的豆粕粉加 10 倍的温水，洗涤两次，每次搅洗 10min。然后过滤或离心分离。干燥可以采用真空干燥，也可以采用喷雾干燥。真空干燥时，干燥温度最好控制在 60～70℃。采用喷雾干燥时，在两次洗涤后再加水调浆，使其浓度在 18%～20% 左右，然后用喷雾干燥即可生产出浓缩大豆蛋白。

湿热处理法生产的大豆浓缩蛋白，由于加热处理过程中，大豆中的少量糖与蛋白质反应，生成一些呈色、呈味物质，产品色泽深、异味大，且由于蛋白质发生了不可逆的热变性，部分功能特性丧失，使其用途受到一定的限制。加热冷冻虽然比蒸汽直接处理的方法能少生成一些呈色、呈味物质，但产品得率低，蛋白质损失大，而且氮溶指数也低，因而这种方法很少用于生产中。

4. 膜分离法

用膜分离法制取浓缩蛋白是利用纤维质隔膜的孔径大小不同，使被分离的物质中小于孔径者通过，大于孔径者滞留。膜的最小孔径可达 1μm 左右，因而有较好的分离效果。

膜分离法的基本工艺包括制取豆乳与分离蛋白两部分。其中应用较多的是将水洗法与膜分离相结合的工艺。典型的工艺流程如下：

```
                     干燥→低分蛋白、大豆糖等
                         ↑
         清水    ┌反渗透←乳清
           ↓    │     
豆粕→浸泡→磨浆分渣→豆乳→超滤→蛋白乳浓缩→改质→喷雾干燥→浓缩蛋白
           ↓
           渣
```

此工艺的突出优点是：用超滤膜脱糖而不用溶剂或酸碱；用反渗透脱水还能回收水溶性的低分子蛋白质和糖类，而且也不增加废水处理工程，因而可节约能源与操作费用。

三、分离大豆蛋白

分离大豆蛋白是将脱脂大豆进一步去除所含的非蛋白质成分后，所得到的一种精制大豆蛋白产品。与浓缩蛋白相比，分离蛋白中不仅去除了可溶性糖类，而且要去除不溶性聚糖，因而其蛋白质含量更高，一般不低于 90%，但相应其得率也必然低些，一般在 35%～40%。

以往分离大豆蛋白通常作为糖浆的起泡剂用于加工点心，此外用作香肠中脂肪分离防腐剂，或者和植物油、乳化剂、乳化油、稳定剂混合在一起，用于加工稀奶油代用品时的补充剂。然而，现在人们对分离蛋白的营养价值比对它的特殊性的利用更为重视。用作蛋白质的强化剂或者用以替换蛋白质食品的一部分，进而用分离蛋白作为人造肉的主要原料。

1. 碱提酸沉法生产分离大豆蛋白

低温脱脂豆粕中的蛋白质大部分能溶于稀碱溶液。将低温脱脂豆粕用稀碱液浸提后，用离心分离去除豆粕中的不溶性物质（主要是多糖和一些残留蛋白质），然后用酸把浸出液的 pH 值调至 4.5 左右时，使蛋白质处于等电点状态而凝集沉淀下来，经分离得到的蛋白质沉淀物，再经洗涤、中和、干燥即得分离大豆蛋白。这时大部分的蛋白质从溶液中沉析出来，只有大约 10% 的少量蛋白质仍留在溶液中，这部分溶液称为乳清。乳清中含有可溶性糖分、灰分以及其他微量组分。

（1）原料选择　生产大豆分离蛋白的原料一般为 NSI（氮溶指数）较高的低温脱溶脱脂豆粕或豆粕粉。由于原料种类不同，蛋白质含量和 NSI 值不同，大豆分离蛋白的回收率也有差异。所以生产大豆分离蛋白时应选择蛋白质含量高（45% 以上），NSI 值高（≥80%），并且无霉变的脱脂豆粕。

（2）粉碎和浸提　将低温脱脂大豆粕粉碎后，加入 12～20 倍的水，溶解温度一般控制在 15～80℃，溶解时间控制在 120min 以内，在抽提缸内加 NaOH 溶液，将抽提液的 pH 值调至 7～11 之间，提取过程需搅拌，搅拌速度以 30～35r/min 为宜。提取终止前 30min 停止搅拌，提取液经滤桶放出，剩余残渣进行二次浸提。

（3）粗滤与一次分离　粗滤与一次分离的目的是除去不溶性残渣。在抽提缸中溶解后，将蛋白质溶解液送入离心分离机中，分离除去不溶性残渣。粗滤的筛网一般在 60～80 目。离心机筛网一般在 100～140 目。为增强离心机分离残渣的效果，可先将溶解液通过振动筛除去粗渣。

（4）酸沉　将二次浸提液输入酸沉罐中，边搅拌边缓缓加入 10%～35% 酸溶液，调 pH 值至 4.4～4.6。加酸时，需要不断搅拌，一般搅拌速度为 30～40r/min。同时要不断抽测 pH 值，当溶液达到等电点时，应立即停止搅拌，静置 20～30min，使蛋白质能形成较大颗粒沉淀下来，沉淀速度越快越好。

（5）二次分离与洗涤　用离心机将酸沉下来的沉淀物离心沉淀，弃去清液。固体部分流入水洗缸内，用 50～60℃ 温水冲洗沉淀两次，除去残留氢离子，水洗后的蛋白质溶液 pH 值应在 6 左右。

（6）打浆、回调及改性　分离沉淀的蛋白质成凝乳状，有较多团块，为进行喷雾干燥，需加适量水，研磨、搅打成匀浆。为了提高凝乳蛋白的分散性和产品的实用性，将经洗涤的蛋白质浆状物送入离心机中除去多余的废液，固体部分流入分散罐内，加入5％的NaOH溶液进行中和，使pH值为6.5～7.0。将分离大豆蛋白浆液在90℃加热10min或80℃加热15min，这样不仅可以起到杀菌作用，而且可明显提高产品的凝胶性。回调时搅拌速度为85r/min。

（7）干燥　一般采用喷雾干燥，将蛋白浆液用高压泵打入喷雾干燥器中进行干燥，浆液浓度应控制在12％～20％，浓度过高，黏度过大，易阻塞喷嘴，喷雾塔工作不稳定；浓度过低，产品颗粒小，比容过大，不利应用和运输，另外，使喷雾时间加长，增加能量消耗。喷雾干燥通常选用压力喷雾，喷雾时进风温度以160～170℃为宜，塔体温度为95～100℃，排潮温度为85～90℃。

该工艺所获产品质量：水分6％，蛋白质90％以上，粗纤维0.2％以下，灰分3.8％以下，氮溶指数85～95，pH值为5.2～7.1。

上述碱提酸沉工艺，可以有效地提纯蛋白质至90％以上，而且产品质量好，色泽也浅。该工艺简单易行，但酸碱消耗较多，成本也高。分离出的乳清液随废水排放未回收，其中低分子蛋白质等有所浪费，可溶性成分除去不彻底。

2. 超滤膜提取法

分离大豆蛋白的超滤处理有两个作用，即浓缩和分离。由于超滤膜的截留作用，大分子蛋白质经过超滤可以得到浓缩，而低分子可溶性物质则可随超滤液进一步被滤出。超滤膜提取工艺是将碱液浸提所获得的滤液用超滤膜进行浓缩，因而蛋白质变性少、溶解度等特性好，产品质量较高。同时，生产的废液净化后，可重复使用，即保护了环境又节约了水资源，还可以对大豆重要的生理活性物质等进行有效回收，从而显著提高了经济效益。

膜分离法一般与碱浸工艺结合使用，该工艺的要点是：大豆被粉碎成85％通过100目的粒度，装入浸出器。加入大豆粉质量12倍的水，同时添加适量的$Ca(OH)_2$，调节浸出液的pH至9.0，在温度40～60℃条件下搅拌浸取40min。然后，经第一台离心分离机分离除渣。除渣后的全脂浸出物经第二台离心分离机进行分离。该离心机为三相分离机，所分离出来的轻相为乳油，经破乳后，回收豆油。分离出来的重相为少量的固体残渣，与第一台离心机分离出来的固体残渣合并干燥后用作饲料。分离出来的中间相为低脂浸出物，用泵压送至超滤（UF）膜处理。截留物经喷雾干燥后，即为大豆分离蛋白。透过液再经反渗透（RO）膜处理，截留物干燥后为低分子蛋白和大豆低聚糖产品。RO膜透过液含固体物质极少，可再循环至UF膜使用。

该法生产的大豆分离蛋白产品，其蛋白质含量可达78.82％，NSI值为100％，脂肪含量为1.9％。尽管产品的蛋白质含量较低，脂肪含量较多，但该工艺回收了大豆乳清蛋白和低聚糖，并解决了乳清排放的问题，同时也大大减少了用水量。

3. 离子交换法

离子交换法生产分离大豆蛋白的原理与碱提酸沉法基本相同。其区别在于离子交换法不是用碱使蛋白溶解，而是通过离子交换法来调节pH值，从而使蛋白质从饼粕中溶出及沉淀而得到分离蛋白。

工艺流程如下：

原料豆粕→粉碎→加水调匀→阴离子交换树脂提取→固液分离→阳离子交换树脂处理→
分离大豆蛋白←喷粉←回调←打浆←分离←酸沉←

(上方标注：渣)
(下方标注：乳清)

将粉碎的脱脂豆粕放入水提罐中，以 1∶（8～10）比例加水调匀，送入阴离子交换树脂罐中，提取罐与阴离子交换树脂罐之间，其提取液循环交换，直至 pH 值达到 9 以上，即停止交换。提取一定时间后，要进行除渣。再将浸出液送入阳离子交换罐中进行交换处理，方法与阴离子交换浸提相似，待 pH 值降至 6.5～7.0 时，即停止交换处理，余下工序与碱提酸沉法一样。

这种工艺生产的大豆蛋白，其纯度高，灰分少，色泽浅，但其生产周期过长，目前尚处于实验阶段，有待于进一步推广开发和应用。

四、组织状大豆蛋白

组织状大豆蛋白是以低温脱脂豆粕粉、浓缩大豆蛋白或分离大豆蛋白为原料，加入一定的水及添加剂混合均匀，经加温、加压、成型等机械或化学的方法改变蛋白质组成方式，使蛋白质之间整齐排列且具有方向的组织结构，同时膨化、凝固，形成纤维状蛋白，使之具有与肉类相似的咀嚼感，这样生产的大豆蛋白制品，称之为组织状大豆蛋白。

生产组织状大豆蛋白的原料有低温脱脂豆粕粉、浓缩蛋白和分离蛋白等，所用的原料不同，生产方法及所用的设备也不同。目前国内外采用的方法很多，主要是挤压膨化法、纺丝黏结法、水蒸气膨化法，但普遍采用的是第一种方法。

1. 挤压膨化法

脱脂大豆蛋白粉或浓缩蛋白加入一定量的水分，在挤压膨化机内强行加温加压，在热和机械剪切力的联合作用下，蛋白质变性，结果使大豆蛋白质分子定向排列并致密起来，在物料挤出瞬间，压力降为常压，水分子迅速蒸发逸出，使大豆组织蛋白呈现层状多孔而疏松，外观显示出肉丝状。

一次膨化法生产组织大豆蛋白的工艺流程如下：

原料粉
碱
盐 →加水搅拌→挤压膨化→切割成形→干燥冷却→拌香着色→包装→成品
添加物

（1）调和　用于生产组织蛋白的原料，应先粉碎至 40～100 目，而后用水进行调和。调和主要是将粉碎的原料加适量的水、品质改良剂、调味料等，使其成为面团的过程。加水量的控制是调和工序的关键。加水量合适，挤压膨化时物料进入顺利，产品产量高，组织化效果好。反之，适得其反。一般来说，高温变性原料加水量要多于低温变性原料；低温季节的加水量要多于高温季节。

挤压膨化法生产组织蛋白的品质改良剂主要是碱，其中使用最多的是碳酸氢钠和碳酸钠，添加量多在 1.0%～2.5%，即加碱将原料粉的 pH 调到 7.5～8.0 之间。这样既可以改善产品的组织结构，又不影响口感。

调和时添加的一些调味料及着色剂，对仿肉制品尤为重要。常用的调味料有食盐、味素、酱油、香辛料等，通常食盐加入量为 0.5% 左右；酱油的加入量为 1%～5%。

（2）挤压膨化　适度控制挤压膨化工序的加热温度和进料量是挤压膨化法生产大豆组织蛋白极其重要的环节。

在挤压膨化过程中，加热温度高低决定了膨化区内的压力大小，因而也影响挤压膨化后的大豆蛋白的组织结构。一般来说，挤压机的出口温度不低于 180℃，入口温度宜在 80℃ 左右。若出口温度低于 140℃，则可能使产品产生硬心，并有未熟的感觉；而当温度高于 340℃ 时，则产品色泽较深，且有焦煳味。

挤压机的进料量及进料均匀程度，对大豆组织蛋白的产品质量也有一定影响。通常进料量要与螺杆转速相配合，切记不能断料，否则不但产品不均一，而且焦煳，甚至有造成喷爆的危险。

（3）干燥　可采用普通鼓风干燥机，也可以采用真空干燥机或流化床进行干燥。干燥温度宜在 70℃ 以下。产品最终水分需控制在 8%～10% 范围内。

2. 纺丝黏结法

纺丝黏结法生产组织状大豆蛋白是以大豆蛋白纤维作为基础的。将高纯度的分离大豆蛋白溶解在碱性溶液中，大豆蛋白质分子发生变性，许多次级键断裂，大部分已伸展的次级单位形成具有一定黏度的纺丝液。将这种纺丝液通过有数千个小孔的隔膜，挤入含有食盐的乙酸溶液中，在这里蛋白质凝固析出，在形成丝状的同时，使其延伸，并使其分子发生一定程度的定向排列，从而形成纤维。纤维的粗细、软硬，可以根据制造不同的食品进行调整。如果将蛋白纤维用胶黏剂黏结压制，就得到似肉状的组织化大豆蛋白。大豆蛋白纤维经着色、成型，可加工成类似牛肉、鸡肉、猪肉、火腿、腊肉、鱼肉类的仿制品。

其工艺流程如下：

分离大豆蛋白→调浆→挤压喷丝→凝固拉伸→黏结→压制┬→冷藏→成品
　　　　　　　　　　　　　　　　　　　　　　　　　└→干燥→成品

把分离大豆蛋白用稀碱液调和成含 10%～30% 的蛋白质，pH 值为 9～13.5 的纺丝液，纺丝液黏度直接影响着产品的品质，一定条件下，纺丝液的黏度越大，可纺丝性越好，而其黏度主要取决于蛋白质的浓度、加碱量、老化时间及温度。

经调浆后老化的喷丝液，经喷丝机的喷头被挤压到盛有食盐和乙酸溶液的凝结缸中，蛋白质凝固的同时进行适当的拉伸，即可得到蛋白纤维。挤压喷丝时，压力要稳定，大小要适当，否则不仅蛋白纤维粗细不匀，还会降低喷丝头的使用寿命。

对蛋白纤维一定程度的拉伸，可以调节纤维的粗细和强度，在拉伸过程中，蛋白质分子发生定向排列，蛋白纤维的强度增强。在一定限度内，拉伸度越大，分子定向排列越好，纤维强度越高。另外纤维强度还受原料品质、碱的浓度、蛋白质浓度、乙酸的浓度、共存盐类的影响。

黏结成型就是将单一的或复合的蛋白纤维加工成各种仿肉制品，须经黏结和压制等工序来完成，常用的胶黏剂有蛋清蛋白和具有热凝固性的蛋白、淀粉、糊精、海藻胶、羧甲基纤维素钠等，也有利用蛋白纤维碱处理后表面自身黏度来黏合的。

为了使仿肉制品具有良好的口感和风味，可在调制胶黏剂时加入一些风味剂、着色剂及品质改良剂、植物油，使仿肉制品柔软且具有良好的风味。

3. 水蒸气膨化法

水蒸气膨化法采用高压蒸汽，将原料在 0.5s 时间内加热到 210～240℃，使蛋白质迅速变性组织化。

本工艺的特点是用高压过热蒸汽加压加热，在较短时间内促使蛋白质分子变性凝固化。该方法能明显地除去原料中的豆臭味，以保证产品质量。同时，产品水分只有 7%～10%，这样就节省了干燥装置，简化了工艺过程。

4. 海藻酸钠法

用海藻酸钠使大豆蛋白组织化的基本步骤是：先将水溶性的或水不溶性的大豆蛋白制品分散在海藻酸钠的水溶液中，在搅拌下加入 $CaCl_2$ 溶液。这时海藻酸钠转化成海藻酸钙，由于海藻酸钙的交联作用，使大豆蛋白组织化。

此外，也可以将大豆蛋白用海藻酸钠溶解后，经多孔筛板将其挤压于 $CaCl_2$ 溶液中，使大豆蛋白组织化。

五、大豆蛋白发泡粉

大豆蛋白发泡粉是以低变性脱脂豆粕为原料，经碱法、酸法或酶法水解后，浓缩、干燥制成的粉末状产品。该产品主要是由蛋白质、肽及少量氨基酸组成的混合物，是一种具有较好起泡性和泡沫稳定性等功能特性的食品原料。

1. 生产工艺

生产大豆蛋白发泡粉的工艺可分为以下 4 种。

（1）碱法　碱法生产大豆蛋白发泡粉的工艺流程如下：

原料→浸泡→磨浆→二次磨浆→水洗→水解→压滤→浓缩→喷雾干燥→成品

石灰→溶解→过滤→Ca(OH)₂

水

目前碱法生产大豆蛋白发泡粉在工业化生产中被广泛采用，该方法对设备要求不高，产品成本也较低，但产品石灰味重，残渣处理也存在一定的问题。

（2）酸法　酸法生产大豆蛋白发泡粉的工艺流程如下：

HCl,2%

脱脂豆粕→提取蛋白→酸解→离心分离→水解液→调节 pH→喷雾干燥→成品
85℃,1.5h

该工艺要求设备耐腐蚀，所生产的产品色泽较深，且有异味。

（3）酶法　酶法制备大豆蛋白发泡粉的工艺要点是：提取并分离大豆蛋白凝乳后，调节 pH，添加酶制剂进行水解。使用日本产菠萝蛋白酶水解时，最佳工艺条件为底物浓度 9%，酶解温度 50℃，搅拌速度 50r/min，酶解时间 6h，所制得的大豆蛋白发泡粉起泡性和泡沫稳定性最为理想；使用国产木瓜蛋白酶水解时，最佳工艺条件为底物浓度 9%，酶解温度 65℃，搅拌速度 50r/min，酶解时间 4h，所制得的大豆蛋白发泡粉同使用日本菠萝蛋白酶时大体相同，但泡沫稳定性略差。

酶法生产大豆蛋白发泡粉的工艺流程如下：

脱脂豆粕→碱抽提→离心分离→酸沉淀→中和→酶解→
成品←喷雾干燥←灭菌←

（4）碱、酶结合水解法　酶法水解条件温和，蛋白质水解时不会造成氨基酸的损坏，但成本较高，而碱法水解条件剧烈，易造成氨基酸的损害，但水解产物中低分子成分较多、起泡性能好等，为此常将两者结合起来。工艺流程如下：

脱脂豆粕→清理粉碎→浸取、酶解→粗分离→精分离→
成品←喷雾干燥←碱解←真空浓缩←

该工艺是将变性脱脂豆粕清杂、粉碎后，进行浸取和酶解。浸取条件为：料水比 1∶8.8，搅拌速度 34r/min，浸取温度 48～52℃，pH 9.0～9.5，浸取时间 1.5h。之后进行酶解，条件是料水比为 1∶2，酶制剂的添加量为原料量的 0.1%，酶解温度为 35～40℃，pH 7.5～8.0，酶解时间为 0.75h。酶解完后，上清液经高速离心机分离除渣；含豆渣的乳液经卧式螺旋卸料离心分离出渣，所得清液再经高速离心机分离除去细微粉渣。精分离后的纯净乳液浓缩后进行碱解。碱解温度为 90℃，时间为 4h。碱解后调 pH 至 9.5，并进行喷雾干燥，即可获得产品。

2. 大豆蛋白发泡粉的质量指标

表 4-1 是黑龙江北安大豆食品厂用碱、酶解合法生产的大豆蛋白发泡粉的质量指标。

表 4-1   大豆蛋白发泡粉质量指标

蛋白质量 (N×6.25)/%	α-氨基酸量 /(mg/g)	失水率① /%	打擦度② (体积倍数)	水分 /%	卫生标准/(mg/kg)	
					Pb 残留	As 残留
60.7	7.0	25	4.0	3.0	3.1	0.084

① 失水率 $= \dfrac{\text{静止 24h 后析出液质量}}{\text{取样量}} \times 100\%$；②打擦度（体积倍数）$= \dfrac{\text{搅拌后液面高度（mm）}}{\text{搅拌前液面高度（mm）}}$。

六、大豆蛋白制品在食品中的应用

大豆蛋白制品不但因为它蛋白质含量高，氨基酸组成好，含有丰富的钙、磷、铁，而且还因为它具有很多功能特性，如与水分子、脂肪的结合能力，乳化作用及泡沫形成能力，薄膜形成，凝胶作用，黏合作用等，所以被广泛地应用于多种食品加工体系。大豆蛋白可以作为肉、乳、蛋、鱼等动物性食品的部分代用物和全部代用物。由于世界各国饮食习惯的不同，对大豆蛋白在食品中的使用习惯及形式也有所不同。美国主要将大豆蛋白用于肉及肉制品中，而日本主要用于水产，有些国家还用于饮料方面。

1. 在肉制品中的应用

大豆蛋白制品用于肉制品，既可作为非功能性填充料，也可作为功能性添加剂，改善肉制品的质构和增加风味，充分利用不理想或不完整的边角原料肉。大豆蛋白制品中的全脂大豆粉、脱脂大豆粉、浓缩大豆蛋白、分离大豆蛋白、组织化蛋白，都可以添加到肉制品中。

2. 在面制品和糖制品中的应用

我国很多地区以面制品为主食，而面制品中的主要原料小麦蛋白质含量较低，而且必需氨基酸组成比例也不平衡，添加一些大豆蛋白，可以提高面制品的营养价值。由于价格原因，在面制品中主要用大豆粉，而很少用分离蛋白和浓缩蛋白。在面制品中添加大豆蛋白，可以利用其良好的乳化性、吸油性、吸水性、黏弹性、起泡性和调色作用等功能，以提高产品质量及增加经济效益。

不同的面制品对添加的大豆蛋白的功能特性有不同的要求，应根据面制品的种类选用相应的大豆蛋白制品及采用适宜的添加量。主要应用对象包括面包、高蛋白营养面包、面条、糖果和其他烘焙类食品。

3. 在乳制品和类乳制品中的应用

在乳制品和类乳制品中大豆蛋白可作为功能性的添加剂，如豆牛奶、代牛奶、咖啡乳、冰激凌、干酪和酸乳酪等。大豆蛋白制品广泛地应用于这些产品中是因为它有很高的蛋白质含量并且可以减弱一些不良的功能性质。

4. 在其他产品中的应用

在早点类食品中加入豆粉可以提高氨基酸的含量，这些谷类制品中加入的豆粉量大约 15%～20%，在各种以谷类、蔬菜和肉为基本原料的婴儿食品中，加入大豆粉、大豆分离蛋白、大豆浓缩蛋白作为主要的蛋白来源。在营养品或减肥饮料、蜜饯、人造坚果、涂抹食品和布丁中也加入大豆蛋白作为主要添加剂。大豆浓缩蛋白和大豆分离蛋白作为乳化剂广泛地使用在汤和酱油中，也可作为人工合成调味品的载体。

复 习 题

1. 简述大豆制品的工业发展概况。
2. 大豆制品在加工中有哪些特性？
3. 豆腐磨浆时应注意的事项有哪些？
4. 臭豆腐为什么"闻着臭吃着香"？
5. 豆豉如何进行分类？
6. 浓缩大豆蛋白的生产方法及其优缺点是什么？
7. 何谓组织状大豆蛋白？
8. 大豆蛋白制品用于肉制品的目的和作用是什么？

第五章　植物油脂加工

　　植物油料作物在粮食作物种植和加工中占有重要的地位，世界上油料作物主要有大豆、油菜子、花生、葵花子、芝麻、蓖麻、棉子等，除此之外，一些粮食加工的副产物中也富含油脂，如小麦麸皮、米糠、小麦胚芽、玉米胚芽，如何对这些油料作物进行加工和利用是本章的主要内容。

第一节　植物油的提取

一、植物油提取的方法

　　目前常用的油脂提取方法主要是机械压榨法和溶剂浸出法，另外还有水代法和水酶法。

1. 机械压榨法

　　机械压榨法制油是一种古老的机械提油法。它虽然经历了漫长的 5000 多年的发展过程，但仍沿用至今，在制油工艺中发挥着重要的作用。根据油炸机的种类可分为土榨、水压机、螺旋榨油机三种类型。

2. 溶剂浸出法

　　溶剂浸出法制油是应用萃取的原理，选用某种能溶解油脂的有机溶剂，通过湿润、浸透、分子扩散的作用，将坯料中的油脂提取出来，然后再把浸出的混合油分离，按照不同的沸点进行蒸发、汽提，使溶剂汽化与油脂分离，从而获得浸出毛油。浸出法制油是一种较压榨法更为先进的方法。

3. 水代法

　　水代法与普通的压榨法、浸出法制油工艺不同，主要是将热水加到经过蒸炒和磨细的原料中，利用油、水不相溶的原理，用水从油料中把油脂替代出来，故名水代法制油。这种制油方法，是我国劳动人民从长期的生产实践中创造发明出来的。

4. 水酶法

　　水酶法是一种新兴的提油方法。它以机械和酶解为手段降解植物细胞壁，使油脂得以释放，可以满足食用油生产"安全、高效、绿色"的要求。其最大优势是在提取油的同时，能有效回收植物原料中的蛋白质（或其水解产物）及碳水化合物。与传统工艺相比，水酶法提油技术设备简单、操作安全，不仅可以提高效率，而且所得的毛油质量高、色泽浅、易于精炼。

二、油料的预处理

油料自原料仓库取出后，首先进入的第一道工序是预处理。自投料至进入独立取油设备前的所有工序，统称为油料预处理。油料的预处理包括：油料的清理除杂、油料剥壳去皮及仁壳分离、油料破碎、软化及轧胚、熟胚的制备，以及新发展的油料生胚挤压膨化处理等。预处理的目的，是为了获得适合于直接压榨取油，或直接溶剂进出油工序所要求的各项指标参数的预处理料，即熟胚。

（一）油料的清理与除杂

油料在收获、晾晒、运输和储藏中难免会混进一些砂石、泥土、茎叶及铁器等杂质，这些杂质在油料预处理过程中应予以除去，以有利于提高出油率，减少油分损失；有利于提高榨油机的处理能力及提高油和饼粕的质量；减少机件磨损，降低生产成本；减少灰尘飞扬，有利于操作过程中工人的身体健康，改善车间及环境卫生条件。

根据油料与杂质之间的粒度、密度、形状、表面状态、弹性、硬度、磁性以及气流中的悬浮速度等物理性质的差异，确定有效的分离方法。杂质清理可供选择的主要方法有筛选、磁选、风选与水选四种。

1. 筛选

筛选是利用油料和杂质在颗粒大小上的差别，借助含杂油料和筛面的相对运动，并通过筛面上的筛孔将大于或小于油料的杂质清选除去的方法。植物油加工厂中常用的筛选设备有振动筛、平面回旋筛和旋转筛等。应根据油料性质和筛选设备的性能特点及使用要求，选择适宜的筛分设备，以取得良好的清理效果。

振动筛是一种筛面做前后往复运动的筛选设备。振动筛清理效率高，工作可靠，它适用于各种油料的清理，在油厂中广泛应用。平面回旋筛是一种筛面工作时随着筛体做平面圆周运动的清理设备。其特点是，工作时筛体旋转速度较低，工作平稳，无强烈振动。常用于清理小颗粒油料（如菜子、芝麻）的并肩泥，以及米糠中的碎米等。旋转筛又称回转筛或筒筛。它的筛面是圆筒形或圆锥形、六角锥形，工作时，被筛选的油料借助筛筒体的回转运动，在筛筒中不断翻动，完成油料与杂质的筛分。这种筛适合于筛分散落性差的物料，如棉子的清理及棉子剥壳后的仁壳分离、葵花子清理及其仁壳分离。

2. 磁选

磁选是利用永久磁铁或电磁铁，清除油料中磁性金属杂质的清理方法。油料中的金属杂质虽然很少但危害性较大，易造成机器设备的损坏，尤其是造成高速运转设备的损坏，所以应予以除去。

3. 风选

风选是利用油料与杂质之间悬浮速度的差别，借助风力除杂的方法。常用设备为风力分选器，它在消除油料中轻杂质和灰尘的同时还能除去部分石子和土块等较重杂质，适用于棉子和葵花子等油料的清理。

4. 水选

水选是利用水与油料直接接触，洗去附着于油料表面的泥灰，并利用原料与杂质在水中沉降速度的不同，将油料中的石子、沙砾和金属等重杂质分离除去的方法。本方法常用于香麻油加工时的芝麻清洗工序。

（二）油料的剥壳、去皮

凡油料都含皮、壳。不过通常把含壳率高于20％的称为带壳油料，如棉子、葵花子等。含壳（皮）率低于20％者，如大豆、芝麻等，除要求提取食用植物蛋白外，一般制油工艺中均不必考虑脱皮工序。剥去皮壳后再进行油脂制取，可以提高出油率，减少油分损失，提高油脂和饼粕的质量，充分发挥制油设备的能力，减少设备的磨损和维修费用，降低生产用电力消耗，并有利于皮壳的综合利用。

（1）棉子剥壳　棉子剥壳的工艺过程主要包括剥壳和仁壳分离两部分。其流程如下：

清理后棉子→圆盘剥壳机→仁壳分离机→壳（含部分仁屑）→圆打筛
　　　　　　　　↓子仁　　↑　　振动筛←仁屑←　　　↓壳
　　　　　　　碎仁←　　　　　　　仁屑←多联打筛
　　　　　　　↓　　　　　　壳→　　　　　　→棉子壳
　　　　　　棉子仁

（2）大豆脱皮　大豆约含有8％的种皮，若以大豆制备高蛋白浸出粕，用作生产大豆蛋白产品的原料，则需将富含纤维素的种皮脱去。脱皮率要高，粉末度要小，其中的蛋白质热变性要低。据试验，大豆干燥后，存放一定时间，再进行破碎脱皮，可减少破碎率。为了降低破碎后豆仁所黏附的种皮，大豆在预清理后应干燥至含水量9％左右。大豆脱皮工艺流程如下：

大豆→初清→干燥→调质→清理→破碎→喂料器→吸风分离→皮
　　　　　　　　　　　　　　　　　仁（进一步加工）

（3）花生脱红衣　花生仁经过脱红衣和胚是制取食用脱脂花生粉或花生蛋白粉的技术关键之一。花生仁脱红衣的工艺流程如下：

吸风→红衣
花生仁→清理→干燥→冷却→撕搓→筛分→净花生仁
　　　　　　热风　冷风　　　　胚

（4）红花子剥壳　红花子呈三角锥形状，子壳表面光滑，为乳白色，组织紧密而韧性较大。而仁料中含油率较高，组织软脆，易于破碎成粉。壳与仁之间的间隙较小，结合紧密，尤其当油料水分较高时，子仁不易脱离壳层。因此，红花子的剥壳，宜采用降低水分和高速撞击等措施，以提高剥壳率。其缺点是碎仁率偏高。其工艺流程如下：

红花子→烘干机→剥壳机→圆打筛→平面回旋筛→子壳分离机 → 壳入库 / 完整子粒剥壳 / 仁 / 碎仁→进一步加工

（三）油料的破碎、软化与轧坯

油料子粒在进入压榨制油或其他取油设备之前，必须先将其制备成合适于取油的料坯，以便使油脂能够被有效地制取出来。这一过程包括油料的破碎、软化和轧坯工序。

1. 油料的破碎

对于颗粒较大的油料如大豆、花生仁、椰子干、预轧饼块等，须破碎成一定大小的颗粒，才能使轧坯、成型、压榨等后续工序进行有效的加工。油子破碎的要求是，破碎料粒度均匀，颗粒大小符合规定的要求，粉末少而不出油。

2. 油料的软化

油料软化，就是对经过破碎或小颗粒油料，尤其是对于含油量低和水分低的油料，进行适当的水分和温度调节，使油料具备后续轧坯工序所要求的最佳入机条件。软化的主要作用在于能防止轧坯时的粉末过多或者粘辊，同时，也能对油料进行适度调质，如蛋白质部分变性、分解某些有害物质。软化设备有层叠式软化锅、卧式蒸绞龙等。通过这些设备，既可以实现直接向物料中喷蒸汽以增温增湿，又可以间接加热使物料升温去湿，从而达到软化的目的。

3. 油料的轧坯

轧坯是利用机械作用将油料由粒状压成片状的过程。轧坯后的油料薄片称为生坯，生坯经蒸炒后称为熟坯。油料细胞表面是一层比较坚韧的细胞壁，油脂和其他物质包含在内。因此，提取细胞内的油脂，就必须破坏其表面的细胞壁。在轧坯时，由于轧辊的压力及油料细胞之间的挤压作用，部分细胞壁受到破坏。另外，将颗粒油料轧成薄片，使其表面积增大，厚度减薄，在随后的蒸炒中易于吸水吸热，这样可以更加彻底地破坏细胞和蛋白质，以利于油脂的提取，这就是轧坯的目的。

轧坯的具体要求是，轧片要薄而均匀，少成粉，不露油，手握薄片发松，松手发散。轧坯粉末度太大，就会严重影响后续的溶剂浸出制油工序，因此应严格控制轧坯后的粉末度指标。粉末度用筛孔 ϕ1mm 的筛检验，筛下物不超过 15%。料坯的厚度要求：大豆 0.3mm 以下，棉仁 0.4mm 以下，油菜子 0.35mm 以下，花生仁 0.5mm 以下。

油脂工业中常用的轧坯设备有并列对辊式、双对辊式、直立式三辊（或四辊、五辊）轧坯机。

（四）熟坯的制备

1. 蒸炒法

将轧坯后的生坯经过加水、加热、烘干等湿热处理而变成熟坯的过程称为蒸炒。基本过程包括：将生坯先行加水或直接通蒸汽湿润蒸坯，然后间接加热脱水炒坯。蒸炒是压榨法或预榨制油中提高出油率必不可少的成型工序。其作用可归纳为："凝聚油脂、调整结构、改善油品"。蒸炒的方法主要有湿蒸炒和干蒸炒两种。

（1）湿蒸炒　首先将料坯加水湿润，通直接蒸汽加热，再经间接蒸汽烘干使物料坯达到预定的湿度和水分指标。湿润水分量达到 13%～14% 的，称为湿润蒸炒；湿润水分量达到 16%～20% 的，称为高水分蒸炒。高水分蒸炒可以提高出油率，还在加热中产生自蒸作用，使蛋白质热变性更加充分，磷脂类物质残留于干饼中的量更多，而较少进入毛油中。

（2）干蒸炒（加热蒸炒）　干蒸炒是料坯不经过湿润阶段，直接加热去水，使达到入榨条件的蒸炒法。该法与湿润蒸炒相比，蛋白质变性程度低，适用于温度低、水分要求不高的水压机榨和直接浸出。蒸炒温度一般控制在 105～110℃。蒸炒后料坯水分含量要降至 5%～7%，浸出法时可以高一些，但是一般不超过 8%。

2. 挤压膨化法

利用挤压膨化机将粉末状或经过轧坯的片状油料，进行一定的功能性湿热处理，即通过混合、挤压（加热挤压）、胶合、减压膨化成型、切割以及冷却、干燥等过程，使物料形成具有某种结构和形状的熟坯，以利于制油或其他方面（食品、饲料）的用途。

挤压膨化处理可以破坏油脂细胞，有利于后续用溶剂的浸出取油；改善油料渗浸性状，使其变成多孔而结实的熟坯料，浸出时显著改善了渗透性和浸出速率；提高容重，从而提高了浸出设备的处理量；抑制或钝化了酶的活性，有利于油料储存与加工过程中的稳定性。

几种油料的挤压膨化工艺流程如下：

大豆→清理→破碎→软化→轧坯→挤压膨化→冷却→去浸出

棉子→清选→剥壳及仁壳分离→棉仁→软化→轧坯→挤压膨化→冷却→去浸出
　　　　　　　　　　　↓
　　　　　　　　　 棉壳

米糠→清理→软化→轧坯→挤压膨化→冷却→去浸出

三、压榨法取油

存在于细胞原生质中的油脂，经过预处理过程的轧坯、蒸炒，大多数呈凝聚态，存在于细胞的凝胶束孔道之中。压榨取油的过程，就是借助机械作用将油脂从原料中挤压出来的过程。这个过程主要属于物理变化，如挤压变形、摩擦发热、油脂分离、水分蒸发等。同时，由于温度、水分、微生物的影响，也会产生某些生物化学方面的变化。如蛋白质变性、棉酚与赖氨酸的结合、芥子苷的酶解、磷脂的过氧化等。因此，压榨过程实际上是一系列过程的综合。

机械法制油设备本身有许多种工作原理和结构形式。可供选择的榨油设备主要有液压榨油机和螺旋榨油机两大类。

1. 液压榨油机

液压机压榨取油法，就是利用液体静压力传递原理，向成型的油料坯进行静态施压，把油脂榨取出来。从制油的设备来说，液压机榨油逐渐被先进的螺旋榨油机所取代，但对于特种油料及某些场合榨油，液压机榨油仍有其独特的作用。

液压榨油机的特点是：榨膛压力大小范围宽、可调性好（0.1～150MPa）；能适应多种油料和多种制油工艺，包括冷榨、热榨、高水分浆渣榨油（油橄榄）以及高油分油料（可可豆、花生仁）磨浆高压制油等；生产周期长（1.5～2.5h），装、卸饼麻烦（辅助时间占15％～25％），单机生产效率低，设备多而占地面积大；静态压榨出油效率低，操作要求刨边复榨、车间保温（35℃），劳动条件差。因此，这类榨油设备一般只能应用于某些零星分散油料（如米糠、野生油料）以及需要保持特殊风味或营养素的油料（如可可豆、油橄榄、芝麻）等的磨浆液压制油。

2. 螺旋榨油机

螺旋榨油机是利用螺旋轴在榨笼内旋转推进料坯时，边挤压成饼、边挤出油脂的一种连续式榨油设备。与液压榨油机相比，它的显著特点是：生产连续化、单机处理量大，能适应多种油料，动态压榨挤压、摩擦发热、压榨时间短、出油率较高，饼薄易粉碎，操作劳动强度低。缺点是相对能耗大，易耗件多，机械故障维护要求较多，油饼的热影响较大等。

螺旋榨油机通常按照压榨阶段数分成一级压榨、二级压榨与多级压榨等；根据用途又可分为一次压榨、预榨、冷榨和特种榨油机；按生产能力也可以分为大型、中型与小型等。无论什么机型，其工作原理相同，结构上都包括进料装置、榨膛（包括榨笼与螺旋轴）、调饼机构传动系数和机架等组成部分。

油菜子的一次压制法取油工艺：

```
                              滤渣回榨
                        ┌─────────┴─────────┐
                        ↓                    │
油菜子→清理→软化→轧胚→蒸炒→压榨→毛油→过滤→清毛油
        ↓              ↓
       杂质          菜子饼
```

四、浸出法制油

浸出法制油的基本过程是：把油料料坯或预榨饼浸于选定的溶剂中，使油脂溶解在溶剂内（组成混合油），然后将混合油与固体残渣（湿粕）分离，混合油再按不同的沸点进行蒸发、汽提，使溶剂汽化变成蒸汽与油分离，从而制得油脂（浸出毛油）。溶剂蒸汽则经过冷凝、冷却回收后继续循环使用。湿粕中也含有一定数量的溶剂，经脱溶烘干处理后即得成品粕，脱溶烘干过程中挥发的溶剂蒸汽经冷凝、冷却回收。

浸出法制油的工艺可分为间歇式和连续式浸出。按照接触方式，浸出法制油工艺可分为浸泡式浸出、喷淋式浸出和混合式浸出。由于豆类种子含油量高，无论是常规花生制油或生产低温脱脂粉，适用的浸出方式为预榨浸出。预榨浸出油脂是首先将原料经过预榨取出部分油脂后，再将含油量较高的饼进行浸出。

浸出法制油的工艺流程主要包括油脂浸出工序，湿粕处理工序，混合油处理工序，溶剂蒸气的冷凝和冷却、自由气体中溶剂的回收等4个工序。

① 油脂浸出工序

料坯→浸出→浓混合油→混合油处理→浸出毛油
湿粕处理→成品粕

② 湿粕处理工序

捕粕器→二次蒸气去冷凝回收溶剂
来自浸出器湿粕→埋刮板机→蒸脱机→干粕→冷却→入仓库

③ 混合油处理工序

溶剂气体　溶剂气体
混合油预处理→混合油贮缸→第一蒸发器→第二蒸发器
混合气体←汽提塔←浸出毛油

④ 溶剂回收

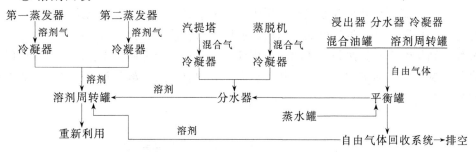

五、水酶法

油脂存在于油料种子的细胞中，细胞壁由纤维素、半纤维素、木质素和果胶组成，而油脂通常与其他大分子（蛋白质和碳水化合物）结合，构成脂多糖和脂蛋白等复合体，只有将油料组织的细胞结构和油脂复合体破坏，才能提出里面的油脂。

在机械破碎的基础上，采用对油脂组织以及对脂多糖、脂蛋白等复合体有降解作用的酶（如纤维素酶、半纤维素酶、蛋白酶、果胶酶、淀粉酶、葡聚糖酶等）处理油料，破坏油料的细胞壁，使油脂容易游离出来，易于分离。利用 α-淀粉酶、果胶酶、葡聚糖酶对淀粉、脂多糖、果胶质等水解与分离作用，不仅有利于提取油脂，还可保护油脂、蛋白质、胶质等可利用成分的品质。

酶法提取工艺有4类，分别是水相酶解法提取工艺、水相酶解有机溶剂提取工艺、低水分酶解提取工艺、低水分酶解溶剂浸出提油工艺。

1. 水相酶解法提取工艺

水相酶解法是在油料破碎后加水，以水作为分散相，酶在此相中进行水解，使油脂从油料固体粒子中渗出。对油料果实，酶加入破碎后的料浆中可促进料浆自然降解过程，酶的作用还可防止脂蛋白膜形成乳状液或亲脂性固体吸附所造成部分油脂难于提取。该工艺对可可、花生、菜子等高含油油料提取效果明显。

2. 水相酶解有机溶剂提取工艺

该工艺是在水相酶解提油工艺上，加入了与水不相溶的有机溶剂作为油的分散相，以增加提油效果。有研究表明，在酶处理前加入有机溶剂会比在酶处理后加入提油率略高，酶解既可以使油容易与蛋白分离，也容易与水分离。

3. 低水分酶解提取工艺

酶解作用是在较低水分含量下进行的。在提油前，油料需要进一步干燥降低水分，由于工艺中减少了油水分离工序，没有废水产生。该工艺只适用于油料种子提油，特别是含油量较高的种子，几乎能提取出种子中所有的油。

4. 低水分酶解溶剂浸出提油工艺

低水分酶解工艺提油时，在酶解后加入溶剂进行提油的工艺方法，该工艺缩短了提油时间，从而提高了设备处理能力。

高水分酶法预处理制油工艺应用于高油分油料制油时，还可以采用物理法（离心分离）提取油脂。虽然出率率稍低、提取蛋白粕能耗较大，但若结合油料蛋白的开发，则从经济上仍然是合算的。采用低水分酶法预处理制油工艺时，显然可以提高传统制油工艺的出油效率。尤其对于高油分油料，应用溶剂直接浸出（或两次浸出）工艺十分有利。

第二节　植物油的精炼

一、植物油精炼的目的

用压榨、浸出等方法提取的、未经精制的油脂称为毛油。毛油的主要成分是甘油三酸酯，俗称中性油。此外，毛油中还存在非甘油三酸酯的成分，这些成分统称为杂质。精炼的目的就是去掉杂质、保持油脂生物性质、保留或提取有用的物质。实际上，精炼并非将所有的杂质去除，而是有选择性地除杂。按照毛油中杂质的组成和性质可以将杂质分为 4 类。

① 不溶性固体杂质。泥沙、料坯粉末、饼渣、纤维等固体杂质。

② 胶溶性杂质。磷脂、蛋白质、糖类等，其中最主要的是磷脂。

③ 油溶性杂质。游离脂肪酸、色素、甾醇、生育酚、烃类、蜡、醛、酮，还有微量金属和由于环境污染带来的有机磷、汞、多环芳烃、黄曲霉毒素等。

④ 水分。大多数杂质对于油脂质量和储存安全性不利。例如，水分不仅影响油脂的透明度而且会促使油脂水解酸败；不溶性杂质和酸性物质都是油脂变质的促进因素；游离脂肪酸影响风味、加重劣化；磷脂能使油脂浑浊，而且在加热时会产生黑色沉淀物、起泡、发苦，严重影响产品质量；各种色素直接影响油色，有的色素还会促进油脂酸败；胶质，含硫、磷化合物以及皂脚等的存在，对后续精炼工艺如汽提造成脱酸困难、氢化催化剂中毒；游离脂肪酸和水分能使酯交换的催化剂活性降低；很多金属离子（铜离子、铁离子）不仅是油脂在高温下的促氧化剂，而且直接对人体有害。

此外，毛油中有些"杂质"，如生育酚、谷维素等既是油脂的天然抗氧化剂，也对人体有益，在精炼时可以保留，也可以提取出来加以利用。磷脂则是必须提取而有很高利用价值的一类"杂质"。

二、油脂精炼的基本方法

油脂精炼的方法大致分为机械法（物理法）、化学法和物理化学法 3 类。具体见表 5-1。

表 5-1　油脂精炼的基本方法分类和应用

方法	基本工序	作用原理	应用特点
机械法	沉淀、过滤	利用密度差沉降或过滤除去机械杂质	毛油除杂；废白土、催化剂滤除
	离心分离	利用高速离心机进行皂脚、油水脚分离	脱胶、脱皂、脱水、脱蜡脂等
化学法	碱炼	中和游离脂肪酸；部分脱色；有效脱胶	凡需要脱除游离脂肪酸的各类油脂
	酸炼	加酸脱除胶质及部分色素（叶绿素等）	凡需要物理精炼或次质油脂
	氢化	加氢脱色、除异味、增加饱和度	棕榈油脱色、脱臭；硬化油原料处理
	酯化、氧化	酯化脱酸、氧化还原脱色（类胡萝卜素）	一般用于工业用油，高酸值米糠油

续表

方法	基本工序	作 用 原 理	应 用 特 点
物理化学法	水化	加水或稀电解质水化磷脂、分离胶质	酸值低于5的含磷浅色油,如大豆油
	吸附脱色	加吸附剂去除色素、多环芳烃类及胶质	凡生产高烹油、色拉油必经脱色
	蒸汽蒸馏	高真空直接蒸汽脱除游离脂肪酸、臭味物质等	高酸值油脱胶后直接脱色、脱酸消耗少
	液液萃取	用溶剂(己烷、乙丙酮、水)去游离脂肪酸	凡酸值高不能碱炼、物理精炼的油脂
	冷冻结晶、冬化	冷冻结晶脱蜡或冬化结晶分离固脂	含蜡(米糠油)、含固脂类油生产色拉油
	混合油精炼	利用浸出混合油加碱中和游离脂肪酸、离心分离	棉子油、蓖麻子油等在浸出车间

油脂精炼的全过程主要包括毛油除杂、脱胶、脱酸、脱色、脱臭及脱蜡等工艺。可根据不同品质等级的成品油质量指标要求,采取不同的精炼步骤,以及控制工艺参数。至于"氢化"、"酯交换"、"酯化"等单元操作,则属于油脂改性,兼作精炼之用。

三、油脂精炼技术

(一) 毛油中不溶性杂质的分离

毛油中的不溶性杂质以机械杂质居多,一般都可以通过沉降、过滤或离心分离等物理方法将其去除。

1. 沉降分离

沉降法主要用来分离机榨毛油中的饼渣、油脚、皂脚、粕末等杂质。它是利用悬浮杂质和油脂密度的不同,使悬浮物与油脂分离,较轻的油浮于上面,较重的杂质沉于器底,粒子的沉降速度取决于颗粒大小、密度、黏度以及温度等因素,是一种自然的过程。有时为了加速沉降,在油中有必要添加 $CaCl_2$ 或 Na_2SO_4 等破乳剂使乳浊液破坏。因沉降法除杂的时间长、效率低、沉降物中含油高(60%~80%),因而一般仅适用于间歇式罐炼场合。

2. 过滤分离

过滤就是使悬浮液通过过滤介质,使液体油脂通过,而固体颗粒被截留,最终实现固液分离、除去杂质的操作。机榨油通常在榨油车间趁热过滤,浸出毛油难以过滤,若必须过滤,要脱水后才能顺利进行。

过滤分离悬浮杂质的方法,在油脂工业中应用很广泛。它不仅用于毛油中悬浮杂质的去除,在油脂脱色、脱蜡、分提及氢化后分离催化剂等也应用过滤的方法。

3. 离心分离

离心分离是借助于离心机转鼓高速旋转所产生的离心力来分离悬浮杂质的一种方法。与过滤法相比，离心分离法具有分离效率高、滤渣含油率低（可达10％以下）、生产连续化、处理量大（有高达1200t/d者）等特点。但设备的制造要求和成本也高，一般仅应用于规模化生产。

（二）脱胶技术

脱除毛油中胶溶性杂质的过程叫脱胶。毛油中的胶溶性杂质，以磷脂为主，所以脱胶又称为脱磷。其他胶质还有蛋白质及其分解产物、黏液质以及胶质与多种微量金属离子（Ca^{2+}、Mg^{2+}、Fe^{3+}、Cu^{2+}）形成的配位化合物和盐类。胶质的存在不仅影响油的品质和储藏稳定性，而且影响到后续碱炼脱酸工序，易产生油、水乳化，增加炼耗和用碱量，影响吸附脱色尤其对于物理精炼之效果。

脱胶的方法很多，应用最普遍的有水化脱胶与酸炼脱胶。对于磷脂含量高或需要将磷脂（水化性磷脂为主）作为副产品提取的毛油，一般在脱酸前用水化脱胶法；而欲达到较高的脱酸要求（包括物理精炼）则采用酸炼脱胶法，或其他更有效的能脱除水化性磷脂的脱胶工艺（如特殊法脱胶、干法脱胶、超级脱胶、硅法脱胶以及酶法脱胶等）。采用这些方法所得到的油脚色泽深，一般不能用来制取食用磷脂。

1. 水化脱胶工艺

水化工艺可分为间歇式、半连续式和连续式。

小规模生产的传统间歇罐式水化工艺，均在同一罐内，周期性地完成水化和油脚分离全过程。按操作条件，又可分为高温、中温和低温水化法。而其操作步骤基本相同，仅有工艺条件上（温度与加水量）的差别。以高温水化为例，其典型工艺过程如下：

```
                      或7％的盐水   80℃(保温),8h              ┌→净油脱水→成品油
过滤    →  预  →  ───────────→ 静置沉淀 →油脚 ┤
毛油       热       加水                        分离      │                3％～5％盐水          ┌油
                                                          └→油脚→加热盐析→静置分层 ┤盐析
                                                                 80～90℃,2h           └磷脂
```

半连续水化的特点是，前道水化用罐炼，而后道沉降采用连续式离心分离。

连续式水化工艺是指水化和分离两道工序均采用连续化生产设备。其基本工艺如下：

```
              去离子热水
                 ↓
              约80℃                      约105℃  5.33～8.00kPa
毛油→泵→加热器→混合器→碟片离心机→净油 →加热 →真空干燥器→脱胶油
                         ↓ 15～25min
                    油脚(含油28％～32％)
```

连续式水化工艺优点是处理量大、精炼率高、油脚含油少。但从本质上讲，它

仅能去除易水化的磷脂，因此脱胶油中含胶量仍很高［如大豆油中约有（92～125）×10^{-6}的含磷量］。

喷射水化工艺也是一种连续脱胶方法，是国内先进的一种工艺。该工艺精炼率高，质量可靠，工艺行程短。它利用直接蒸汽水化，可降低生产成本。

2. 酸炼脱胶工艺

加酸脱胶，是利用加入的盐酸或磷酸等无机酸或有机酸而进行脱胶的方法。磷酸脱胶法在食用油精炼中采用较多。加酸脱胶可以将油中磷脂胶质除去得更干净彻底，甚至可有效去除不可水化的胶质，因而适合于高级食用油的精炼。

一般磷酸脱胶的连续生产工艺的基本过程如下：

$$(75\% \sim 80\%) 磷酸 \quad 热水\ 85℃$$
$$\downarrow 0.1\% \sim 0.2\% \quad \downarrow 1\% \sim 5\%$$

毛油→泵→加热器→混合器→反应罐→混合器　　　┌→加热器→真空干燥→脱胶油
　　　　　　　　　　　　　　　　　　滞留混合罐→离心机→油脚

与普通水化法相比，磷酸脱胶油耗少、色泽浅、能与金属离子形成络合物、解离非水化性磷脂而使油中含磷量明显降低（可达 30×10^{-6}）。磷酸处理可以作为独立的脱胶工序，也可以与碱炼相结合。对于磷脂含量高的毛油（如大豆油），也有采用先水化脱除大部分磷脂后，再用磷酸处理，然后进行碱炼。

（三）脱酸技术

油脂脱酸的目的，主要是除去毛油中的游离脂肪酸，以及油中残留的少量胶质、色素和微量金属物质，同时也为提高后工序的生产效率创造条件。脱酸的方法很多，在工业生产上应用最广泛的是碱炼法，也即化学精炼，其次是水蒸气蒸馏法，即物理精炼。

传统的碱炼法脱酸快速、高效，适用于各种低酸价、难处理的劣质油脂，工艺设备技术成熟。但由于碱炼过程油脂损耗大，尤其不宜用于高酸价毛油的脱酸。物理精炼法的炼耗低、污染少，其中许多月桂酸类油脂（椰子油、棕榈油等）生产中几乎都用物理精炼。

1. 碱炼法

碱炼法是采用碱来中和游离脂肪酸，使游离脂肪酸生成肥皂而从油中分离析出的一种精炼方法。肥皂具有很好的吸附作用，它能吸附相当数量的色素、蛋白质、磷脂、黏液及其他杂质，甚至悬浮的固体杂质也可被絮状肥皂夹带着一起从油中分离出来。

目前，国内应用最多的碱炼工艺是间歇式碱炼和离心机连续碱炼。

间歇式碱炼是指毛油加碱中和、皂脚分离及碱炼后油的水洗、油-水分离和干燥等操作步骤，是油脂分批在碱炼锅内间歇式进行操作的一种工艺。该工艺适合于小规模工厂及油脂品种经常更换的工厂采用。间歇碱炼工艺流程如下：

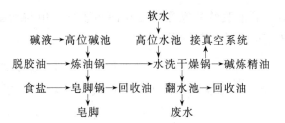

国内外使用最广泛的连续碱炼工艺之一是蝶式离心机连续碱炼工艺。其工艺流程如下：

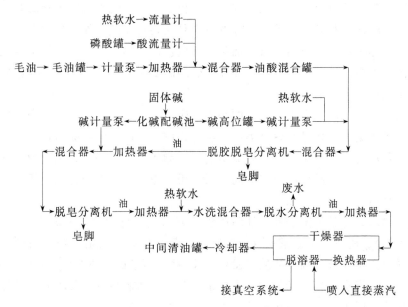

与间歇式碱炼相比，连续式的优点有：油、碱之间接触时间很短，中性油皂化很少；离心机分离效果好、皂脚含油低；处理量大，生产过程自动控制、自动排渣，确保了生产的连续和产品的稳定性。该方法设备投资较高，同时也存在着废水排放、污染等问题，一般适合于大批量、规模化生产。

2. 物理精炼法

物理精炼法是近代发展起来的油脂精炼技术。该方法就是将经过处理的油脂，在高温、高真空条件下进行蒸馏，直接将油中的游离脂肪酸蒸出，而得到脱酸净油。物理精炼的副产物为可以回收利用的游离脂肪酸（FFA），而没有碱性皂脚等废液、废水的排放问题。随着环保法规的严格实行，采用物理精炼法脱酸是一种良好的选择。

物理精炼工艺过程一般包括两个阶段，即蒸馏前的预处理与蒸馏脱酸。采用该工艺，可直接获得脱酸、脱臭的油脂。

（1）预处理　预处理包括毛油过滤、脱胶和白土（或脱色剂）脱色。进行物理精炼前，必须除去毛油中的磷脂、蛋白质、糖类、微量金属和一些热敏性色素。

（2）蒸馏脱酸　蒸馏脱酸的操作通常在油脂脱臭塔中与油脂脱臭操作同步进行。棕榈油物理法连续脱酸工艺流程如下：

```
                              白土              回收脂肪酸
                               ↓                  ↓
毛油 ─加酸─→ 脱胶 → 水洗干燥 → 脱色 → 过滤 ─油─→ 蒸馏脱酸
                               ↓                  ↓
                              废白土            脱酸脱臭油
```

（四）脱色技术

油脂中的色素可分为天然色素和非天然色素。天然色素主要包括胡萝卜素、类胡萝卜素、叶绿素和叶红素等。非天然色素是油料在储藏、加工过程中的化学变化引起的，如酯类及蛋白质的分解使油脂呈棕褐色；铁离子与脂肪酸作用生成的脂肪酸铁盐溶于油中，使油成深红色；叶绿素受高温变化成赤色。叶绿素红色变体在脱色工序中是最难除去的。

油脂脱色是生产高质量食用油的必需工序，在此过程中可除去油中的色素、过氧化物、微量金属、残皂和磷脂等，并可防止成品油的回色，提高货架期。油脂工厂中通常采用的脱色方法是将具有吸附色素功能的脱色剂混合到经过预处理的半成品油脂中，在保持接触反应一定时间之后，用过滤法分离出脱色剂。所使用的脱色剂，通常是活性白土和活性炭。

除了物理、化学吸附法外，油脂脱色的方法还有化学法，如氧化法（双氧水、重铬酸钠等）、还原法（硫酸-锌粉）、酸炼（草酸）法、光化学法和加热法等。化学试剂脱色法不仅影响油品品质（发生副反应），而且试剂还有可能残留在油脂中，影响食用油的安全卫生。光化学法需要很长时间，待脱色达到要求时油已经酸败变质。加热法仅限于某些混有热敏性色素的油脂的辅助脱色。

下面就目前常用的几种油脂脱色工艺进行简单的介绍。

1. 间歇脱色工艺

间歇脱色过程中，油和吸附剂的混合、加热、作用和冷却等，都是在脱色锅内分批进行的，也分批进行过滤而分离出吸附剂。这种工艺适合于小吨位油品的脱色处理，一般不宜超过 30t/d。该工艺操作简单、投资少，而且不必使用连续密闭过滤机，但劳动强度大、生产周期长。

2. 连续脱色工艺

连续脱色工艺脱色工序中，吸附剂的定量供给、油与吸附剂的混合吸附、油与脱色剂的分离等操作，都是在连续作业的过程中进行的。脱色和过滤是在同一个密闭的真空系统中进行的，两台过滤机交换使用，以使工序连续进行。

连续脱色过程可以维持一定的油-白土接触时间，因此能得到较好的脱色效果，吸附剂用量可以减少，还可以把进、出脱色塔的油进行热交换，节约能量。其工艺流程如下：

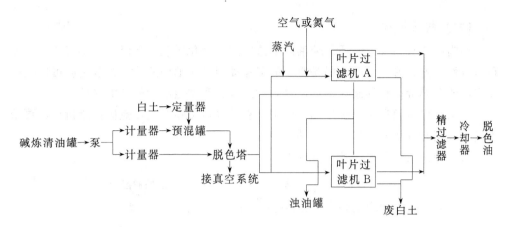

（五）脱臭技术

油脂脱臭是基于油脂（甘油三酸酯）和影响油脂风味、气味、色泽及稳定性的物质之间在挥发度上有很大差异而进行的。脱臭所采用的是在高真空及高温的条件下，向油脂中喷入直接蒸汽的蒸馏法。主要目的是除去油脂中引起臭味的物质及易于挥发的其他物质，改善油脂的气味和色泽，提高油脂的稳定性。

1. 间歇式脱臭工艺

间歇式脱臭，是指在真空条件下，油脂在脱臭锅内分批进行加热、喷入直接蒸汽和冷却等操作来完成油脂脱臭加工的工艺。其工艺流程如下：

接真空系统
来自脱色后油→脱臭锅→冷却油脂→精过滤→脱臭成品油
喷入直接蒸汽

2. 连续式脱臭工艺

目前大多数连续精炼油厂普遍使用板式脱臭塔。连续式脱臭工艺是基于薄膜理论，油在塔内自上而下，直接蒸汽自下而上与油均匀地在填料表面上形成薄膜，逆流传质汽提，并且直接蒸汽反复与油接触。结构填料塔结构简单，比表面积大，液体和气体在填料表面上分散性好，传质快、压降小，无沟流、短路现象。又由于结构填料塔脱臭系统中汽提蒸汽并不像板式塔以鼓泡方式与油接触，因此没有飞溅损失，中性油损失小，脱臭时间短，产品质量好。其工艺流程如下：

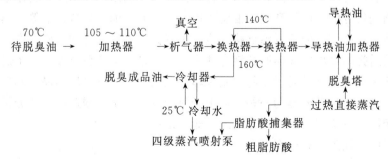

（六）脱蜡技术

油脂中含有的少量蜡质，使油品的透明度和消化吸收率下降，并使气味、滋味和适口性变差。另一方面，蜡是重要的工业原料，从油中脱除、提取蜡质可以提高食用油的营养价值和油脂食品的质量，达到综合利用植物油蜡源的目的。

油脂脱蜡是通过冷却和结晶将油中含有的高熔点蜡和高熔点固体脂析出，再采用过滤或离心分离操作将其除去的工序。

某一种油脂的脱蜡工艺流程如下：

```
                       碱液                          脱蜡脱酸油
                冷却          水
经部分中和油────→结晶器────→成熟→离心脱蜡→水洗
                                    ↓蜡      ↓含皂水
                                  酸化池    酸化池
```

该工艺利用离心机来分离去蜡，是一种较为先进的脱蜡工艺。而国内的传统脱蜡工艺是将精炼最后的脱臭油，冷却降至一定温度，然后保温过滤分离蜡质。

第三节　油脂的改性

随着现代生活水平的不断提高，人们需要各种用途的、多种理化性能的食用油脂产品。而天然型的油脂，因为受到自身化学组成及物理性能的制约，其使用性能十分有限。为此，需要对这些油脂进行各种各样的性能改变，即油脂改性。在油脂生产中，常用的油脂改性方法有油脂的分提、油脂氢化及酯交换。

一、油脂的分提

油脂分提是通过一种热力学的分离方法，将多组分的甘油三酸酯混合物，按各组分在凝固性、溶解度或挥发性方面的差异进行分离，而得到具有不同物理、化学特性的两种或多种组分。油脂分提是一种完全可逆的改性方法。

分提有两种不同类型的目的。一种是为开发、利用固体脂肪。利用饱和度比较高的油脂进行分提，以得到固态油脂，用于加工起酥油、人造奶油等油脂制品。另一种是为了提高液态油的低温储藏性能。采用饱和度比较低的油脂，在低温下分级结晶，然后把结晶出的固体脂从液态油中分离出来。生产色拉油，这个过程称为冬化。一般来说，冬化只局限于将油脂冷却，使之在低温下分级结晶，然后把结晶与液态油分离，它只是分提的一种。但由于目前分离技术的限制，工业分提还局限于与冬化相同的方法，不过，结晶温度并非全是低温。

油脂的分提工艺有以下两种。

1. 常规法

常规法指在油脂的冷却结晶与晶、液分离过程中不增加其他措施的一种分提工艺。常规法分间歇式和半连续式。间歇式可用与脱蜡相同的流程和设备，而工艺条件视不同的原材料和不同的成品要求有所改变。半连续式由间歇结晶和连续过滤所组成。

常规法工艺及设备简单，但分提效率较低（即液体油得率低），当液体油产量较低不影响预算成本时，这种方法尤其适用。如在油冷却时加入适量食盐、硫酸钠作晶核加速结晶，可提高分提效率。

2. 溶剂分提法

用于工业分提的溶剂有正己烷、丙酮、异丙酮等。溶剂法分提效率高，液体油得率高，产品质量好。液体油浊点低，固体脂含油少，熔点高。结晶时间短，过滤面积小，但工艺较复杂，必须有完善的设施。以正己烷为溶剂的分提工艺如下：

```
                正己烷                                         固脂 A
                  ↓                                              ↑
棕榈油→混合油——50℃→塔1——30℃→塔2——20℃→塔3——10℃→真空吸滤——→固相蒸脱溶剂
                         5℃        8℃        10℃       18℃      ↓
液相蒸脱溶剂←真空吸滤机←——塔7←——塔6←——塔5←——塔4
      ↓              ↓
    液态油       固相蒸脱溶剂
                     ↓
                   固脂 B
```

二、油脂的氢化

油脂的氢化是指油脂在金属催化剂的作用下，氢气与不饱和的甘油三酸酯分子反应，将氢加到后者的不饱和双键上的化学反应过程。通过加氢将油脂分子中的不饱和脂肪酸全部转变成饱和脂肪酸，称为极度氢化。极度氢化主要用于制取工业用油，其产品碘值低，熔点高。质量指标主要是要求达到一定的熔点。在氢化反应中，采用适当的温度、压强、搅拌速度和催化剂，使油脂中各种脂肪酸的反应速度具有一定的选择性，称为选择性氢化。选择性氢化主要用来制取食用的油脂深加工产品的原料脂肪，如用于制取起酥油、人造奶油、代可可脂等的原料脂，产品要求达到适当的碘值、熔点、固体脂指数和气味。

食用油氢化一般采用易于准确控制工艺条件的封闭式间歇氢化工艺，产品质量均一，选择性范围广，设备简单，操作维修较方便。基本工艺流程如下：

```
          催化剂／助滤剂  氢气        柠檬酸
               ↓         ↓           ↓
原料油→预处理→除氧脱水→氢 化——→后脱色→脱臭→氢化油产品
                                 ↑
                               脱色用白土
```

三、油脂的酯交换

油脂的酯交换是指油脂的甘油三酸酯与脂肪酸、醇、自身或其他酯类发生酯基互换或分子重排的过程。它是通过替换来改变油脂中各脂肪酸组成，从而改变油脂的特性。典型的酯交换工艺流程如下：

```
                    催化剂      洗涤水
                      ↓          ↓          油
中和后清油→反应器→离心分离────→重排后的油
                                 ↓ 含皂水
                              去酸化
```

酯交换、氢化、分提组成改性的三大基本工艺。使用其中的一种或两种工艺就可以生产出各种具有全新结构的或者希望得到的某种高价值的天然油脂。

第四节　植物油脂食品加工

本节介绍的植物油制品是指用一种或几种植物油，不仅经过精炼，而且还要进行二次加工的产品。在二次加工时，有些还要加入非油脂配料。

一、煎炸油

食品工业生产的煎炸食品，应具有良好的外观、色泽和较长的保存期。因此并非所有的油脂都可以用于煎炸。它必须是具有自身品质特点的专用油脂。

1. 煎炸油的特性要求

（1）稳定性高　大多数食品的油炸温度在 $150 \sim 200℃$ 之间，个别也有达到 $250 \sim 270℃$。因此，要求煎炸油在持续高温下不易氧化、水解、分解或热聚合。同时要求油炸食品在储藏过程中不易变质。

（2）烟点高　过低的烟点会导致煎炸操作无法进行。

（3）具有良好的风味。

2. 煎炸油的加工原料

根据煎炸油的特性要求，其加工原料宜采用热稳定性相对较高、风味良好的油脂，如棉子油、棕榈油和葵花子油等。而不饱和脂肪酸含量高的油脂，不宜采用。

一般天然的油脂大都含有较多的不饱和脂肪酸，因而其热稳定性不是很好。所以，要将这些天然油脂加工成煎炸油，就必须先将其进行部分氢化（即选择性氢化），使其转变成高稳定性的氢化油脂。再以这种氢化油脂为原料，添加少量的抗氧化剂和增强剂等加工而制成煎炸油产品。

普通的煎炸油常用棕榈油、乌桕皮油作为主要原料，添加少量抗氧化剂、助抗氧化剂及防止油脂高温劣化的特殊效果的聚硅氧烷油等稳定剂。高稳定性煎炸油主要原料为经选择性氢化的食用氢化油，辅料同普通煎炸油。

3. 煎炸油的生产

高稳定性煎炸油一般可用下述工艺流程制取：

```
                    氢气                        稳定剂
                     ↓                           ↓
毛油→预处理精制→氢化──→过滤→后精炼（脱色、脱臭）→后处理→煎炸油
                ↑
              催化剂   ↓
              再生←废催化剂
```

选择性氢化所用原料，必须经过除杂、脱胶（脱磷）和脱酸处理。油脂的氢化，是采用专门的催化剂进行的，是反应终点时氢化产物的碘值达到指定值。油脂氢化完成后，必须进行精制，精制过程就是根据氢化产物的品质进行脱色、脱臭处理，使得产物被加工成颜色浅、风味淡的食用氢化脂。后处理操作，主要是添加抗氧化剂及聚硅氧烷油等油脂稳定性物质。

二、调和油

调和油是根据天然食用油的化学组分，以大众高级食用油为基质油，加入一种或一种以上具有功能特性的食用油，经科学调配得到具有增进营养功效的食用油。

1. 调和油的原料及配方

调和油分为调和精炼油、调和高级烹调油、调和色拉油。调和精炼油的原料主要是高级烹调油或色拉油，并使用一些具有特殊营养功能的一级油，如玉米胚油、红花子油、紫苏油、浓香花生油等。而调和高级烹调油和调和色拉油的原料油则全部是高级烹调油和色拉油。各种油脂的调配比例主要是根据单一油脂的脂肪酸组成及其特性调配成不同营养功效的调和油，以满足不同人群的需要。

此外，调和油中常加入少量的抗氧化剂及其他添加剂，这些辅助试剂的添加应符合 GB 2760《食品添加剂使用卫生标准》的要求。

2. 调和油的生产

调和油的技术含量主要在于配方，加工较简便，在一般的全精炼车间均可调制。先在锅内加入基质油——高级烹调油或色拉油，加热到 35℃ 左右，按比例加入其他油脂，继续搅拌 30min 即可。如调制不饱和脂肪酸含量较高的营养油，则调和在常温下进行，并加入一定量的抗氧化剂。

三、人造奶油

人造奶油是一种油脂加工产品，它无论在外观上、组织结构上，还是在色、

香、味、稠度和塑性及营养等方面均与天然奶油相接近。但它不含胆固醇，必需脂肪酸含量高，对高血压、心血管病、肥胖症等患者较为适宜，这是天然奶油不可相比的。如今它已成为天然奶油极好的代用品。人造奶油是食品工业重要的油脂原料之一，可用来加工高级奶油蛋糕、奶油饼干、奶油面包等中西式糕点和酥点，也可用于制作冰激凌等冷饮食品和高级糖果，还可作为佐餐食品用来涂抹面包、馒头、蛋糕等点心而直接食用。

(一) 人造奶油的定义

人造奶油一般是采用精炼植物油为原料，经过加氢使之成为固体，然后添加牛奶、水、香料、乳化剂、食盐等辅料，经乳化、急冷、捏合而成的具有类似天然奶油特点的一类可塑性油脂制品。其外观呈鲜明的淡黄色，可塑性固体质地均匀、细腻，风味良好，无霉变和杂质，其脂肪含量在 $75\%\sim80\%$ 以上，含水量为 $16\%\sim20\%$，食盐含量小于 3%，同时可含有少量乳化剂、维生素、乳酸等添加剂。

(二) 人造奶油的分类

人造奶油品种很多，按产品的用途不同，可分成两大类：家庭用人造奶油和食品工业用人造奶油。

1. 家庭用人造奶油

(1) 高脂肪（硬型）人造奶油 脂肪含量 80% 左右，这类属于传统人造奶油产品，是油包水（W/O）型，其熔点与人的体温接近，塑性范围宽，亚油酸含量 10% 左右。

(2) 软型人造奶油 其特点是配方中使用较多的液体油，亚油酸含量达到 30% 左右，改善了低温下的延展性。

(3) 高亚油酸型人造奶油 这类人造奶油含亚油酸可达到 $50\%\sim63\%$。从营养与稳定性两个方面，都需要考虑添加维生素 E 加以平衡。

(4) 低热量型人造奶油 即低热量涂抹脂产品。该产品也属于 W/O 型乳状液，其外观、风味与口感与一般人造奶油没有区别，只不过其配方中通常含有乳蛋白和各种稳定剂。

(5) 流动性人造奶油 是一种以色拉油为基质的人造奶油，添加 $0.75\%\sim5\%$ 的硬脂制成。

(6) 烹调用人造奶油 主要用于煎炸、烹调，要求加热时风味好、不溅油、烟点高。

2. 食品工业用人造奶油

人造奶油大部分是用在食品加工方面。如糕点、面包、饼干、冷饮等产品使用各种品种的人造奶油。

(1) 通用型人造奶油 要求较宽的塑性范围。这类人造奶油是万能型的，一年四季都具有可塑性和酪化性，熔点一般较低，口溶性好，具有起酥性，一般用于加工糕点饼干、重油蛋糕与面包等食品。

（2）专用型人造奶油 ①面包用人造奶油，要求适宜的塑性范围，吸水性和乳化性好，不影响面团发酵，又具有抗面包老化的作用。②起层用人造面包，要求可塑范围大，能与面片一起辊轧。典型配方：精炼牛脂加大豆油混合后，再配8％的硬化油。用于烘焙后要求出现薄层的食品。③油酥点心型人造奶油，蛋糕专用，要求优良的酪化性、奶油化性能。

（3）逆相（O/W型）人造奶油 一般人造奶油是油包水型（W/O）的乳状物，逆相人造奶油是水包油型（O/W）的乳状物。由于水相在外侧，水的黏度较油小，加工时不粘辊，延展性好。

（4）双重乳化型人造奶油 这种人造奶油是一种O/W/O乳化物。由于O/W型人造奶油与鲜乳一样，水相为外相，因此风味清淡，受到消费者的欢迎，但容易引起微生物侵蚀，而W/O型人造奶油不易滋生微生物而且起泡性、保形性和保存性好。O/W/O型人造奶油同时具有W/O和O/W型的优点，既易于保存，又清淡可口，无油腻味。

（5）调和型人造奶油 是把人造奶油与天然奶油（25％～50％）按一定比例进行调和，用于糕点和奶酪加工，特别是酪化性能良好的搅打奶油加工，属于高档油脂。

人造奶油产品储存温度15～16℃，3～4月质量稳定不变。

（三）人造奶油的加工工艺

人造奶油的加工可根据产品的要求，将原料油及辅料油按一定的比例匹配，经乳化、冷却，使产品具有可塑性、稠度、酪化性、起酥性等特殊性质。

1. 基本工艺流程

原料油＋辅料调和→乳化→急冷→捏合→包装、熟成

2. 工艺技术要点

（1）熔化调和 将熔化后的氢化植物油、精炼植物油按配方用量加入到乳化釜中，加热至55～60℃，再将油溶性添加物（乳化剂、着色剂、香味剂、油溶性维生素等）用油溶解后倒入调和锅，搅拌使其完全溶化成均匀的油相。

（2）溶解调和 将奶粉、食盐、白糖、色素、防腐剂等加入已装有60～70℃热开水的调和缸中，搅拌使其完全溶解成均匀的水相备用。

（3）乳化 搅拌中将上述已调和好的水相加入到乳化釜内的油相中进行乳化，乳化温度55℃左右，时间15～30min，乳化操作将要结束时加入香精和抗氧化剂。

（4）骤冷捏合 乳化好的乳状液放入到骤冷捏合机中，利用液态氮急速冷却，边速冷边捏合，速冷温度－10～－20℃。

（5）冷却成型 将捏合后的乳状物进行冷却成型便得人造奶油产品。

（6）包装、熟成 从捏合机内出来的人造奶油，要立即送往包装机。有些成型

的制品先经成型机后再包装。包装好的人造奶油，置于比熔点低 10℃的仓库中保存 2~5 天，使结晶完成，这项工序称为熟成。

四、起酥油

起酥油是指精炼的动、植物油脂，氢化油或上述油脂的混合物，经急冷、捏合制造的固态油脂或不经过急冷、捏合制造的固态或流动态的油脂产品。起酥油具有可塑性、乳化性等加工性能。外观呈白色或淡黄色，质地均匀；无杂质，滋味、气味良好。

起酥油一般不宜直接食用，而是用在食品加工的煎炸、焙烤烹调方面，或者作为食品馅料、糖霜与糖果的配料。因此起酥油必须有良好的加工特性。

起酥油的品种较多，根据油的来源可分为动物或植物起酥油；部分氢化或全氢化起酥油；乳化或非乳化起酥油。根据用途和功能性可分为面包用、糕点用、糖霜用和煎炸用起酥油。根据物理形态可分为塑性、流体和粉状起酥油（即所谓"粉末油脂"）。

1. 起酥油总体加工工艺流程

起酥油的生产一般是将精炼后的食用油经速冷、捏合、充氮、熟化等工序。

```
                                                        充氮
原料油添加剂→熔化→混合→送料罐→高压泵→送料罐→速冷→捏合 → 速冷→捏合┐
                                          熟化←包装←────────────────┘
```

2. 可塑性起酥油的生产工艺

生产起酥油所用的精炼固体和液体油脂，应根据产品的用途、生产季节，按一定的比例调节产品所需的熔点和固体脂指数。可塑性起酥油的连续生产工艺具体过程如下：

原料油（按一定比例）经计量后进入调和罐，添加剂事先用油溶解后倒入调和罐（若有些添加物较难溶于油脂，可加些互溶性好的丙二醇，帮助它们很好分散）。混合油在调和罐内预先冷却到 49℃，再用齿轮泵（两台齿轮泵之间倒入氮气）送到急冷机。在急冷机内用液氮将油脂迅速冷却到过冷状态（25℃），部分油脂开始结晶。然后通过捏合机连续混合并在此结晶，出口时油脂温度为 30℃。急冷机和捏合机都要在 2.1~3.8MPa 压力下操作。当起酥油通过最后的背压阀时，压强突然降到大气压而使充入的氮气膨胀，因而起酥油获得光滑的奶油状组织和白色外观。刚生产出来的起酥油是液状的，当充填到容器后不久就将呈半固体状。若刚开始生产，捏合机出来的起酥油质量不合格或包装设备有故障时，可将其用回收槽回收到前面工序重新调和。制成半成品包装后，在恒温下（25~28℃）养晶 72h，可使油脂具有很好的通气性，提高了油脂的可塑性和稳定性。

3. 粉末起酥油的生产

原料→精炼→氢化→冷却→过滤→配料→雾化→包装

生产粉末起酥油的方法有多种，目前大部分用喷雾干燥法生产。粉末起酥油的制取过程是将油脂、被覆物质、乳化剂和水一起乳化，然后干燥，使成粉末。使用的油脂通常是熔点 30～35℃ 的植物氢化油，也有的使用部分猪油等动物油脂和液体油脂。使用的被覆物质包括蛋白质和碳水化合物。蛋白质有酪蛋白、动物胶、乳清、卵白等；碳水化合物是玉米、马铃薯等鲜淀粉，也有的使用胶状淀粉、淀粉糖化物及乳糖等；乳化剂使用卵磷脂、甘油一酸酯、丙二醇和蔗糖酯等。

五、代可可脂

可可脂是一种具有良好物理性能的贵重油脂，是生产巧克力的天然原料，但价格贵、性质易变化。所以早在 20 世纪 30 年代，就有人做出性能较差的仿巧克力制品作为涂层。到 20 世纪 50 年代，由于技术水平的提高，一些可可脂代用品已得到广泛的认可。目前可可脂代用品分两大类，类可可脂和代可可脂，其中代可可脂又分为月桂型代可可脂和非月桂型代可可脂。

1. 可可脂代用品的理化性质与产品规格

可可脂代用品应具备天然可可脂的以下特性。

① 速溶性。在常温下硬脆，接近体温时迅速熔化。

② 收缩性。凝固时能充分收缩，顺利脱模。

③ 相容性。与可可脂混合熔化，不会降低熔点。

④ 可塑性。既能使巧克力具有硬度，又能使巧克力容易切开。

⑤ 稳定性。风味好而稳定。AOM 值至少在 200h 以上（即具有氧化稳定性）。在 10～25℃ 条件下，结晶至少稳定一年（即具有结晶稳定性）。

⑥ 对乳脂的影响与可可脂相同。

⑦ 耐热性。缺乏耐热性是天然可可脂的弱点，CBR（非月桂型代可可脂）则具有耐热性，但也不能影响其他的物理性质（表 5-2）。

表 5-2　典型可可脂代用品的一般性状与天然可可脂对照

产品分类	类可可脂(CBE)				非月桂型代可可脂(CBR)		月桂酸类代可可脂(CBS)
	天然可可脂	伊立泼脂	牛油树脂	分提柏脂	标准型	日本 KMS	标准型
酸值	1 左右	0.2	0.1	≤1.0	0.1	0.1	0.1
碘值	35.4	32.5	38.5	30～40	44.6	56～31	5.5
皂化值	197	193.2	193.6	190～200	194.7	约 200	256
熔点/℃	33.8	35.6	35.5	30～36	34.2	36～38	32.5

2. 可可脂代用品的制取

可可脂代用品的制取工艺，主要根据原料油脂的来源品种、产品的规格要求而定。一般不外乎由氢化、酯交换（含酶法酯交换）与分提三部分组合而成。其中制取 CBE 通常只采用单一的分提工艺；制取 CBS 或 CBR 时，则一般需要选择两种工艺的组合才能实现。

（1）利用油脂溶剂分提技术制取 CBE 产品

① 芒果油经碱炼、脱色后，在精炼油中加入丙酮［丙酮与油混合比例（7∶1）～（9∶1）］，稍加热使其溶解，接着将混合油冷至 10℃ 保持 4h，使结晶析出。在真空下滤出结晶固体，再用少量丙酮（10℃）洗涤滤出的固体，可得到 55％～60％ 的硬脂产品，即为 CBE。

通过溶剂分提，由牛油树脂制取得 30％～60％ 的硬脂，从棕榈油取得 20％～40％ 的硬脂。将两种硬脂按一定比例配合也能达到同类性质的 CBE 产品。它与风味好的可可脂调和，稳定性高，相容性好，而且有防止起霜的效果，能取代 20％～50％ 的可可脂，这是欧洲各国和日本制备类可可脂的主要途径。

② 用工业乙烷作溶剂（混合比例 1∶2），从 65℃ 开始将混合油按 6℃/h 速率降温到 10℃，结晶大约 3.5～4h。过滤、分提、精炼即可得到 CBE 产品。

（2）采用油脂氢化-分提法制取代可可脂　基本步骤：植物油脂→氢化-异构化→（溶剂）分提→CBS 或 CBR。举例如下。

① 将 50％ 的棕榈油（碘值 58.3g I_2/100g）和 50％ 的大豆油（碘值 129.5g I_2/100g）相混合，加入 0.5％ 的镍催化剂，在 200～210℃、0.1MPa 条件下氢化。反应产物的碘值为 66.3g I_2/100g，反式酸含量 47.5％，熔点 33.1℃。然后加入丙酮（3∶1），在 20℃ 下结晶、过滤。将滤液再冷却到 0℃，再过滤去除滤液，即得到 CBR 产品。其碘值为 59.0gI_2/100g，反式酸 46.2％，熔点 34.7℃，脂肪酸组成为棕榈酸 25.4％、硬脂酸 4.5％、油酸 61.7％。

② 先将棕榈仁油或椰子油进行溶剂分提，然后再进行选择性氢化可得到 CBS 产品。

（3）采用油脂酯交换-氢化法制备代可可脂　基本步骤：棕榈油＋其他植物油→酯交换反应→氢化-异构化→CBS 或 CBR。

例如，棕榈油和葵花子油按 3∶7 的配比和 0.2％ 的甲醇钠混合在 90℃ 进行酯交换反应后，水洗除去催化剂，脱色脱臭成为酯化精炼油。然后加入 0.3％ 的镍催化剂（含镍 23％），并加入 $53.3×10^{-6}$ 的蛋氨酸，进行氢化-异构化反应（温度 190℃、搅拌速度 500r/min、压力 0.2MPa）。反应产物就是 CBR，其中饱和脂肪酸含量 22.6％，熔点 36.8％，反式酸 63.4％。

（4）采用脂肪酶催化油脂酯交换制取 CBE　采用 1,3-位特种脂肪酶，如黑曲霉作催化剂，可使酯交换反应中酰基的移动限制在 1,3-位置上。

将棕榈油中间组分（主要为 POP，P——软脂酸，O——油酸）1 份和硬脂酸

0.5份的混合物，用石油醚溶解，加入黑曲霉和硅藻土制得的水合催化剂，在40℃下搅拌16h，产生POP和SOS（S——硬脂酸）三甘酯，同时也形成一些副产品（甘油二酸酯等）。反应结束后用传统方法滤出催化剂，分离出POP和SOS。这两种三甘酯是可可脂的主要成分。加上原有的POP，与天然可可脂组分非常接近。副产品还可以进一步利用。

（5）采用微生物工程制CBE　微生物在体内合成并储存油脂，在酵母、单细胞藻类等许多微生物中含油量达50%～60%，有的报告称含油量达85%。日本一些学者发现，在红芽孢属菌株中分布有大量的S_2U甘油酯，在实验室进行培菌和提油，发现对称型三甘酯在30%以上，分提得到的固体部分为CBE。

六、调味油

调味油是一种集油脂与调味于一身的食用油产品，具有营养丰富、风味独特、使用方便等特点。作为油脂深加工产品的延伸，调味油产品具有广阔的市场前景。随着国民经济的迅猛发展，人们的生活节奏和工作节奏日益加快，大众需要口味多样化的各种方便调味油产品，其市场需求量也在日益增长。

调味油生产具有投资小、占地少、见效快、原料来源充足等特点。各具特色的调味油芳香浓郁，可满足不同口味人群的需要。用它们制作的菜肴、食点，风味独特，营养合理，天然保健。

风味调味油的生产工艺基本流程：

植物油毛油→脱胶→脱酸→脱色→脱臭→精制植物油→配方香料→清洗及清理去杂→
成品包装←成品风味调味油←精过滤←精调质←粗过滤←熟化调质←风味提制←预制处理←

不同产品的工艺操作过程略有差异。

1. 蒜味调味油

菜子毛油经脱胶、脱酸、脱色、脱臭，得到菜子高级食用油。再采用熬制法以菜子高级食油提取预备好的大蒜料中的风味。

（1）大蒜料的准备　选择蒜味浓郁的独头蒜子或其他品质较好、味浓、成熟度俱佳的大蒜子为风味料。蒜子用稀碱液浸泡处理，至稍用力即脱皮，然后送入脱皮机内将蒜皮去净。光蒜子用温水反复清洗，然后用离心分离机甩干表面水分，并稍摊晾或烘干，至蒜子表面无水分。将晾干的大蒜送入齿条式破碎机中进行破碎。为便于破碎操作，可边送入大蒜，边混入一些食用油，以防止破碎机堵塞并减少蒜味挥发。

（2）制取　将破碎后的蒜子混合物置入盘管式加热浸提锅中，并同时加入浸提的食用植物油，油与蒜子的比例为20:3（油的数量包含了破碎时加入的食用油量）。按比例加好食用油后，充分拌匀。接着进行间接加热，同时不断搅拌，直至温度达95℃左右，保持温度至将水分基本蒸发掉。再加热至145℃左右，保持

8min，随即通入冷却水将混合物冷却降温至 70℃，将混合物打入调质罐，保温 12h，再将混合物冷却至常温，将冷却物料送入分离机分离除去固体物，收集液体油即得蒜味调味油。

2. 花椒调味油

（1）风味料准备　选用成熟的花椒，除去花椒籽及灰尘等杂质，如有必要以水淘洗，洗后应去掉表面水分。用粉碎机将花椒破碎至能通过 20～30 目筛。

（2）制取　将精制好的食用植物油（菜子油）打入提制罐中，用大火加热至约 120～130℃，熬油至无油泡，此时将花椒末浸入热油中，提制罐密闭保持一段时间，使花椒风味成分溶于油中。将混合物降温至约 70℃，送入调质锅保温调质 12h，最后用离心分离机将油中的花椒末分离除去，即得到花椒调味油。如油中含有水分，则应加热除尽水分，最后冷却至常温才可作为成品油。

3. 复合调味油

复合调味油具有多种香辛料的风味和营养成分，集油脂和调味于一体，风味独到。风味原料选用数种香辛料，油脂采用纯正、无色、无味的大豆色拉油或菜子色拉油，以油脂浸提的方法制成。

（1）风味料的准备　将各香料作适宜的筛选除杂、干燥处理。如果采用鲜料，则应洗净并除去表面水分。原料应选用优质料，去除霉变和伤烂部分。用粉碎机对茴香、山奈、胡椒等硬质料进行破碎，至粉碎粒度介于 0.1～0.2mm 左右，能通过 40 目筛孔。

（2）风味料的配方　风味原料可选择茴香、肉桂、甘草、丁香等，其配方组成如下（以 1000kg 原料油脂为例）：茴香 10～16kg，肉桂 3～5kg，甘草 5～8kg，花椒 1～3kg，丁香 1～3kg，肉豆蔻 1～2kg，白芷 1～2kg。

（3）提取　提制时先将色拉油打入提制锅中，并加热升温到风味浸提温度，放入茴香、花椒、肉桂等。如有新鲜风味料加入，则应等前面的料浸提一定时间，最后加入鲜料，再浸提 10min，全过程温度不应超过 90℃。浸提完毕将混合物冷却降温至 70℃左右，送入调质锅保温调质 12h，接着用板框过滤机将固体物过滤除去（滤出的固体物可用压榨机作压榨处理，使油脂全部榨出并回收），得到提制粗油。当风味料含有鲜料时，粗油应进行真空脱水干燥，脱水温度 50℃左右，真空度 96kPa 以上，搅拌下干燥 10h 至水分符合质量要求。

4. 香椿调味油

香椿为株科多年生落叶乔木，它的品种较多，根据香椿初出芽苞和幼芽叶的颜色，分为紫香椿和绿香椿两类，香椿头中含有丰富的钙、鳞、维生素 C 和 E、蛋白质等营养成分，还有很高的药用价值，对治疗肠炎、子宫炎、尿路感染等有一定疗效。因此对香椿进行加工前景可观。工艺流程：

选料→原料前处理→风味成分浸取→密闭冷却→固液分离→包装成品

工艺要点：

① 选料。原料以含有较多的油脂且香味浓郁的紫香椿为好。也可以选用不能直接食用的香椿老叶或下端已木质化的 1～2 年生的枝条或茎秆。

② 原料前处理。洗净原料，去除枯枝黄叶及病虫害部分，用仓式烘干机或其他干燥方式将其干燥至含水量 25％左右，然后切碎到长度为 1～2cm。

③ 风味成分浸取。采用无味的色拉油，每 100kg 加入香椿 10kg，用文火慢慢加热到 50℃时保持 30min，然后用大火加热到 100℃，保持 20min 加热时应采取密封措施以防香味逸散。

④ 密闭冷却。将加热后的原料在加热器或冷却器中缓慢冷却下来，注意采取密封措施。

⑤ 固液分离。冷却后的物料，在密封状态下用锥篮式离心机或螺旋压滤机进行固液分离，滤出的液体再经 24h 沉淀，便可得到香味浓郁的调味油。

⑥ 包装成品。加工好的产品呈绛红色，透明无沉淀。在包装前加入适量的姜油可延长存放时间，也可在萃取时加入姜末一同萃取。成品装入透明容器后，密封包装即可上市出售。

复　习　题

1. 植物油脂提取的方法及它们的优缺点是什么？
2. 油料预处理包括哪些工序？
3. 油脂精炼的目的和方法是什么？
4. 油脂改性的方法有哪些？
5. 煎炸油的特性要求有哪些？
6. 人造奶油的定义是什么？
7. 可可脂代用品应具备的特性有哪些？
8. 调味油的加工原理是什么？

第六章 玉米食品加工

第一节 概　　述

　　玉米原产于墨西哥，15 世纪传入欧洲，16 世纪传入我国，现已广泛分布于世界各国，同小麦、水稻一起，成为世界三大主要的粮食作物，年总产量约 6 亿吨；美国和中国玉米产量分别约占世界总产量的 34％和 22％，分别列第一位和第二位。玉米是一种营养全面的粮食，也是一种丰富的食品资源。玉米富含蛋白质、脂肪、氨基酸、多种维生素、矿物质及大量的纤维素、碳水化合物；玉米还有良好的医用价值，中医认为玉米味甘、平，可以清热利湿，调理脾胃，有改善消化功能的作用。国外将玉米产业称为"黄金产业"，玉米食品也被推到至尊宝座。

　　在我国，玉米作为主食的比例较低，由于玉米制作的食品口感差，不如大米、面粉食品好吃，所以开发出的玉米食品不多，仅为一些特殊食品，如一些食品厂生产的玉米膨化小食品，近几年陆续出现的玉米片粥、速冻玉米粒和速冻玉米穗等几个品种。玉米食品加工在我国还处在起步阶段。

　　随着国外先进技术和设备的引进，玉米加工的规模不断扩大。随着玉米深加工能力的增强，必将推动我国玉米食品工业的迅速发展。

第二节　玉米的种类及工艺特性

一、玉米的种类及化学成分

　　玉米属禾本科玉米属，根据子粒的形态和胚乳的特性、分布以及颖壳的有无，可分为硬粒种、马齿种、甜质种、粉质种、甜粉种、爆裂种、蜡质种、有稃种、半马齿种 9 个类型。前三种为我国种植较多的品种，蜡质种在我国浙江、江西等地有零星栽培，其他品种在我国很少栽培。

　　普通玉米的营养成分比较全面，其化学成分主要包括蛋白质、淀粉、脂肪、纤维素、灰分等。与其他的粮食相比，玉米中脂肪、蛋白质、糖含量相对较低，热量也比较低，但膳食纤维含量高。在相同的食用量情况下，玉米的热量只相当于小麦的 56.5%。常见粮食可提供的热量见表 6-1。

表 6-1　常见粮食热量比较（100g 含量）

品　种	玉米	黑米	大米	小麦	小米	糯米	燕麦	荞麦
热量/J	820	1419	1436	1465	1503	1444	1536	1356
玉米相对/%		57.8	57	56.5	56	56.8	55.5	58

1. 玉米中的蛋白质

玉米中含有 8%～14% 的蛋白质，略高于大米。其中有 75% 左右在胚乳中，20% 左右在胚中，玉米皮和玉米冠中还含有一小部分。玉米中的蛋白质主要是醇溶蛋白和谷蛋白，分别占 40% 左右，白蛋白和球蛋白占 8%～9%。而玉米胚中，蛋白质中的白蛋白和球蛋白占 30%，是生物学价值比较高的蛋白质。普通玉米蛋白质中的赖氨酸、色氨酸、异亮氨酸含量偏低，因此，从营养角度考虑，玉米不是人类理想的蛋白质资源。

2. 玉米中的脂肪

普通玉米含有 4.6% 左右的脂肪，其中有 70% 以上集中在玉米胚内，玉米胚的含油量高达 35%～40%，因此精炼的玉米油是高级食用油，其不饱和脂肪酸含量高达 80% 以上。玉米中还含有物理性质与脂肪相似的磷脂，它们和脂肪同样是甘油酯，玉米含磷脂 0.28% 左右。

3. 玉米中的淀粉

玉米的大部分成分是淀粉，其含量为 64%～78%，主要存在于胚乳的细胞中，玉米胚中的淀粉含量少。胚乳中的淀粉中还含有 0.2% 的灰分、0.9% 的五氧化二磷和 0.03% 的脂肪酸。玉米淀粉按其结构可分为直链淀粉和支链淀粉两种，普通的玉米淀粉中只含有 23%～27% 的直链淀粉和 73%～77% 的支链淀粉，糯玉米（蜡质玉米）中所含的淀粉全部为支链淀粉。

4. 玉米中的膳食纤维

膳食纤维对于改变血清胆固醇，预防高血脂、高血压、糖尿病和肥胖症以及促使中毒物质的排除，以及对减少胃癌、直肠癌都有积极作用，所以被世界食品界称为第七大营养素。各种粮食中膳食纤维含量见表 6-2。

表 6-2　各种粮食中膳食纤维含量比较（100g 含量）

名　称	玉　米	黑　米	大　米	小　麦	小　米	糯　米
膳食纤维/g	10.5	2.8	0.6	2.8	1.6	0.8

5. 玉米中的其他几种营养成分

玉米中的 β-胡萝卜素、维生素 E、不饱和脂肪酸、卵磷脂、谷胱甘肽含量均高于普通粮食，而这些营养成分可以抗血管硬化、降低胆汁黏稠度和胆固醇的含量，能起到抗衰老作用。

二、玉米的加工特性

玉米在储存过程中，受自身呼吸作用及微生物的侵害而产生热。尽管从分等级上来讲，子粒未被明显破坏，但可能很难加工，在干燥过程中，当子粒的温度超过 60℃，也会产生同样结果。玉米加工中常常出现以下由于玉米品质而引起的问题：①粉质胚乳的应力断裂，导致输送过程中的过度破碎；②玉米浆产量降低（蛋白的溶解度减少）；③胚芽收率和玉米油产量降低；④油色加重和脂肪酸含量高；⑤淀粉得率低（副产物中淀粉含量高）；⑥淀粉蛋白含量高；⑦淀粉黏度低。

以上的问题也有可能是由于操作不当引起的，但为保证对工艺生产中出现问题的判断准确性，有必要采用简单的方法对玉米的加工特性进行工艺影响评价。可以采用的实验方法包括：发芽率（活性）、破碎实验、应力破裂指数实验、醇溶液中蛋白质溶解度实验、醇溶液中糖溶解度实验、子粒水分分布电测量实验、谷氨酸脱羧酶活性实验、玉米油中游离脂肪酸含量实验。

以上这些方法，目前只有发芽率实验在实际工作中普遍采用。发芽率实验不能完全判定玉米的加工性能，但发芽率高至少说明该批玉米未发生过热现象；而低发芽率则很可能是玉米过于陈化或被过热处理，由此而影响加工性能。

第三节 玉米的加工方法和加工过程

一、玉米的一般加工方法

玉米是既可磨粉又可制米的粮食。玉米全粒磨成的粉称为全玉米粉，即将玉米粒清理干净后，连皮带胚送入磨中研磨，直到把玉米全部磨成粉为止，出粉率为 96%～98%。全玉米粉食味粗糙，消化吸收率较低。

玉米的胚大且较坚硬，抗粉碎能力比胚乳强，用压轧设备处理玉米子粒时，胚乳被轧碎，而胚保持完整，再用筛理设备即可筛出玉米胚。因此，玉米可以提胚磨粉。一般可提 4%～8% 的胚，提出的玉米胚可用于榨油。经提胚后磨出的玉米粉食味较好，消化吸收率也较高。

玉米制米一般采用联产加工法，即在玉米的加工过程中，同时制出玉米糁和玉米粉。通常先将玉米脱皮，再破糁，然后从玉米糁中分离出胚，经提胚后再磨粉。因此可同时得到玉米糁、玉米粉、玉米胚等产品，故称联产加工法。

角质高的玉米，胚乳结构紧密，强度较大，剥皮时不易碎，易于制糁；粉质率高的玉米，胚乳结构较松散，强度较小，剥皮、制糁时易碎，故易于磨粉。

二、玉米加工的主要过程

玉米在加工过程中所经过的主要步骤包括：清理、润水、润气、脱皮、破糁、脱胚、提糁、提胚和磨粉等工序。

（1）清理　玉米与稻谷、小麦一样，混有各种有机杂质与无机杂质，加工前必须将这些杂质清除干净，以保证产品的纯度和生产的正常进行。

（2）润水、润气　玉米润水有利于脱皮，减少胚在脱皮过程中的破碎率。润水主要是使玉米果皮吸水后韧性增加，减少皮层和胚的结合能力，以利于脱皮。另外，通过润水使胚吸水膨胀，质地变韧，在机械力作用下不易破碎，以提高提胚效率。润气就是提高温度，加速水分向皮层和胚的渗透速度，并控制水分不向胚乳内部渗透。润水后的玉米水分一般掌握在 $15\%\sim17\%$。

（3）脱皮　玉米的脱皮分为干法和湿法两种。干法脱皮是指我国北方地区，冬季玉米水分较高，可不经润水直接脱皮的加工方法。湿法脱皮是指润水、润气后的脱皮方法。

（4）破糁、脱胚　玉米的破糁和脱胚是指将脱皮后的玉米破碎成大、中、小玉米糁，同时使玉米胚脱落的过程。

（5）提糁和提胚　玉米经破碎后的物料大体分为整粒、大碎粒、大糁、中糁、小糁、粗玉米粉、玉米皮、玉米胚等。提胚分为湿法提胚、干法提胚、半湿法提胚等3种方法。

（6）磨粉　玉米经提糁和提取部分胚后，其余的物料还需进一步提胚和磨粉。

第四节　玉米制品分类

按玉米的加工工艺的差异，玉米制品可分为以下3类。

第一是玉米湿磨加工制品及湿加工制品类。玉米通过浸泡、湿磨、分离、脱水和干燥等制成淀粉、蛋白质、纤维饲料和油等。淀粉除部分直接用于食品、烹饪和工业使用外，还可作为精深加工的原料，生产附加值更高、经济效益更好的深加工产品（例如：氨基酸、有机酸、酶制剂、变性淀粉和糖等）。

第二是玉米干磨加工制品及深加工制品类。将玉米磨成粒度不同的粉和糁，用作饲料、发酵原料（玉米酒精和柠檬酸），或制粉、制糁后用于膨化食品、方便面、方便粥、玉米特强粉、玉米片等食品。

第三是玉米直接加工制品类。玉米直接加工制品主要有玉米笋、甜玉米罐头和速冻糯玉米等。

第五节　玉米制品加工工艺

一、玉米湿磨制品

（一）玉米淀粉的生产

玉米淀粉工业经过 150 多年的发展和完善，特别是采用工艺水逆流利用技术后，现已基本达到将玉米干物全部回收，得到高纯度淀粉和多种高价值副产品的水平。玉米淀粉工业现已成为向食品、发酵、化工、制药、纺织、造纸和饲料等行业提供原料的主要基础行业；玉米淀粉工业产品在这些行业用量之大，用途之广泛，是其他谷物无法相比的。同时，玉米按照其成分不同经充分分离后，再根据其特征不同进行利用，更有利于提高玉米的利用价值，大幅度提高玉米的综合加工水平。玉米淀粉的生产工艺将在第九章中详细阐述。

（二）玉米胚榨油

玉米胚是玉米的重要组成部分，也有人称之为玉米脐。玉米胚位于玉米子粒一侧的下部，其质量虽然只有子粒的 $10\% \sim 15\%$，但却是玉米粒中营养成分最集中的部分，是玉米子粒发育的起点。由玉米胚提炼出的油叫做玉米油（或玉米胚芽油）。玉米胚的含油量在 $35\% \sim 56\%$ 之间。

玉米胚和其他油料一样，制油过程同样需要清理、轧胚、蒸炒、压榨等过程。浸出法（萃取法）是近代先进制油法，出油率高，饼粕的利用效率也好。

玉米胚榨油的工艺流程为：

玉米胚→预处理（筛选、磁选）→热处理→轧胚→蒸炒→压榨→毛油

1. 预处理

用于榨油的玉米胚应具有一定的新鲜度。分离出的玉米胚存放的时间越短越新鲜，对提高出油率和保证油品质量越有利；反之，存放时间过长，会降低出油率，影响油的质量，甚至产生霉变，还有污染的可能，制得的玉米油也会含有对人体产生危害的物质。因此，玉米胚的存放时间不要过长，最好能新胚入榨。如果做不到新胚入榨，可以将玉米胚晒干或炒熟存放，防止其变质。

2. 轧胚

玉米在破碎提胚前，一般都经过润皮工序，使玉米胚中的水分含量增加，轧胚前必须先进行软化处理，调节玉米胚的温度和水分，降低其韧性。轧胚的目的是使胚芽破碎，使胚芽部分细胞壁破坏，蛋白质变性，以利于出油。

3. 热处理

热处理也就是蒸炒，这是玉米胚榨油预处理阶段最重要的一环，在蒸炒过程

中，通过加热可以使蛋白质充分变性和凝固，同时使油的黏度降低，以及油滴进一步聚集，利于油脂从细胞中流出，为榨油提供有利条件，也有利于提高毛油质量。

4. 压榨

压榨机有间歇式和连续式两种，现一般采用螺旋压榨机，靠压力挤压出油。

经过以上操作生产出玉米毛油，毛油经过沉淀，可作原料出厂，但还不适合食用，需进行进一步精炼处理。玉米胚油作为食用油时，一般要经过沉淀、过滤、水化、脱臭等工序，有时还进一步精炼，如碱炼、脱色、脱蜡等工序。

（三）玉米糖稀

糖稀又叫饴糖或麦芽糖，是生产糕点、面包、果酱、糖果、罐头的甜味剂，尤其是糕点和糖果必需的原料。制作糖稀的主要原料是白薯干、玉米、大麦、大米等。传统生产糖稀的方法是先将原料加工成淀粉，然后再经液化、糖化、过滤、浓缩制成糖稀。用玉米直接制作糖稀，省去了玉米加工成淀粉这道工序，工艺简单，成本低，对设备的要求也不高。生产糖稀的下脚料还可用作畜禽的优质饲料。

1. 玉米糁制作糖稀配方

玉米糁 100kg，淀粉酶 400～500g，氯化钙 200g。

2. 工艺流程

玉米→清洗→破碎→去皮、去胚→粉碎→淘洗→浸泡→煮制（液化）→发酵（糖化）→过滤→熬制→罐装

3. 操作要点

（1）玉米粒的制备　选用粉质玉米为原料，经清洗去杂后，先用破碎机破碎，除去玉米皮和胚，然后再粉碎成小米粒大小的玉米粒。

（2）淘洗、浸泡　取 100kg 玉米粒，用清水淘洗两遍，倒入浸泡缸内，加入150kg 水。将 200g 淀粉酶、200g 氯化钙分别用温水化开，倒入浸泡缸内，混合均匀后，浸泡 2～3h。

（3）煮制　在大锅内加入 100kg 水，将水烧开，随后把浸泡好的玉米糖从浸泡缸内取出，倒入沸腾的锅内进行煮制，加热至沸腾后再煮 30～40min，然后停止加热，在煮制过程中需不停地搅拌，以防煳锅。

（4）发酵　向锅内加入 90kg 左右冷水，搅拌均匀，待玉米糊的温度降到 60～70℃时，加入预先用温水化开的淀粉酶（冬天加 200g，夏天加 300g），搅拌均匀，然后把玉米糊料转移到发酵缸内，在 60℃下发酵 2～3h。

（5）过滤　发酵完成后用细布袋将料液进行挤压过滤，过滤出的即为糖液，把糖液倒入熬糖锅中进行下一步的熬制。滤出的滤渣中含有相当高的蛋白质，可做畜禽饲料。

（6）熬制　用大火将糖液加热至沸腾，待沸滚的稠汁呈现鱼鳞状时，改用小火

熬制。在熬制中要不断搅拌，避免糊锅，否则熬制出的糖稀颜色深、有苦味。

（7）灌装　熬制好的糖稀起到缸内，充分冷却后，即可装在卫生、干燥的桶内。

用玉米直接制作的糖稀，颜色微黄色，呈透明状，具有糖稀风味，无异味，无明显可见杂质。

二、玉米干磨制品

（一）玉米膨化食品

1. 爆玉米花

爆玉米花也称膨化果、雪花玉米，是一种以爆裂玉米为原料制成的一种多纤维、低热量的碳水化合物食品，可以工厂化生产，也可以家庭制作。

（1）工厂化生产爆玉米花　大批量生产玉米花必须使用专用设备，主要有爆裂玉米花机和包装封口机。可根据生产量选择不同的规格和样式。爆裂玉米花机构造简单，由锅体、自动搅拌系统、自动控温系统和照明灯光等组成。操作也十分容易，打开电源，待锅体达到一定温度后（一般为180℃左右），先放入食油及其他调料，再放入爆裂玉米，而后放入砂糖。在自动搅拌器的作用下，爆裂玉米被均匀加热2～3min后自动爆花，爆完后经过短时间的冷却便可包装出售。

（2）家庭厨房简易制作爆玉米花　选用锅体较厚的铁锅、铝锅（高压锅）等普通厨房用锅，先将锅烧干烧热，再加入食油，随之加入爆裂玉米，翻动加热片刻，加入适量食糖。在中火条件下边加热边晃动，使爆裂玉米均匀加热，2～3min后便开始爆花，待仅存零星的爆花声时，将玉米花全部倒出，冷却片刻即可食用。每次放爆裂玉米为50～100g。油、糖和玉米的比例为1∶1∶5。

（3）爆玉米花的香型及配方　采用不同的原料配方，可以生产各种风味的爆玉米花，如天然型、甜味型、咸味型、奶油型、奶酪型、巧克力型、辣味型等。天然型玉米花不加任何调料，风味自然。风味玉米花需添加各式调料，为使调料充分附着在玉米花上，需要配制相应的乳化液。乳化液主要由主料（如油、糖等）和表面活性剂及香精组成。几种主要风味爆玉米花的工艺与配方如下。

① 咸味玉米花乳液。油脂50%～60%、亲脂表面活性剂7%～12%、水5%～10%、食盐20%～30%。爆花时，将爆裂玉米与乳状液同时倒入锅内，这样在爆花过程中乳状液便可均匀地粘在玉米花的表面。乳状液与玉米的比例为每100g玉米加乳状液20～40g。

② 甜味玉米花乳液。油脂15%～35%、水8%～10%、糖45%～70%、亲脂表面活性剂6.5%～8%。也可按咸味玉米花的配方，将其中的盐改为30%～35%的糖。乳状液与玉米的比例为每100g玉米加乳状液50g。

③ 奶酪玉米花乳液。奶酪20%～30%、表面活性剂0.5%～5%、油脂40%～

60％、食盐 8％～15％、水 6％～22％。乳状液与玉米的比例为每 100g 玉米加乳状液 70～80g。

爆制好的玉米花还可以制成玉米花粘，作为风味小食品食用或出售，颇受消费者欢迎，经济效益也十分可观。制作方法为：先向锅内加入少许食用油加热，之后加入糖或蜜糖，熬制成流质糖浆，糖浆温度为 82～104℃。然后将新爆制的玉米花加进锅内，搅拌均匀后倒出冷却即成。加样比例为糖或糖浆 220～280g，爆玉米花 120～140g。

2. 玉米绿豆糕

玉米绿豆糕以绿豆和膨化玉米粉为原料，有较高的营养价值，松软可口，润滑细腻，气香味甜。由于玉米经膨化处理，产品也很容易被人体消化、吸收。

（1）配方举例　绿豆 7kg，膨化玉米粉 3kg，白砂糖 8kg、香油 1kg，水 1.5kg。

（2）工艺流程

绿豆→清选→洗涤→蒸煮→沥水→干燥→粗磨、去皮→精磨→过筛→绿豆粉

玉米粒→清选→润水→去皮、去胚→膨化→粉碎、过筛→玉米膨化粉

→调粉→过筛→成型→蒸制→降温→包装→成品

（3）操作要点

① 绿豆粉的制备。挑选除去虫蛀、发霉的绿豆，用清水淘洗 3 次，淘去泥沙等杂质。将干净的绿豆放入锅内蒸煮至皮裂开而里面的豆沙未溢出，捞出沥干水分，晒干或放入烘箱内 80℃烘干，直至含水量 10％。用破碎机破碎，除去豆皮，再用精磨磨成细粉，过 100 目筛，得到绿豆粉。

② 膨化玉米粉的制备。除去玉米中的虫蛀、发霉粒和杂质，经润水处理后，用碾米机粗碾，除去玉米皮和胚，然后破碎成 18 目左右的玉米糁。玉米糁用膨化机挤压膨化，膨化物冷却后，用粉碎机粉碎，过 80 目筛，即得到膨化玉米粉。

③ 调粉。白砂糖粉碎后过 60 目筛，放入调粉机内，按全部原料的 8％加入凉开水，开动搅拌机搅拌均匀，然后放入绿豆粉和膨化玉米粉，边搅拌边加入香油，使糖、粉料、香油混合均匀。

④ 成型。绿豆粉的成型模子用硬木制成，每个格子的大小为边长 3.5cm、宽 2.5cm 的长方形，厚度为 1.5cm。与粉料接触的部分要光滑平整，以利于脱胚。将粉料放入模子中，用方木棒压实，然后刮平。把模子翻转，轻轻敲击模子的底部，扣在铺有垫纸的蒸板上，成为绿豆糕胚料。

⑤ 蒸制。将胚料放入已开锅的笼屉内蒸 12min 左右，使胚料的表面稍有黏性即可。一定要开锅后再放入胚料，而且锅内的水不能太多，否则胚料内部吸水过多

使成品变形、发黏而影响质量。

⑥ 冷却、包装。把蒸板从锅内取出，待玉米绿豆糕凉透后即可用玻璃纸包装，每一块或两块一个小包装，然后根据规格再装进纸盒内。

3. 玉米薄片方便粥的加工

利用挤压膨化技术可以使玉米产生一系列的质构变化，糊化之后的玉米淀粉被迅速干燥，使其结构从 β 型转化为 α 型，α-淀粉不易恢复其 β-淀粉的粗硬状态，并能赋予产品独特的焦香味道。在玉米挤压膨化的基础上，通过切割造粒与压片成型生产冲调复水性好的玉米薄片粥，产品质地柔和，口感爽滑，易于消化，并具传统玉米粥的清香风味。所用设备包括：磨粉机、转叶式拌粉机、单螺杆或双螺杆挤压膨化机、旋切机、输送机、压片机。

（1）玉米薄片方便粥的加工工艺流程

玉米→粉碎→挤压膨化→切割造粒→冷却→压片→烘干→包装

（2）工艺操作要点

① 原料粉碎。选取去皮脱胚的新鲜玉米原料，将原料经磨粉机磨至 50～60 目。

② 配料。选用转叶式拌粉机配料，转叶转速 368r/min，加水量一般为 20%～24%，搅拌至水分分布均匀为止。

③ 挤压膨化。将配好的物料加入单螺杆或双螺杆挤压膨化机后，物料随螺杆旋转，沿轴向前进并逐渐压缩，经过强烈的搅拌、摩擦、剪切混合以及来自机筒外部的加热，物料迅速升温（140～160℃）、升压（0.5～0.7MPa），成为带有流动性的凝胶状态，通过由若干个均布圆孔组成的模板连续、均匀、稳定地挤出条形物料，物料由高温骤然降为常温常压，瞬时完成膨化过程。

④ 切割造粒。物粒在挤出的同时，由模头前的旋转刀具切割成大小均匀的小颗粒，通过调整刀具转速可改变切割长度，切割后的小颗粒形成大小一致的球形膨化半成品，膨化成型的球形颗粒应该表面光滑，无相互粘连的现象。

⑤ 冷却输送。在旋切机落料处，有 1.5m 长水平放置的输送机，输送机由有网孔的钢丝带带动，网带底部装有风机，向半成品吹风冷却，冷却后的温度在40～60℃，水分可降至 15%～18%，半成品表面冷却并失掉部分水分使得半成品表面得到硬化，并避免半成品相互粘连结块。

⑥ 辊轧压片。压片机由一对钢辊组成，钢辊直径 310mm，转速为 60r/min。冷却后的半成品送到压片机内轧成薄片，通过调整钢辊的间隙可调节轧片厚度，一般为 0.2～0.5mm，轧片后的半成品应表面平整，大小一致，内部组织均匀，轴压时水分继续挥发，压片后水分可降至 10%～14%。

⑦ 烘烤。轧片后的半成品水分仍比较高，为延长保质期，需进一步干燥至水分含量为 3%～6%，烘烤后的成品还能产生玉米特有的香味。烘烤操作可采用远红外隧道式烤炉，网带 14.5m，烘烤时间 5～15min。

4. 麦粒素

麦粒素是由玉米、大米、小米混合后经膨化形成的膨化球再涂裹一层均匀的巧克力，经上光精致而成。麦粒素具有迷人的外形，宜人的巧克力奶香味，其入口酥脆，甜而不腻，备受消费者特别是儿童的喜爱。

（1）配方举例

芯子配方：大米 50%，小米 30%，玉米 20%。

巧克力酱料配方：可可液块 12%，可可脂 30%，全脂奶粉 13%，砂糖 1kg，蜂蜜 0.1kg，奶粉 0.5kg，水 1kg。

（2）工艺流程

原料→膨化→圆球芯子(浇糖液)→分次涂巧克力酱→成圆→静置→抛光→成品

（3）操作要点

① 芯子的制作。先将玉米粉碎成玉米粒，再将大米、小米、玉米粒混合，膨化成直径在 1cm 左右的小球。

② 巧克力酱料的配制。将可可脂在常温下熔化，熔化温度控制在 42℃ 左右，然后加入可可液块、全脂奶粉、糖粉，搅拌混合均匀，其温度控制在 60℃ 以内。将混合料用精磨机连续精磨 18~20h，其间温度恒定在 40~50℃，以使精磨酱料含水量不超过 1%，平均细度以达到 20μm 为宜。精磨后的巧克力酱还要经过精炼，精炼时间为 24~28h。精炼过程要经过圆整、塑性和液状三个阶段，精炼温度以控制在 46~50℃ 为宜。在精炼即将结束时，添加香兰素和卵磷脂，然后将酱料移入保温锅内，保温锅温度控制在 40~50℃ 范围内。

③ 巧克力酱的涂裹。将配糖液（1kg 糖，加 1kg 水、0.1kg 蜂蜜、0.5kg 牛奶或奶粉冲成相当浓度的奶）调匀。先将芯子按糖衣锅生产能力的 1/3 的量倒入锅内；在开动糖衣锅的同时开动冷风，将糖液以细流浇在膨化球上，使膨化球均匀裹上一层糖液。待表面糖液干燥后加入巧克力酱料，每次加入量不宜太多。待第一次加入的巧克力酱料冷却且起结晶后，再加入下一次料。如此反复循环，芯子外表的巧克力酱料一层层加厚，直至所需厚度。巧克力酱料的厚度一般在 2mm 左右，芯子与巧克力酱料的质量比约为 1∶3。

④ 成圆、抛光。成圆操作在抛光锅内进行，通过摩擦作用对麦粒素表面凹凸不平之处进行修整，直至圆整为止。然后取出，静置数小时，以使巧克力内部结构稳定。上光时一般先倒入虫胶，后倒入树胶。当球体外壳已达到工艺要求的亮度时便可取出，剔除不良品，即可包装。

5. 膨化玉米粉面茶

用膨化玉米粉和高粱膨化粉制作的面茶，食用方便，用热水一冲即可以很好地溶解成糊状，口感好、有香味、易消化吸收，因利用的原料是粗粮，原料充足、价格低廉。

（1）配方举例 膨化玉米粉 5kg，膨化高粱粉 1.5kg，膨化大豆粉 0.5kg，白糖 0.5kg，炒熟的芝麻粉 0.2kg。

（2）工艺流程

玉米、大豆、高粱→清选→破碎→去皮→膨化→粉碎→过筛→配料→包装

（3）操作要点

① 原料精选。清除玉米、高粱、大豆中的发霉粒、瘪粒、石子等杂质。

② 破碎、去皮、去胚。玉米、大豆经破碎后，除去玉米皮、胚和大豆皮，再粉碎成12～30目的碎糙，高粱碾去皮，也破碎成12～30目的碎糙。

③ 膨化。将破碎的玉米、高粱、大豆混合均匀，用膨化机膨化。

④ 粉碎、过筛。膨化物冷却后，用粉碎机粉碎，然后过60目筛。

⑤ 芝麻、白糖粉的制备。芝麻用清水清洗干净，用小火炒熟晾凉后用粉碎机粉碎，过40目筛。白糖粉碎后过60目筛。

⑥ 配料。将膨化粉、芝麻粉、白糖粉投入配料缸内混合均匀，即成为玉米膨化粉面茶。

⑦ 包装。将面茶定量装入一个小塑料袋内，若干个小袋装进一个大塑料袋内。

（二）玉米特强粉

玉米特强粉的命名是根据 GB 1355—86 对小麦面粉的分级命名而推导出来的。

小麦面粉的等级标准是：普通粉、标准粉、特制二等粉（上白粉）、特制一等粉（富强粉），其中最高级的小麦粉称为富强粉。据此，命名为玉米特强粉，也是为了说明它是玉米粉中最高级的面粉。

1. 工艺流程（图 6-1）

2. 操作要点

（1）原料预处理　一般采用玉米的干法清理，即在不用水的情况下用各种方法及其清理设备去除原粮玉米粒中所含各种杂质的工序。此方法可以减少工艺中用水量，提高工序效率和产品质量。

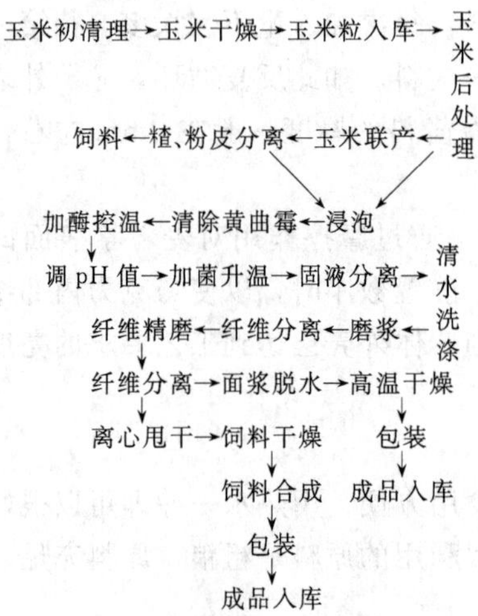

（2）玉米糙的生产　玉米糙的生产工艺流程是将玉米原料用提升机提到高位仓，进入组合筛进行筛分。筛出的玉米经磁选器除去铁屑后，再到着水机中进行着水，着过水的玉米再提升到高位浸玉米仓进行润湿玉米，以增强皮和胚的韧性，减少皮和胚乳、胚和胚乳的结合强度，有利于破碎和分离。对着水后的玉米粒进行脱皮处理后，再将脱皮后的玉米粒破碎加工成大、中、小型的玉米糙，同时使玉米胚脱落。下步工序是用分级筛将破碎后的玉米粒按大、

玉米初清理→玉米干燥→玉米粒入库→玉米后处理
饲料←糙、粉皮分离←玉米联产←
加酶控温←清除黄曲霉←浸泡
调 pH 值←加菌升温←固液分离
纤维精磨←纤维分离←磨浆←清水洗涤
纤维分离→面浆脱水→高温干燥
离心甩干→饲料干燥　包装
　　　　饲料合成　成品入库
　　　　　包装
　　　　成品入库

图 6-1　玉米特强粉制备工艺流程

中、小分成组分。然后用吸风分离器对含有胚的组分处理，提取玉米胚。经提糙和提胚后，将剩余的物料磨成玉米粉。

（3）浸泡 以 1/3 上道工序制成的糙子和 2/3 预处理合格的整粒玉米共同投入到浸泡罐中进行浸泡。浸泡液是经过处理符合饮用水标准的。

（4）洗涤 玉米浸泡到终点之后，用离心泵将浸泡水抽出。然后打入清水，用泵循环，根据罐的体积大小，确定循环时间，一般为 30～60min。去掉清水后，再检查玉米粒内部是否含酸，若含酸明显，需向罐内注入含 0.1％过碳酸钠溶液再循环 30～60min。若含酸不明显，可直接用清水再洗一次。用过碳酸钠溶液清洗之后，还要用清水洗涤一次，洗涤合格的玉米在磨浆后，没有任何酸味和异味。洗涤后的玉米用 WL 型液下泵送入沙石捕捉器。

（5）沙石捕捉 原料清理后，还带有体积与玉米颗粒或玉米糙相差不多的沙石粒（俗称并肩石），在玉米浸泡清洗后，必须清除并肩石，以保证产品质量。

（6）磨浆工序 玉米经过浸泡后，其物理性质发生了改变，浸泡后玉米的水分在 43％～48％，体积增大了 55％～60％。玉米特强粉的生产和玉米淀粉的生产的不同之处在于，淀粉生产的目的是把蛋白质、脂肪、玉米纤维分离开，获得纯淀粉，而玉米特强粉生产要获得包括玉米蛋白质、脂肪在内的玉米全粉，并且还要获取粗纤维中的膳食纤维，玉米特强粉生产工艺必须把整粒玉米全部磨细，以获取具有丰富营养的玉米全粉。

（7）筛分 从磨浆机下来的玉米浆，固性物质含量约为 20％，其成分非常复杂，主要有玉米淀粉、玉米蛋白质、脂肪、无机盐、糖类、粗纤维、半纤维素、糊精、木质素等，液体比较黏稠，筛分的目的是将玉米浆中的较大颗粒分离除去。

（8）压滤 玉米特强粉的面浆中，含有很多亲水性物质，显得黏稠。这些物质和 80％的水混合形成悬浮液，为了获得玉米特强粉，必须将面浆中的水和面分离开，所以要对其进行压滤操作。

（9）干燥工序 干燥是利用热能除去玉米特强粉中的水分。湿玉米特强粉的干燥需采用瞬间高温干燥方式，即利用高速的热气流撞击分散物料，又能使物料同高温的热气流充分接触，达到换热干燥的目的，特别是两次高温热风，使物料中的淀粉部分发生 α-化，使玉米特强粉产生黏弹性。

（三）玉米黄酒

黄酒是我国历史悠久的民族特产，具有香气浓郁、酒体甘醇、风味独特、营养丰富等特点，是人们喜爱的一种低度酒。一般黄酒以大米、糯米或黍米为原料，加入麦曲、酒母，边糖化边发酵而成。用玉米糙酿制黄酒，可以解决黄酒原料来源问题，既找到了一条玉米加工的新路，又降低了成本，提高了经济效益。

1. 配方举例

玉米糙 100kg，麦曲 10kg，酒母 10kg。

2. 工艺流程

玉米→去皮、去胚→破碎→淘洗→浸米→蒸饭→淋饭→拌料（加麦曲、酒母）→
成品←过滤←储存←灭菌←沉清←压榨←发酵←入罐←

3. 操作要点

（1）玉米楂的制备　因玉米粒比较大，蒸煮难以使水分渗透到玉米粒内部，容易出生芯，在发酵后期也容易被许多致酸菌作为营养源而引起酸败。玉米富含油脂，是酿酒的有害成分，不仅影响发酵，还会使酒有不快之感，而且产生异味，影响黄酒的质量。因此，玉米在浸泡前必须除去玉米皮和胚。

要选择当年的新玉米为原料，经去皮、去胚后，根据玉米品种的特性和需要，粉碎成玉米楂，一般玉米楂的粒度约为大米粒度的一半。粒度太小，蒸煮时容易黏糊，影响发酵；粒度太大，因玉米淀粉结构致密坚固不易糖化，并且遇冷容易回生，蒸煮时间也长。

（2）浸米　浸米的目的是使玉米中的淀粉颗粒充分吸水膨胀，淀粉颗粒之间也逐渐疏松起来。如果玉米楂浸不透，蒸煮时容易出现生米，浸泡过度，玉米楂又容易变成粉末，会造成淀粉的损失。所以要根据浸泡的温度，确定浸泡的时间。因玉米楂质地坚硬，不易吸水膨胀，可以适当提高浸米水的温度或延长浸米时间，一般需要4天左右。

（3）蒸饭　对蒸饭的要求是，达到外硬内软、无生芯、疏松不糊、透而不烂和均匀一致。因玉米中直链淀粉含量高，不容易蒸透，所以蒸饭时间要比糯米适当延长，并在蒸饭过程中加一次水。若蒸得过于糊烂，不仅浪费燃料，而且米粒容易黏成饭团，降低酒质和出酒率。因此饭蒸好后应是熟而不烂，硬而不夹生。

（4）冷却　蒸熟的米饭，必须经过冷却，冷却时要迅速均匀地将温度降到适合于发酵微生物繁殖的温度。冷却有两种方法，一种是摊饭冷却法，另一种是淋饭冷却法。对于玉米原料来说，采用淋饭法比较好，降温迅速，并能增加玉米饭的含水量，有利于发酵菌的繁殖。

（5）拌饭　冷却后玉米楂饭放入发酵罐内，再加入水、麦曲、酒母，总质量控制在320kg左右（按原料玉米楂100kg，麦曲、酒母各10kg为基准），混合均匀。

（6）发酵　发酵分主发酵和后发酵两个阶段。主发酵时，米饭落罐时的温度为26～28℃，落罐12h左右，温度开始升高，进入主发酵阶段。后发酵时温度控制在15～18℃，静止发酵30天左右，使残余的淀粉进一步糖化、发酵，并改善酒的风味。

（7）压榨、沉清、灭菌　后发酵结束后，利用板框式压滤机把酒液和酒糟分离开来，让酒液在低温下沉清2～3天，吸取上层清液并经棉饼过滤机过滤，然后送入热交换器灭菌，杀灭酒液中酵母和细菌，并使酒液中的沉淀物凝固而进一步澄清，也使酒体成分得到固定。灭菌温度为70～75℃，时间为20min。

（8）储存、过滤、包装　灭菌后的酒液趁热灌装，并严密包装，入库陈酿一年，再过滤去除酒中的沉淀物，即可包装成为成品酒。

（四）玉米片类食品

1. 玉米片

玉米片可以像虾片一样经过油炸，作为零食、下酒菜，但最普及的是作为早餐食品浇以牛奶等食用。因人们的口味不同，对玉米片原料配方和加工工艺的要求也不同。

（1）工艺流程

原料→清选→润皮→脱皮、脱胚→浸泡→蒸煮→压片→烘烤→冷却→包装

（2）操作要求

① 选料。选用子粒饱满，无发霉虫蛀的、角质多的玉米为原料。黄色或白色玉米均可。

② 清选。除去玉米中的石子、铁丝、草棍等各种杂质，经过直径 6mm 的筛子筛分，除去小粒玉米和泥土，得到子粒大小均匀的玉米。这道工序最好使用吸风磁选机，既节省人工，又可得到高质量的玉米子粒。

③ 脱皮与脱胚。清选过的玉米先进行水分调节，用热蒸汽或 90℃以上的热水浸泡 3～5min，使玉米皮和胚增加水分，并造成与胚乳的水分差。水分调节后的玉米用碾米机或卧式脱胚机将玉米碾破，玉米胚和皮脱落下来。

④ 浸泡。将玉米糁放入沸水中浸泡 1～2h，浸泡后的玉米糁，水分含量应控制在 42％以下。

⑤ 蒸煮。浸泡后的玉米糁用清水漂洗 3～5 次，放入高压蒸煮锅内蒸煮 1h 左右，锅内压力要达到 0.15MPa，然后自然降压。经 3～4h 后冷却至常温，玉米糁互不粘连，呈松散状态。如果玉米糁相互粘连，一定要经干燥处理，使水分降至 35％～38％，再破碎成为松散状。

⑥ 压片。将冷却后的玉米糁直接在压片机上压片。注意压片前玉米糁的含水量一定要控制在 35％～38％，含水量过高，压成的玉米片容易粘连，含水量过低，玉米片的边缘呈锯齿状，影响外观，也容易破碎。压片机可以选用辊筒式压片机，转速 180～220r/min，辊距为 0.3～0.5mm。

⑦ 烘干。从辊筒中出来的玉米片应立即放入烘干箱烘干。烘盘可以用搪瓷盘或不锈钢盘，最好使用不锈钢筛网，以便缩短烘干时间。烘箱内的温度控制在 200℃左右，烘烤至玉米片水分达到 3％～5％，颜色变成褐色，并产生一定程度的膨化，此时玉米片香酥可口，具有玉米特有的香味。

⑧ 冷却。烘烤后的玉米片应冷却至室温以下，以利于包装。在冷却过程中，根据需要可以喷洒维生素、白砂糖粉、食盐等调味料，也可以加入风味剂、强化剂等，以满足不同人群的需求。

⑨ 包装。玉米片产品一般用塑料袋或纸盒进行包装。干燥后的玉米片要及时包装，以免返潮。包装规格可根据不同需要采取多种形式，首先用小塑料袋包装，

然后再装入大塑料袋或纸盒内。

2. 黑芝麻方便玉米片

（1）工艺流程

玉米选择→脱皮浸泡→水洗→黑芝麻精选→压片→切片→油炸→拌调料→成品包装

（2）生产操作

① 玉米的处理。选择新鲜、饱满的优质玉米，除杂质，用脱皮机脱去角质衣皮，置于加有软化剂和脱臭剂的水溶液中浸泡 24h，以芯内浸透不硬为宜。取出后用清水洗 3～4 遍，放在蒸笼里蒸 45min 至熟。软化剂和脱臭剂由明矾、碳酸钠、泡打粉等组成。

② 黑芝麻的处理。选饱满黑芝麻，除去杂质和不饱满粒，用清水洗净，晒干或烘干。

③ 压片、切片。处理后的玉米，在压面机上碾压 5～6 次，加入黑芝麻，压成 2cm 厚的整片，按规格切成不同形状。

④ 油炸。将食用植物油烧沸，放入成型玉米片，上下翻搅几遍，待玉米片里金黄膨松、酥脆时捞出，前后需 5min。

⑤ 拌调料。炸好的玉米片稍微冷却后，喷洒上调味剂，拌匀即为成品。调味剂由小磨芝麻油、食盐、味精等组成。

⑥ 成品包装。调好味料的玉米片，冷却至常温后，装入袋中，密封。

3. 油炸玉米片

（1）工艺流程

玉米原料 → 清选 → 酸泡 → 碱中和 → 水洗、沥干 → 磨碎 → 挤压成型 → 烘烤 → 过筛→
成品←包装←调味←油炸←┘

（2）操作要点

① 原料。选用无污染、无霉变、无虫蛀、子粒饱满的玉米为原料。在酸泡工序前应除去玉米中的石子、铁丝、土块等杂质。

② 酸泡。用 0.2%～0.3% 的亚硫酸溶液浸泡玉米子粒 16～18h，其间搅拌 3 次。溶液的液面高于玉米子粒 10cm。

③ 碱中和。酸液浸泡过的玉米立即用石灰水中和，石灰的用量为玉米重量的 0.8%。中和时间为 2～3h，并不时搅拌。

④ 水洗、沥干。中和后的玉米子粒立即用清水冲洗 3 次，然后沥干水分。

⑤ 磨碎。将沥干的玉米子粒放入平轴式金刚砂轮磨磨碎成细糁。

⑥ 挤压成型。湿细糁马上进入挤压成型机，压平成型为三角或菱形片状，每边长度 3cm 左右，厚度约为 2mm，在挤压过程中，玉米淀粉已糊化，但未达到膨化的程度。

⑦ 烘烤。成型的玉米片立即送入烘箱内烘烤，烘箱内的温度不应高于 160℃，而且温度要逐渐上升，否则玉米片容易卷曲变形。烘烤后玉米片的水分应控制在

13%左右，水分过高，油炸后玉米片的表面容易起泡。

⑧ 过筛。烘烤后的玉米片中的细碎屑应筛去。

⑨ 油炸。使用精炼后的豆油或玉米油，油温 190℃ 左右，油炸时间 1min 左右。捞出，控干油。最终油炸后产品的含水量应在 2% 以下，油脂含量达到 20%～25%。

⑩ 调味。把炸好的玉米片放进倾斜放置的可旋转筒内，趁玉米片温度较高时添加各种调料，一边添加调料一边转动圆筒，使调料均匀地黏附在玉米片上。添加的调料主要有奶油、脱脂奶粉、维生素和钙、锌、铁等矿质元素以及糖、食盐等调味品。待玉米片冷却后，即可密封包装。

4. 玉米蔬菜片

（1）配方举例

玉米 10kg，大豆 3kg，胡萝卜 7kg，白砂糖 1kg，精盐 0.4kg，胡椒粉 0.1kg，葱 0.5kg。

（2）工艺流程

```
胡萝卜→修整→清洗→软化→打浆
                          ↓
玉米→浸泡→去皮→蒸制→绞碎→混匀→模压成型→包装→成品
                          ↑
大豆→炒熟→破碎、去皮→磨粉→筛分
```

（3）操作要点

① 玉米泥的制备。选用优质玉米为原料，经清选后用氢氧化钠（烧碱）溶液浸泡。玉米与溶液的比例为 1∶2，氢氧化钠溶液的浓度为 1.5%，温度为 85℃，搅拌 8～10min 后取出。充分搅拌、搓动，用水漂洗去玉米皮，至少漂洗 3 次，以除去玉米粒上的氢氧化钠。

去皮的玉米粒在加压罐内蒸煮 1.5～2h，自然冷却至室温。用绞碎机将玉米粒绞碎成玉米泥。

② 胡萝卜泥的制备。选用含纤维少的优质胡萝卜品种。人工削去胡萝卜皮、青头，然后清洗干净。按胡萝卜与水 1∶2 的比例，将清洗干净的胡萝卜在开水中煮 30min 进行软化。软化好的胡萝卜在打浆机中打成胡萝卜泥。

③ 大豆粉的制备。大豆经去杂清洗后，用小火在锅中炒熟、炒香。炒熟的大豆在钢磨中磨粉，过 60 目筛，同时筛去豆皮，得到大豆粉。

④ 其他辅料的制备。白砂糖、精盐粉碎过 60 目筛。葱洗净，切成碎末。

⑤ 混匀。将玉米泥、胡萝卜泥、大豆粉、白砂糖、精盐、胡椒粉、葱末放进搅拌机拌匀，形成面团。

⑥ 模压成型。将混匀的面团放进模压成型机，温度为 200℃ 左右，时间 1min 左右。模具的厚度约 1cm、长 5cm 左右、宽 3cm 左右。

⑦ 包装。产品出模待冷却后，即可包装成成品。

5. 甜玉米脆片

甜玉米脆片是用生产清光型甜玉米饮料剩下的楂子为主要原料制作的休闲食品，甜玉米楂中仍含有一定量的糖、淀粉、蛋白质、脂肪等营养成分，尤其含有大量的粗纤维，配以面粉、发酵粉、松花剂等辅料，经过和面、调味、烘烤等工艺制出的甜玉米脆片具有甜玉米的清香味，松脆可口。

（1）配方举例　甜玉米粒65kg，小麦面粉27kg，白砂糖7kg，发酵粉1.8kg。

（2）工艺流程

面粉、糖、发酵粉
↓
甜玉米楂→磨碎→混合→压片→切片→烘烤→涂油→二次烘烤→冷却→包装→成品

（3）操作要点

① 磨碎。甜玉米取汁后的湿楂中含有大量的玉米皮和胚，比较粗糙，不易混合和切片，也会使产品表面粗糙没有光泽，影响外观和口感，所以要用碾磨机把玉米楂磨得比较细腻。

② 混合。小麦面粉用富强粉，发酵粉用市售的产品即可，其主要成分是明矾、小苏打、碳酸钙等。先将面粉、发酵粉、白砂糖混合均匀，然后与磨碎的玉米粒一起放入和面机内调和均匀，和面时间为15min左右。混合时要掌握好水分，以面团不粘手、容易压片为准。

③ 压片、切片。用压片机把面团压成2mm厚的薄片，然后切成4cm长、1.5cm宽的长方形薄片。

④ 烘烤。把切好的薄片放在烤盘上用鼓风干燥机干燥，也可使用远红外线干燥器烘烤。烘烤的温度为120℃，时间为30min，在烘烤期间翻动2次。烘烤后的玉米片应为浅黄色，没有焦化现象。

⑤ 涂油。第一次烘烤后的玉米片表面比较粗糙，没有光泽，因此在表面涂上一层植物油，保持产品表面有一定的水分，使表面有光泽。

⑥ 二次烘烤。涂油后的玉米片用微波或远红外线在120℃下烘烤1～1.5min，使产品由原来的浅黄色变成有光泽的金黄色，而且具有焦香味，更加酥脆可口。

⑦ 冷却、包装。烤好的玉米片冷却后立即用塑料袋或纸盒包装，以防吸潮。

6. 玉米锅巴

玉米锅巴是我国城乡广大儿童非常喜欢的营养食品，它具有营养全面、味香、口感好等优点，而且锅巴生产技术简便易行，原料充足。

（1）生产工艺

原料→磨粉→配料→挤压膨化→冷却→辊压→整形→烘烤→调味→包装→成品

（2）操作方法

① 磨粉。将原料玉米或大米以及辅料豆粒经清理、脱皮、粉碎成较粗的粉料

即可。

②配料。普通型锅巴，单独使用玉米或大米时加适当的水拌料即可。强化型的锅巴则要配入一定比例的豆类或其他营养物质，如以大豆与玉米之比为20∶80等，拌水量应视原料含水量而定，保持拌料后总含水量在20%～24%。

③挤压膨化。用挤压膨化机将混合坯料膨化后，冷却至40～60℃，再经辊压，使膨化料密实均匀，与传统锅巴相接近。按规格切断成型即可得锅巴毛坯。

④烘烤（或油炸）。锅巴毛坯经烤箱烘烤后即为净坯，如果在配料时已经加入了调味料，则此时即为成品锅巴，烘烤应在140～150℃温度下烤制5～10min，采用油炸的方法时，油温控制在160℃左右，油炸时间不超过1min，淋油后均匀喷洒一层预先配好的调料即为成品。

⑤包装。可采用散装或密封包装。

（五）精制玉米方便面

1. 生产工艺流程

玉米→清理→水汽调节→剥皮破糁→去除胚芽→玉米糁→浸泡→脱水→粉碎→筛理→造型←称量←剪断←松条←第二次时效处理←蒸条←第一次时效处理←挤丝←拌粉→干燥→袋装或碗装→装箱→打包→成品

2. 操作要点

（1）筛选　主要使用振动筛或平面回转筛清理玉米中的大、中、小杂，振动筛筛孔的配备为：第一层筛面配ϕ17～20mm的圆孔，第二层筛面配ϕ12～15mm的圆孔，除去大、中杂，第三层筛面配ϕ2mm的圆孔，除去小杂。如用平面回转筛，第一层筛面配ϕ15～17mm的圆孔，第二层筛面配ϕ2.2mm的圆孔。

（2）去石　用于除去玉米中的并肩石。由于玉米子粒大、粒型扁平、密度大、悬浮速度高的特点，穿过鱼鳞孔的风速一般为14m/s左右；鱼鳞孔的凸起高度应适当增高，可增至2mm左右。操作上要注意鱼鳞孔筛面上物料的运动状态、调节风量等。

（3）磁选　使用永磁辊筒或马蹄形磁钢用于清理玉米中的磁性杂质。

（4）水汽调节　玉米经水汽调节后可使外皮吸水而增加韧性，并减少皮层与胚乳的结合能力，有利于脱皮，并使胚吸水膨胀，质地变韧，在机械力作用下不易破碎。玉米的水汽调节主要在水汽调节机中进行。

（5）玉米剥皮破糁　玉米剥皮破糁机集打、擦、筛三种功能于一体，在一台机器中可同时完成剥皮、脱胚、破糁三种功能。

（6）密度选胚　根据胚乳和胚芽的密度和悬浮速度不同的特征，从胚乳与胚芽的混合物中把胚芽分离出来，从而得到脱皮、去胚芽的玉米糁。

（7）浸泡　将玉米糁倒入浸泡液中用清水浸泡1～4h，其间换水1～2次。浸泡时间冬长夏短，以使玉米糁充分浸涨为度。

（8）脱水　将浸好的玉米糁送到脱水机中，离心脱水约1～5min，以迅速除去湿玉米糁中多余的水分。脱水时间长短以表面没有明显的游离水，粉碎时不堵筛片为准。

(9) 粉碎　脱水后的玉米糁用粉碎机进行粉碎。机内筛片规格一般为筛孔孔径 $\phi 0.6mm$ 为宜。筛片孔径过大，玉米粉粒粗细度不够；孔径过小，粉碎时易堵筛片，影响正常生产。粉碎后的粉料倒入分离筛中进行筛理。

(10) 筛理　刚粉碎的原料中玉米粉粒粗细不均，往往还夹带有玉米糠皮等杂质。粗粉粒会使玉米方便面表面粗糙不平，糠皮进入玉米方便面则成为清晰可见的杂质点，对产品质量均有较大影响，应予过筛除去。粉粒筛理通常过 60 目筛即可。由于湿粉料中水分含量较大，一般在 $26\%\sim28\%$ 之间，用普通平筛分离较困难，以采用具有强迫筛理作用的振动或离心圆晒等筛具进行筛理为宜。

(11) 拌粉　玉米糁经浸泡、粉碎后，水分偏低，不能满足榨粉机的生产要求，需要补充适量的水分。将过筛后的粉料倒入拌粉机中，加料量约占机桶容积的 $60\%\sim70\%$。加料后开机，边搅拌边加水，持续 $3\sim5min$，使之混合均匀。

(12) 挤丝　将拌好的玉米料加入挤丝机喂料斗中，进行喂料挤压出丝。挤丝时，粉料由喂料口连续、均匀喂入熟化筒中，调节熟化筒出口处的流量调节阀，使粉料在熟化筒中适当熟化后，再由输料管注入排丝筒中，经粉镜挤出玉米方便面状。挤出的玉米方便面用两台鼓风机充分吹冷，以避免玉米方便面间的相互粘连。挤丝机流量调节阀通常根据挤出来玉米方便面的感观来调整，以玉米方便面粗细均匀、表面光亮平滑、有弹性、无夹生、无起泡为宜。流量过小，粉料过熟，挤出的玉米方便面色泽偏深，且易产生气泡；流量过大，粉料熟度不够，挤出的玉米方便面无光泽，透明度差。为了确保玉米方便面复水时间在 $4\sim6min$，面条直径以 $0.6mm$ 为宜。

(13) 挂杆　从榨粉机出来的玉米面条要按适当的长度用剪刀剪取，一般按 $0.4\sim0.6m$ 的长度剪取。刚从榨粉机榨出并剪断的玉米方便面条形比较乱，整理后即可进入下一道时效处理工序。

(14) 第一次时效处理　将挂杆的玉米面条逐杆挂到时效处理房中的晾粉架上，静置保潮约 $12\sim24h$，进行时效处理。其时间依环境温、湿度不同而不同，以玉米面条不粘手、可松散、柔韧有弹性为度。老化不足，玉米面条弹韧性差，蒸粉易断挂，难松散；老化过度，粉挂板结，难蒸透。

(15) 蒸粉　蒸粉采用低压蒸柜。将时效处理后的粉挂送入蒸柜中，用低压蒸汽蒸煮。蒸汽压力为 $0.035\sim0.065MPa$，蒸粉时间为 $2\sim6min$。

(16) 第二次时效处理　将蒸毕的粉挂送入时效处理房，保潮静置约 $4\sim8h$，使玉米面条自然冷却。晾置时间长短以玉米面条不粘手、可松散、柔韧有弹性为度。

(17) 松粉　将晾透的粉挂移到松粉架上逐挂松散。松粉时，反复揉搓，使玉米面条间充分分离。

（18）称量、造型　将玉米面条剪切成 20～30cm，绕成碗状或块状，放入干燥机的不锈钢链盒内。

（19）干燥　玉米方便面的干燥采用箱式热风循回干燥机。传动链条在机内作"上—下—下—上—上—下"的运动。整个烘干过程为三个阶段，不同的阶段烘干的温度、湿度、时间各不一样。总的烘干时间控制在 3～4h 之间。玉米方便面干燥后的最终水分含量控制在 13%～14% 左右。

（20）装袋、封口　将检查后的玉米方便面装入袋中或碗中，用封口机封口，并打印生产日期。如是碗装还需用透明薄膜进行热收缩包装。封口应平整，不得漏气，以免干粉反潮变质。

（21）装箱、打包、入库　将封口后的碗装或袋装玉米方便面放入包装纸箱中，整齐排列，以免压断。然后封箱、打包、入库即为成品。

（六）玉米方便粥类

1. 牛奶玉米粥

（1）原料　玉米糁 250g，红枣 100g，牛奶 500g。

（2）制作方法　①将玉米糁淘洗干净，倒入锅内，加适量清水旺火烧开后，改用小火熬成粥。②红枣放入盆内，用清水泡洗干净，倒入锅内加水煮开后，再加入牛奶，一起倒入玉米糁粥内；煮熟后，金黄色的玉米糁粥上漂着红彤彤的枣，香气四溢，色彩宜人。③产品的特点是养胃健脾，补气养血，营养丰富。

2. 八宝玉米粥

（1）原料配方　玉米粒 140g、木耳 16g、芸豆 20g、黑豆 20g、花生 20g、南瓜块 40g、红枣 2～6 枚、桂圆 4～6 枚、水 3.5kg。

（2）工艺流程

玉米粒、花生、黑豆、芸豆浸泡→加水高压煮沸→加入南瓜块→红枣煮沸→
产品←灭菌←装罐←加入木耳块、桂圆肉煮沸←

（3）操作要点

① 原料挑选及处理。红枣应选色泽鲜艳、肉质厚、无霉变、无虫蛀的一等干制品，洗净后去核、切块备用。玉米粒、黑豆、芸豆、花生、南瓜均选当年新产的，要求无污染、无霉变、无虫蛀、无杂质。黑豆、芸豆、花生浸泡 12h 后洗净；南瓜掏瓤洗净并切成 1cm×1cm×1cm 的小方块；玉米粒洗净备用，木耳选用优质东北干制品，要求无杂质、无霉变，用清水浸泡，充分吸水膨胀后洗净切块。桂圆如用鲜果，应选果大肉厚的；如用干制品，应选无霉点、无虫蛀、色泽正常的桂圆干，去壳去核后切块备用。

② 煮料、灌装、灭菌。为使粥中的各种原料均达到熟而不烂、外观整齐的最佳状态，要采用分步煮料的方法；同时各工序均需搅拌，以免出现糊底。将处理好的玉米粒、黑豆、芸豆、花生混合，加水 3.5kg，煮沸 30min；再将南瓜块、红枣块加入继续煮沸 20min；最后将湿木耳块、桂圆肉加入再煮沸 5min 即可。装罐后

在 121℃蒸汽中杀菌 30s，易拉罐包装保存期可达 2 年之久。

3. 番茄甜玉米粥

（1）原料　新鲜甜玉米棒 2 个，牛奶 200g，番茄 2 个，白糖 20g。

（2）制作方法

① 用刀将玉米粒切下，绞碎。

② 将番茄洗净，去皮、子，切成小块备用。

③ 将牛奶、番茄、碎玉米、白糖放入锅内，加少量水，小火煮开，边煮边搅拌，以防煳锅。开锅后再煮 2min 即可。

（3）产品特点　粥色微红，滋味甜、鲜、香、微酸。

4. 五香玉米粥

（1）原料　玉米面 100g，植物油 20g，精盐 5g，大葱一段，菠菜 2~3 棵，豆腐干 2 块，白薯 2 片，花生米少许（煮、炸、炒熟均可），香肠一段，粉丝适量。

（2）制作方法

① 将菠菜清理干净，切成段；豆腐干切成条；白薯切条；香肠切片；花生米碾碎；玉米面放入碗内，用凉水调成稀糊状。

② 炒锅在火上烧热，倒入植物油，待油烧开后，放入大葱炝锅，煸炒出香味后，加水、精盐、粉丝、豆腐干、白薯、香肠等，待水烧开后，将玉米稀糊缓慢倒入锅内，边倒边搅拌，然后加入碎花生米，锅再烧开时，加入菠菜段即可。

（3）特点　制作方便、快捷、营养丰富。

复 习 题

1. 为什么说玉米食品是"黄金食品"？
2. 简述玉米淀粉的生产工艺。
3. 简述精制玉米方便面的加工工艺。
4. 简述玉米的干法加工并列举几类干法制品。

第七章　薯类食品加工

第一节　概　述

薯类是世界四大粮食作物之一，其产量仅次于稻谷、小麦、玉米，居第四位。我国薯类年总产量约 4000 万吨，居世界第一位（占世界总产量的 28%）。所有薯产国几乎不同程度地都有薯类加工业，发展十分迅速但不平衡，一些发达国家把发展种薯、技术装备及薯类制品作为重要的出口物资，形成综合优势多元化、合作领域全球化的发展格局，跨国界发展趋势日益加深，在薯类加工的发展进程中，欧美等国以优质专用化的薯类品种、先进适用的技术装备、高质量的加工制品和规模化的生产经营方式等，构成当今世界薯类加工业的发展主流。相比而言，虽然我国的薯类资源如此丰富，薯类加工业又历史悠久，但薯类加工业发展缓慢，大部分薯类除鲜食或作饲料和工业原料外，只有少部分用于食品加工，且加工生产规模小，品种单一、质量较差，同食品工业发达的国家相比差距很大。随着人民生活水平的提高，这些传统产品的市场在逐渐缩小，因此，提高产品的质量，通过深层次加工和利用高新技术来开发新的薯类食品品种，对改善食品结构，提高人民生活水平，增强人们的体质，都具有重要的意义。

第二节　薯类食品加工

一、薯类食品加工的一般特点

① 薯类中含有多酚氧化酶（PPO），在加工过程中，内源性多酚类底物及酚类衍生物在酶的催化作用下，多酚类物质最终被氧化聚合成黑色素，严重影响其感官品质和商业价值。所以在薯类加工时首先要解决好防止酶促褐变与非酶褐变的问题。

② 薯类作物的食用部分为块、根、茎，水分含量很大，收获季节时间不长，产量集中，数量巨大。另一方面，从食用品质、风味特点、口味口感上讲，鲜薯加工与干燥后半成品加工之间存在一些差异，所以，在薯类加工过程中，尽量要用鲜

薯为原料。

③ 在加工工艺处理中要尽量保留薯类的营养成分和功能因子不受损耗，尽量保留水溶性物质不遭流失，所以才采用干粉回填法和蒸发干燥法来代替使用离心脱水或装袋加压脱水等。

④ 充分利用薯类淀粉所具有的独特加工品质，一是薯类淀粉糊的凝胶性强、凝沉性弱、易糊化、易老化等特点，因而可在方便面速食湿面加工上大显身手；二是薯类具有丰富的淀粉酶，因而其在制作发酵类制品中独占鳌头。

二、薯类食品的分类

我国有着悠久的薯类加工历史，以前人们大多是利用薯类生产粗淀粉、酿酒、粉丝、粉条、饴糖等，但是生产工艺相对简单、技术容易掌握、设备的投资少，但是产品的质量难以保证，广大的农村和乡镇企业生产较多，产品的市场也仅局限在农村或是中小城市。随着科学技术的进步，人们生活水平的提高，这种传统的生产方式逐渐减少，取而代之的是薯类新产品的开发技术。

目前薯类的开发利用主要有以下几类：①食品加工。包括脱水制品（如马铃薯丁、薯片、马铃薯泥、薯粉等），冷冻制品（如速冻马铃薯条、薯片、薯丸、薯饼等），油炸、膨化食品（如油炸马铃薯条、薯条、酥脆薯片、虾条等），营养强化性食品（如强化维生素、钙质等）。②发酵产品。如酒精、白酒、食醋等。③薯类淀粉。包括食品工业用淀粉（如饼干、面条、火腿肠等辅料），发酵工业用淀粉（如味精、柠檬酸、乳酸、丙酸、丁酸、黄原胶、酒精、酶制剂、抗生素等），变性淀粉类（如酸解淀粉、氧化淀粉、焙烤糊精、交联淀粉、酯化淀粉、醚化淀粉、接枝共聚淀粉、环化糊精、麦芽糊精、抗消化淀粉、氧化交联淀粉等）。④淀粉类制品。包括淀粉粗制品（如粉条、粉丝、粉皮、凉粉等），淀粉精制品（如精白粉条、粉丝、方便粉丝、人造米等），淀粉糖类（如麦芽糊精、低聚糖、葡萄糖浆、硬糖、饴糖等）。

第三节　薯类食品加工工艺

一、薯类预处理工艺

1. 原料选择

用于食品加工的薯类原料应保证安全，所以首先应该严格去除发芽、发绿的马铃薯以及腐烂、病变的薯块。如有发芽或变绿的情况，必须将发芽或变绿的部分去掉，或者完全剔除才能使用，以保证马铃薯制品的茄碱苷含量不超过 0.02%，否则就会危及人身安全。

2. 薯类的清洗

用于食品加工的薯类通常带有泥沙、杂草，所以加工前要对其进行清洗、去皮等处理。

（1）手工洗涤　这是薯类最简单的洗涤方法，适用于小型食品厂生产，即将薯类放在盛有清水的木桶、木盆或浅口盆中进行洗涤。采用这种洗涤方法，应及时更换水和清洗缸底，应做到既节约用水又能将薯块洗净。

（2）流动槽洗涤　在机械化薯类加工厂，一般采用流动水输送的方法，将薯类由储存处送入加工车间内，这样可使薯类在进入洗涤剂之前，在输送中就可洗去80%左右的泥土。

3. 薯类去皮工艺

一般的薯类去皮工艺主要有手工去皮、机械去皮、化学去皮和蒸汽去皮等。

（1）手工去皮　这种去皮一般是用不锈钢刀去皮，效率很低。

（2）机械去皮　机械去皮是利用涂有金刚砂、表面粗糙的转筒式滚轴，借摩擦的作用擦去皮。常用的设备是擦皮机，可以批量生产或连续生产。但这种去皮方法要求选用的薯类呈圆形或椭圆形，芽眼少而浅，没有损伤、大小均匀。对于芽眼深的薯块仍需要增加额外的手工修整。

（3）碱液去皮　其方法是将薯块在一定浓度和温度的强碱溶液中处理一定时间，软化和松弛薯块的表皮和芽眼，然后用高压冷水喷射冷却和去皮。碱液去皮适宜的碱液浓度为15%~10%，温度在70℃以上。

（4）蒸汽去皮　将薯块在蒸汽中进行短时间处理，使薯块的外皮生出水泡，然后用流动水冲去外皮。蒸汽去皮能均匀地作用于整个薯块表面，大约能除去5mm厚的皮层。

目前最理想的去皮方法是蒸汽和碱液交替使用。

4. 薯类护色工艺

马铃薯切片后，暴露在空气当中，会发生褐变现象，影响半成品的色泽，成品颜色也深，影响外观，因此在切片之后要进行护色处理。发生褐变的原因是多方面的，主要包括酶促褐变和非酶促褐变，马铃薯的褐变主要是前一种。因此要改进马铃薯的色泽就必须从抑制酶活性方面去考虑，常用的方法是二氧化硫处理和热烫。

二、马铃薯类食品加工技术

马铃薯属块茎类作物，它的块茎是一短而肥大的变态茎，是其在生长过程中积累并储备营养物质的仓库。马铃薯的形状有球形、椭圆形、长椭圆形、卵形及其他不规则形状。它们都带有小的、中等的或较深的芽眼，在芽眼储存着休眠的幼芽。

块茎的颜色有白色、黄色、粉红色、红色及紫色。块茎如经日光照射时间过久，皮色则变绿。见光过久和已萌发的块茎中含有较多的茄精（又称龙葵素），它对人体和家畜有毒性。因此在收获储藏的过程中，要尽量减少其露光的机会，以免茄精含量增加。块茎的果肉一般是白色的，带有不同程度的浅黄色，个别品种块茎的果肉呈红色或蓝紫色。

马铃薯鲜薯含水分达80%左右，比一般作物种子难以储藏。商品薯的储藏不能见光，以免积累龙葵碱毒素，并控制温湿度。在2～4℃低温下储藏，淀粉可转化为糖，食用时甜味增加，不影响食用品质。种薯储藏温度应控制在1～5℃之间，否则容易发芽。如不及时处理，会大量消耗块茎中养分，降低种薯质量。万一无法降温，则应把种薯转入散射光下储藏，抑制幼芽生长。

加工用薯储藏，不宜在太低的温度下进行。在4～5℃下储藏固然可以不发芽，但淀粉在低温下容易转化为糖，对加工产品不利。尤其是还原糖超过0.4%的块茎，炸片或炸条均会出现褐色，影响产品质量和销售价格。储藏时应根据休眠期长短，调节储藏温度。大部分品种薯块在摄氏10℃以下储藏可延长发芽期一倍的时间。不过加工品种往往储藏更长时间。为了防止块茎发芽常仍需低温储藏在4℃左右，在加工前2～3星期把准备加工的块茎放在15～20℃下进行处理，还原糖尚可逆转为淀粉。

薯类主食品按生产工艺可分为两大类。第一大类是干法生产的产品，以薯全粉及薯类膨化粉为原料制成六类产品，即将薯类先制成干，薯干再磨成细粉，薯粉加工制成各类食品。第二类是湿法生产的产品，即以鲜薯为原料进行磨浆或蒸煮熟化加工制成。

马铃薯食品种类较多，根据工艺特点及使用目的可将其分为以下几类：①干制马铃薯食品，如干马铃薯泥、干马铃薯等；②油炸酥脆马铃薯食品，如油炸马铃薯、酥脆马铃薯、酥脆马铃薯饼干等；③冷冻马铃薯食品，如炸马铃薯饼、冷冻马铃薯配菜等；④强化马铃薯制品，如在马铃薯片制品中添加维生素 A、维生素 B、维生素 C、维生素 E 及钙质等。

（一）片状马铃薯泥

1. 工艺流程

马铃薯→清洗→去皮→切片→预煮→冷却→蒸煮→磨碎→干燥→粉碎→包装

2. 操作要点

（1）原料选择　严格去除发芽、发绿的马铃薯以及腐烂、病变的薯块。如有发芽或变绿情况，必须将发芽或变绿的部分削掉，或者完全剔除才能使用，以保证马铃薯制品的茄碱苷（龙葵素）含量不超过0.02%。

（2）清洗　去除烂薯、石子、沙粒、泥沙及表面污物，清理杂质。

（3）去皮　按薯类预处理工艺中的方法进行。

（4）切片　一般把马铃薯切成1.5mm厚的薄片，以便使其在预煮和冷却期间得到均匀的热处理。切片不可过薄，否则会使成品风味受损并且增加固体损耗。

（5）预煮　一般是在 71～74℃的水中加热 20min，使淀粉彻底糊化，防止在冷却时老化回生，减少复水后的黏性，破坏马铃薯中的酶，防止块茎变黑，并且可以降低成品黏度。

（6）冷却　用冷水清洗蒸煮过的马铃薯，除去游离淀粉，以避免其在脱水期间发生黏胶或烤焦现象。

（7）蒸煮　将预煮冷却处理过的马铃薯片在常压下用蒸汽蒸 30min，使淀粉充分 α-化。蒸煮如过度，产率高，但成品组织不良；蒸煮不足，则会降低产品得率。

（8）磨碎　马铃薯在蒸煮后立即磨碎。

（9）粉碎　干燥后的薯片用锤式粉碎机粉碎成鳞片状即为成品。

（二）粒状马铃薯泥

加工马铃薯泥的方式很多，普遍使用的是回填式加工法。此法是在蒸煮的马铃薯中回填入足够量的、预先干燥的马铃薯粒，使其部分干燥成为潮湿的混合物，经过一定的保温时间便可磨成细粉。生产脱水马铃薯粒要尽量使细胞的破碎最少，成粒性良好，产品风味和营养更接近新鲜马铃薯。如果破碎释放出的游离淀粉多，产品就会发黏或呈面糊状。

1. 回填加工法的工艺流程

马铃薯→去石除杂→清洗→去皮→分离→清洗→切片→预煮→冷却→蒸煮→
成品←储存←干燥←筛分←沸腾干燥←气流干燥←混合、破碎调质筛分←

2. 操作要点

（1）去杂及清洗　通过除石机利用密度不同的原理将石块及杂物去除，再将原料进入卧式清洗机，通过喷淋和原料间相互摩擦，进一步将原料表面清洗干净。

（2）去皮及分离　采用蒸汽去皮法。将马铃薯放入蒸汽罐内，通入高压蒸汽使之表皮熟化，然后瞬间减压，使表皮松脱。物料经过毛刷式去皮机，使松脱表皮与果肉分离，去除的表皮被收集起来便于处理。

（3）清洗　去皮的原料再经过卧式清洗机得到彻底清洗。

（4）修检及切片　原料经过修检输送带通过人工修整使薯块大小达到要求，并严格剔除芽眼及病变的部分。修整后的原料经过切片机切成厚薄均匀、适中的薯片。切片的厚度根据马铃薯的成熟度而定，一般厚度为 10～25mm。

（5）预煮　预煮的目的不仅是破坏马铃薯中的过氧化氢酶和过氧化物酶，防止薯片褐变，而且有利于淀粉凝胶化，保护细胞膜，并且改变了细胞间力，使蒸煮后马铃薯细胞之间更易分离，在混合制泥中得到不发黏的马铃薯泥，薯片在水中预煮，水温必须保证使淀粉在马铃薯细胞内形成凝胶，而加热的时间则由薯片的厚度和酶钝化的速度来决定。

（6）冷却　用冷水清洗预煮后的薯片，把游离的淀粉除去，避免在干燥中发生黏胶或烤焦现象，使制得的马铃薯泥的黏度降到适宜程度，薯片一般在冷却后的水中强制冷却，冷却时应使薯片的中心温度降至 15～25℃以下。

（7）蒸煮　将预煮、冷却后的马铃薯片在常压下用蒸汽蒸煮，使其充分糊化，蒸煮温度为 85～100℃，蒸煮时间应能使薯片均匀软化。一般控制在 20～50min 之间。

（8）混合破碎　将煮制后的薯片与回填的颗粒粉充分混合，使之均匀一致。在混合过程中需要添加必要的添加剂，以保证产品的色泽、流散性和保质期。回填的目的是降低物料的水分，并使马铃薯细胞的破碎率最小，成粒性最好。该工序要避免马铃薯细胞粒的破碎，使成品中大部分是完整的单细胞颗粒。回填干粉的粒度应小于 1mm，以保证其迅速吸收水分，一般回填量根据蒸煮后物料量的含水量而定。

（9）冷却调质　通过回填和搅拌，再采用恒温、恒湿静置的方法，可以明显改进湿混合物的成粒性，使物料水分均匀一致。混合后的物料经冷却，至 30℃ 左右保温静置一段时间，通过静置可以减少其可溶性淀粉，降低淀粉的膨胀力，调质后的物料可通过筛分机分离除去粒径较大的颗粒，避免其干燥不彻底，影响产品质量。

（10）气流干燥　调质以后的混合物料进入气流干燥机干燥，气流干燥可避免物料结块。气流干燥机的气流速度不宜过高，以免损伤细胞颗粒，增加游离淀粉含量。

（11）沸腾干燥　此段干燥温度不能过高，避免破坏全粉的风味和营养物质，加热时间与布料厚度有关，二级干燥后物料的水分含量在 10% 以下。

（12）筛分　干燥后的物料一部分进入回填仓，另一部分进入筛分，物料被分为三级：一是废品，可作饲料的添加剂；二是中间料，全部回填；三是精致料，一部分作为成品，剩余部分回填。

（13）三级干燥　作为成品的物料再进入流化床进一步干燥，使物料水分降至 9% 以下。

（14）计量包装

（三）油炸马铃薯片

1. 工艺流程

脱水马铃薯片→粉碎→混合→压片→成型→油炸→成品

2. 操作要点

（1）粉碎　将脱水马铃薯片用粉碎机粉碎成细粉。

（2）混合　乳化剂、磷酸盐、抗氧化剂等先用适量温水溶解，然后加入马铃薯粉混合成均匀的面团。

（3）压片、成型　面团用辊式压面机压成 3mm 厚的连续的面片，然后用切割机切成直径为 6cm 左右的椭圆形薄片。

（4）油炸　成型好的薯片在油温为 160～170℃ 的棉子油中炸 7s，炸好后在薯片表面均匀撒上成品重 2% 左右的盐即可。

可参考原料配方：

配方 1　以脱水马铃薯片为 100％计，水 35％，乳化剂 0.8％，酸式磷酸盐 0.2％，食盐、柠檬酸及抗氧化剂各少量。

配方 2　鲜马铃薯泥 75％，玉米淀粉 15％，木薯粉 3％，食盐 1％，白糖 5％，味精 0.5％，辣椒粉 0.5％，炸制油为棕榈油。

（四）膨化马铃薯

食品膨化是将谷物或其他物料装入膨化机中加以密封，进行加热、加压或机械作用，使物料处于高温、高压状态，物料在此状态下，水分呈过热状态。此时，迅速将膨化机的密封盖打开或将物料从膨化机中突然挤压出来，在此瞬间，由于物料被突然降至常温、常压状态，使呈过热状态的液态水汽化蒸发，其体积可膨胀 2000 倍左右，从而产生巨大的膨胀压力。巨大的膨胀压力使物料组织遭到强大的爆破伸张作用，造成物料无数细微多孔的海绵结构，使体系的熵增加，这个过程叫做食品的膨化。利用马铃薯粉（片状马铃薯泥、颗粒状脱水马铃薯等）为原料，可以生产各种风味和形状薯条、薯片、虾条、虾片等膨化食品。

1. 工艺流程

原料→混合→蒸煮→冷冻→成型→干燥→膨化→调味→成品

2. 操作要点

（1）混合　按一定的比例称取物料，将各物料混合均匀。

（2）蒸煮　采用蒸汽蒸煮，使混合物料完全渗透。较先进的生产方式是将混合原料投入双螺旋挤压蒸煮成型机，一次完成蒸煮、成型工作。

（3）冷冻　于 5～8℃的温度下，放置 24～48h。

（4）干燥　将成型后的坯料干燥至水分含量为 25％～30％。

（5）膨化　宜采用气流式膨化设备进行膨化。

3. 几种参考配方

（1）马铃薯粉膨化食品　马铃薯 83.74kg，氢化棉子油 3.2kg，熏肉 4.8kg，精盐 2kg，味精（80％）0.6kg，鹿角菜胶 0.3kg，棉子油 0.78kg，磷酸单甘油酯 0.3kg，BHT（抗氧化剂）3kg，甘蔗 0.73kg，食用色素 20g，水适量。

（2）海味膨化马铃薯食品　马铃薯淀粉 40～70kg，哈蚌肉（新鲜、去壳）25～51kg，精盐 2～5kg，发酵粉 1～2kg，味精（80％）0.15～0.6kg，大豆酱 85～170kg，柠檬汁 68～250g，水 25～65g。

（3）花生酱味膨化食品　马铃薯淀粉 55kg，花生酱 20kg，水 25kg。

（4）膨化马铃薯丸　去皮熟马铃薯 79.5％，人造奶油 4.5％，食用油 9.0％，鸡蛋黄 3.5％，蛋白 3.5％。

（5）洋葱口味马铃薯膨化食品　淀粉 29.6kg，马铃薯颗粒 27.8kg，精盐 2.3kg，浓缩酱油 5.5kg，洋葱粉末 0.2kg，水 34.6kg。

（五）炸鲜薯条

选择颜色略黄而纹路细腻的马铃薯，切成整齐的条状，浸于水中。将水沥干，放在油中以微火重炸，当用竹签等能轻易刺进时便可取出。吃前再以强火烹炸30～40s，使成焦黄色。炸后放在盛器中将油滴干，并撒盐花即成。

（六）法国油炸冻马铃薯条

将马铃薯去皮、切条、厚度为6.35～12.7mm，长度大于10cm。将切好的条进行清洗，以去除其表面淀粉。然后将马铃薯条浸入或喷洒抗氧化剂溶液，以防止马铃薯氧化变色。抗氧化剂溶液含0.5%～1%的焦磷酸钠、二硫酸钠或其他脱色剂。将溶液加热至55～82℃，马铃薯条在这种溶液中浸泡10～25s，接着，将马铃薯条遇热，使其代谢功能失活，淀粉胶凝化。然后，将马铃薯用普通的方法冷冻。吃前深炸，深炸前马铃薯条无需化冻，将其放入171～193℃的油锅中深炸1.5～3min即可。油炸冻马铃薯条与炸鲜薯条风味相差无几。

（七）其他马铃薯类食品

除了以上介绍的马铃薯类食品之外，马铃薯还可以被加工成罐头和酱类食品（将在《罐头加工技术》一册中介绍），马铃薯香肠、火腿（将在《肉制品加工技术》一册中详细介绍），马铃薯鲜醋和马铃薯冰激凌等产品。

三、甘薯类食品加工技术

甘薯属旋花科甘薯属，又名红薯、白薯、红芋、番薯、田薯、地瓜等。我国甘薯的总栽培面积占世界总栽培面积的一半以上，产量居世界首位。甘薯的薯块不是茎，而是由芽苗或茎蔓上生出来的不定根积累养分膨大而成，所以称之为“块根”。由于甘薯品种、栽培条件和土壤情况不同，其块根形状有纺锤形等。有的甘薯品种块根表面光滑平整，有的粗糙，也有的带深浅不一的数条纵沟。其形状大小和纵沟的深浅等均是甘薯品种特征的重要标志。此外甘薯块根的皮层和薯肉的颜色也是其品种的特性之一，甘薯表皮有白、黄、红、黄褐等色，薯肉有白、黄红、黄橙、黄质紫斑等。

甘薯的化学组成因其所生长的土质、品种、生长期长短、收获季节等的不同而有很大的差异。一般甘薯块根中含有60%～80%的水分，10%～30%的淀粉，5%左右的糖分及少量蛋白质、油脂、纤维素、半纤维素、果胶、灰分等。

甘薯具有较高的营养价值，其营养成分除脂肪外，其他的比大米和白面都高，发热量也超过许多粮食作物。甘薯中蛋白质氨基酸的组成与大米相似，其中氨基酸的含量高，特别是大米、面粉中比较稀缺的赖氨酸的含量丰富。维生素A、维生素B_1、维生素B_2、维生素C和尼克酸的含量都比其他粮食高，钙、磷、铁等无机物较多。甘薯中尤其以胡萝卜素和维生素C含量丰富，这是其他粮食作物含量极少或几乎不含的营养素。所以甘薯若与米、面混食，可提高主食的营养价值。此外，甘薯是一种生理碱性食品，人体摄入后，能中和肉、蛋、米、面所产生的酸性物质，故可调节人体的酸碱平衡。除此之外，甘薯还具有较高的药用价值。中医认为，甘薯性甘、平、无毒。功效：补脾、养心神、益气力、通乳汁、消疮肿；甘薯中维生素 A 源丰富，可治夜盲。

甘薯除蒸煮、烘烤食用和加工传统食品外，我国甘薯食品的开发品种还较多，主要有以下几类：①发酵类产品主要有酿造白酒、黄酒、酱油、食醋、果啤饮料、乳酸发酵红薯饮料、红薯格瓦斯；②非发酵类产品主要有粉条、粉皮等；③蜜饯类主要有如连城红心薯干、甘薯果脯、甘薯果酱；④糕点类有甘薯点心，薯蓉及薯类主食品等；⑤糖果类有软糖、饴糖类；⑥饮料类有甘薯乳、雪糕、茎尖饮料等；⑦蔬菜类有脱水蔬菜、盐渍类、茎尖罐头等。

目前国外甘薯食品主要有以下几种：①方便食品、快餐食品、方便半成品，如薯米、薯粉（含甘薯膨化粉）、薯面、脱水薯片（条、泥）等。②休闲食品，如膨化薯片、薯脯等。③甘薯饮料、甘薯罐头、甘薯酒等。④利用超临界技术从甘薯中提取 β-胡萝卜素等功能成分，制作食品配料等。

（一）脱水甘薯片（块、丝、粉）

把新鲜甘薯块中的水分除去，得到脱水甘薯，复水后又可以得到新鲜薯块。

1. 工艺流程

$$甘薯 \rightarrow 清洗 \rightarrow 切块 \rightarrow 热烫 \rightarrow 硫处理 \rightarrow 熏蒸 \rightarrow 干燥 \rightarrow 成品$$

2. 操作要点

（1）清洗 选择新鲜、无霉变、无病虫害及黑斑的薯块，用手工或机械清洗掉泥沙。

若需要去皮，可用手工或 2% 氢氧化钠侵蚀去皮，并用清水冲洗干净。

（2）切块 把薯块切成一定形状，如片状、方粒、丝状等。若切成粒状，体积应在 1cm³ 以下，否则干燥时间较长。

（3）热烫 将切好的原料放入沸水或蒸汽中快速热煮 1～2min，可根据原料的形状及大小，增减烫煮时间，以使其表面有七八成熟度。其目的在于破坏组织中的酶类（主要是氧化酶类）。以抑制其氧化作用，使甘薯在干燥过程中不致出现变色等现象，还能减少一些维生素损失，加快干燥速度。

（4）硫处理 将经热烫的原料浸于 0.2% 亚硫酸盐（如亚硫酸钠）的水溶液中 1～2h，使其表面吸附一定的亚硫酸，在干燥过程中可防止氧化，以保持产品的色泽鲜艳，减少维生素的损失，加速干燥。

（5）干燥 可采用各种形式的烘房，温度以 65～70℃ 为宜，并能充分通风。一般厚 1cm 的甘薯片以 70℃ 的热风烘制，可在 6h 左右烘干至含水量 10% 以下。

除此之外，还可以利用日晒干燥的方法，第一天阴干，然后在日光直射下干燥，干燥至薯片成琥珀色，有很好的弹性，薯片两头对弯曲不断。干燥需 4～5 天。将干燥后的薯片装箱存放半个月后，薯片中有白色粉末析出，主要是麦芽糖、糊精、蔗糖及磷酸盐，这些白粉是在甘薯蒸煮过程中，淀粉在甜薯中的 β-淀粉酶的作用下转化成糖所致。所以成品表面呈白色，内部呈琥珀色的为上品。

（二）片状脱水甘薯泥

1. 工艺流程

甘薯→水洗→剥皮（蒸汽处理）→水洗→煮沸→捣碎→搅拌→干燥→片状制品

2. 操作要点

（1）原料处理　原料以使用无病变、无条沟、大小适当（300g以上）且较易洗涤、整形和剥皮的甘薯为宜。甘薯经水洗后剥皮，消除残伤腐坏部分，用蒸汽蒸25～30min。

（2）捣碎、搅拌　使用带圆孔的盘碎机将蒸熟的甘薯磨碎，以便很快与添加剂溶液混合，然后用搅拌机进行均匀混合。

（3）干燥、粉碎　用转筒式干燥剂干燥成块状，再用锤式粉碎机粉碎成约1cm的片状，即得制品。

（三）速煮甘薯

速煮甘薯是将甘薯去皮、切成粒状、蒸熟，再经烘干而制成的一种产品。食用时取定量水浸泡，使其膨大为熟甘薯。

1. 工艺流程

原料→去皮→切粒→蒸熟→铺盘→干燥→成品

2. 操作要点

（1）原料去皮　选用新鲜的甘薯作原料，用清水冲洗掉泥沙，然后用手工或碱液去皮。甘薯皮干燥后质地坚实，不易吸水，且皮肉含有很多色素，若不去除会影响成品色泽与复水速度。甘薯去皮后应立即浸泡于水中，以防褐变。

（2）切粒　将甘薯用刀切成粒状以利蒸熟、干燥和吸水胀大，颗粒大小以0.6cm左右为宜。切好的薯粒也须立即浸泡于水中，以防氧化变色。

（3）蒸熟　将甘薯粒从水中取出沥干，平铺在蒸笼中蒸煮至熟透而不太烂为度。

（4）铺盘　将蒸煮的甘薯粒趁热松开来，平铺在竹盘中，以便干燥。竹盘要编成细网状，上下通风，使甘薯易于干燥。铺盘操作应注意使甘薯铺的匀散，不能有黏块，否则干燥速率不一致，干燥时间要延长。

（5）干燥　要求采用高温快速干燥，温度为80～85℃为宜，加强通风，以缩短干燥时间。少量生产时，一般鼓风干燥设备就能满足要求，大量生产以隧道式干燥机为宜。正常情况下3h就可以烘干，水分达10%左右。

速煮甘薯呈蛋黄色半透明粒状，用水泡就能吸水长大，恢复成熟甘薯状，口味甜美。复水时用冷开水（25℃）泡0.5h，用沸水只要5min即可。

（四）速冻油炸甘薯块

1. 工艺流程

甘薯→风干→清洗→去皮→切块→修整→清洗→沥水→油炸→风冷→速冻→
保管←打包←装箱←质量检查←金检←封口←计量←装袋←

2. 操作要点

（1）原料选择　原料的表面应光滑，少凹凸状，无病虫害，无霉烂，无须根，形状以长圆形较佳，甘薯直径应大于5cm，原料中的水分含量应小于70％。

（2）清洗　洗净原料表面的泥沙，以流动水清洗最为适宜。

（3）去皮　清洗后的原料用不锈钢刀先削去一层皮，然后用不锈钢刨刀刨去粗纤维（易变色），同时修去虫斑、虫眼等斑疤。刨皮后应立即浸水护色，对于较多粗纤维处，可连刨4～5刀，以刨净为准，为防止变色，刨净后甘薯的存放时间不得超过30min，应及时进入下一道工序。

（4）切块　将甘薯两端带老筋的部分去除，按滚刀快切法切块，每块要求在4个面以上，块重（28±3)g，长度为5～6cm，厚度为2～3cm，大小应一致，切块应立即浸水护色，滞留时间不得超过30min。

（5）沥水　将甘薯块通过传送带输送至油炸机，便输送便沥水，沥水时间为10min。

（6）油炸　油温为（155±5)℃，油炸时间为7min，油炸用油以色拉油或棕榈油为宜，甘薯块的芯温应达到75℃以上。

（7）风冷　油炸后的甘薯经传送带风冷至平板速冻机上。

（8）速冻　速冻机的温度为－35℃以下，冻结时间为20min，冻品中心温度为－18℃以下。

（9）装袋、计量、封口　要求计量准确，封口良好，保质期应打印清晰。

（10）金检　制品通过金检机，确保制品内无金属异物。

（11）质检　制品通过质量检测机，确保制品质量在标准范围之内。

（12）装箱、打包　按一定的量进行包装，包装箱用胶带纸封口，打包机将两箱打在一起，箱上各种标记应准确清晰。

（13）保管　采用冷冻库保管，库温在－18℃以下。

（五）连城红心薯干

1. 工艺流程

原料选择→清洗→蒸煮→刮皮→初烤→成型重烤→轻烤→分级→包装

2. 操作要点

（1）选薯、清洗　选择200～250g重、长为15cm左右、椭圆形的红心薯块，用流水清洗干净。清洗过程中，需清除薯面的所有杂质（包括虫眼、虫斑、须根等）。

（2）蒸煮　将洗过的薯块放在蒸锅内用高温蒸熟。大规模生产时可以加压，以蒸到薯心软烂时才可加工，蒸熟的薯块不易散失糖分。

（3）刮皮　趁热用薄竹片将熟薯皮刮净。

（4）初烤　已刮过皮的薯块易趁热烘烤，以免变色。一般烤到薯块不粘手为宜。

（5）成型重烤　将初烤熟薯对半剖开，放在木板上用手压平，并用竹片或铝片蘸热开水把薯肉脱光抹平。也可将熟薯用湿手帕或纱布包起，用手轻轻压平，呈椭圆形状，然后取出抹平，直接送入烤橱内烘烤，温度保持在60～70℃，以防止其发焦龟裂。烤至七成干时即可。这时可修剪薯块头尾纤维部分，使成品形状规格一致。

（6）轻烤　将重烤、整形后的熟薯干放在较低温度的烤橱内，温度保持在40～50℃，使之继续干燥至成品坚硬为止，一般需 8h 左右。烘烤过程中要经常将上下烤盘互相调换位置，使干燥速度一致，便于一起出炉。

（7）分级、包装　将烘烤后的熟薯干分级、包装，装入食品袋中，严密封口，以防返潮。

连城红心薯干营养丰富，薯肉呈橘红而得名，含糖量高，食味甜，芳香可口，色泽鲜艳，携带、取食方便，为闽西传统的"八干"之一，是畅销东南亚国家的著名产品。

（六）甘薯类粉丝

将新鲜的甘薯或薯干按照一定的工艺加工成精白淀粉，利用淀粉直接加工成粉丝。

1. 工艺流程

薯类精白淀粉→温水搅拌混合→打芡→和面→注入粉丝机→漏粉熟化→鼓风散热┐
　　　　　　　入库←干燥←晾晒←摊凉←剪粉←──────────────────────┘

2. 操作要点

（1）淀粉处理　用于生产粉丝的淀粉，可使用未干燥的淀粉乳或干燥的精白淀粉。

（2）打芡　先将装有适量淀粉乳的容器内倒入开水，边冲边搅拌，使淀粉糊化，或采用专用打芡设备完成。

（3）和面　用熟淀粉芡，将大量的淀粉和成粉团，便于漏粉成型。

（4）漏粉熟化　把和好的面团通过漏瓢或机械漏斗，形成细丝状，再入开水锅煮熟，或注入粉丝机经螺旋挤压和高温处理形成熟化的粉丝。

（5）冷却开粉　使粉丝自熟后缓慢冷却，充分凝沉，挤出分子间多余的水，同时进一步漂白，并使粘连的粉丝分开。

（6）干燥　使粉丝失水，保持粉丝含水 14％即可，其方法主要有晒干和烘干两种。

（七）甘薯-红橘复合脯的制作工艺

1. 工艺流程

红橘→去皮→去核、络→打浆──┐
甘薯→清洗、去皮、切块→蒸熟→打浆→混合→灌模→干燥→包装→产品
糖、柠檬水、水溶解──────────┘

2. 操作要点

（1）选料、清洗　选用大个新鲜的甘薯，除去泥沙，清洗干净。选用颜色鲜红、无虫害、无腐烂的新鲜红橘，清水洗净。

（2）去皮　用不锈钢刀将甘薯皮削去，再把甘薯切成大小均匀的小块。甘薯去皮后如不及时蒸煮，应把它浸在水中或亚硫酸氢钠水溶液（0.03％）中护色。红橘置于沸水中热烫30s，捞出，手工去皮、络、核等。

（3）脱苦　将红橘皮用10％的NaCl溶液煮30～40min两次，然后清水漂洗10h，沥干。

（4）蒸煮　将切好的薯块放在蒸锅内隔水蒸煮，蒸透为止。

（5）打浆　用打浆机分别将甘薯、橘瓣、橘皮打成均匀、细腻的浆状体。甘薯打浆时应加入适量的水。

（6）溶糖　柠檬酸、白糖加适量的水，稍微加热使糖完全溶解制成糖溶液备用。

（7）混合　将各种原料浆及糖液一起加入搅拌缸，搅拌，混合均匀。

（8）灌模　用定量容器将混合料液灌入刷好油的模具里面，轻微地振动模具，使上液面平整。浆液厚度约0.5cm。

（9）干燥　把装有混合料的模具整齐地排列在铁丝网架上，置于烘房内在50～60℃的条件下干燥至水分含量约16％左右，橘薯脯呈半透明状，富有弹性，手压不粘时，即可出烘房。

（10）脱模、包装　将烘干的橘薯脯在模子中取出，冷却至室温，经检验合格后真空包装即得产品。

（八）香酥薯片

香酥薯片的制作首先是选择新鲜薯片，清洗干净，并切成0.3～0.4cm的薯片。将薯片置于沸水中烫漂，当薯片颜色由白变褐时便可捞出沥干，然后摊放在托盘上。在55～60℃下将产品烘干。若无烘干设备，可采用土法干燥，即在晴朗干燥的天气下晒2～3天即可。干燥后的薯片含水量约为8％。

烘干后的薯片经焙烤膨化后才能食用。其方法为，把油沙（用来炒制食品的沙子）放在锅中加热至180～200℃，然后将薯片放入，与热油沙一起翻炒。在焙烤过程中，干薯片由于急骤受热而膨化，变得酥脆。焙炒时应掌握火候，时间短了炒不熟，膨化不彻底，吃起来不酥；反之，会出现焦煳、发苦现象。当薯片炒至由褐变红、体积增大、芳香扑鼻时即可出锅，用筛子筛除油沙，冷却即得成品。

（九）其他甘薯类食品

甘薯还可以制作焙烤类食品，如甘薯面包、南瓜甘薯面包等，其制作工艺与普通面包的生产工艺相类似；甘薯也可以用作生产饮料的原料，目前主要的产品有甘薯果肉饮料、甘薯酱，除此之外，将甘薯磨成浆液，加热使淀粉糊化，然后用根霉糖化，加酵母进行低温酒精发酵，随后离心分离或过滤，可得到甘薯保健饮料酒和黄酒。

四、木薯类食品加工技术

木薯又称树薯、树番薯、南洋薯、槐薯、木番薯等。木薯属于草本植物，原产于南美亚马孙河流域，它适宜种植在空气流通、排水良好的沙质土地，栽培在热带和亚热带地区。由于木薯适应性强，耐干旱贫瘠、病虫害少、高产优质、用途广泛，因而栽培地区不断扩大。木薯一向以高产稳产而著称，其主要成分是淀粉，因此，可作为主要碳水化合物来源。在这些地区木薯被用作重要的食粮，其中一部分用于制造淀粉、饲料和作为发酵原料。我国木薯的年产量约 500 万吨。主要品种有广东的"青皮木薯"，海南、韶关等地的"面包木薯"等。

木薯大体分为两类，即苦木薯和甜木薯。这两者的区别在于氢氰酸的含量不同，它使根部具有毒性，这种毒性并非固定不变，它可因地区而异。木薯是一种高淀粉作物，块根中含有大量的淀粉，可用鲜薯直接加工淀粉，也可将薯块直接切片，风干加工淀粉和处理后制作食品和其他用途。木薯淀粉细腻，含杂质少，在工业上有广泛的用途。用其他淀粉能加工制得的产品，用木薯淀粉几乎都能制得。目前，用木薯淀粉加工获得的产品近百种，在淀粉糖、食品发酵和淀粉衍生物工业中应用尤其广泛。

木薯块根中含氢氰酸，特别是在皮层中含量很高，100g 木薯的肉中仅含 1.42mg，而皮层却高达 142.4mg，周皮则为 17.7mg。氢氰酸是一种剧毒物质，人的半致死量为 60mg，$0.5 \sim 0.6$g 即可使牛致死。氢氰酸中毒后，轻则头晕欲睡，疲惫神昏。重则面色苍白，呼吸困难，头疼，呕吐，行动不稳，以至脉搏微弱而不规则，急喘、四肢抽搐、僵硬、痉挛、呼吸停止及心脏停止跳动而致死。因此，对于食用和饲用的木薯，应进行特殊处理后，方可使用。

将收获后的木薯，刮去周皮、切成薯片，放在流动水中浸漂 3d，取出晒干，即可保证无毒。据测定，生木薯浸水 1d，可浸出氢氰酸 6%，浸 3d 可浸出 29.9%，浸 5d 可浸出 56.5%虽然未能全部浸出，但在干晒期中，残余部分由于酶的继续作用和部分挥发，可食用或作饲料用。也可以采取熟薯浸水的方法，将木薯切断成三四寸，放在锅中煮熟，后纵剖为四份，晒干、储藏。食用时，取出浸水一昼夜，煮熟即可。据测定，在煮熟过程中，挥发的氢氰酸量占总量的 1.45%，溶解在汤液中的占 48.5%。如果熟薯浸水 40h，则可除去 96%，可供食用。另外，干片浸水法可除去绝大部分氢氰酸。方法是在收获木薯时立即刮取周皮，切片晒干；食用时，取出浸水两昼夜，这种方法较易处理。还可以在木薯收获后，刮去周皮及皮层（皮层约占薯重的 14%），煮熟，换水再煮，去水即可。因为，氢氰酸主要在周皮及表皮，薯肉中含量不多，这样处理后，可消除毒素。

利用木薯根加工成直接食用的食品，也可用木薯淀粉蒸煮后所形成的清澈、能拉丝而黏稠的糊，制作具有清爽风味食品。如木薯淀粉能改性以解决食品的结构问题，也因其清爽的风味，目前木薯淀粉已用于精美的布丁、糕点馅和婴儿食品以及保健食品的生产。

（一）即食木薯食品的加工

甜品种的新鲜木薯根，去皮后供人们食用也较合适，但木薯植龄必须在几个月以内。新鲜的木薯保存不超过一天。因此，这些超甜品种的木薯根，可作为蔬菜制作精美的菜肴，也可作为解渴而生食。

将新鲜的甜木薯煮熟，可与马铃薯等同，但其味道略重一些。对于一般品种的鲜薯块中的氢氰酸可以在缓慢煮熟以及木薯切段的过程中解毒，但必须在一开始就加入足量的冷水逐步加热升温，如若采用猛火煮熟，则有可能由于破坏了酶的作用而使氢氰酸残留下来，此情况在苦味品中极为危险。但只要注意上述环节，蒸煮及油炸都可以，而且可得到美味可口的食品。

（二）木薯食品制品

1. 木薯炒粉

木薯炒粉是一种较制作木薯片稍微复杂的精细制成品，是一种有价值的耐存食品，仅在南美洲流行。其制作方法是：先将薯根初步清洗，用刀削皮之后进行粉碎。采用搓擦机粉碎，有条件的可采用电动粉碎机或多功能切碎机。当得到足量的搓擦薯粉之后，即用树叶包裹起来，再压上重石头，也有用杠杆挤压或使用螺旋挤压器。在南美洲使用传统工具是一种圆筒编织物，编织的圆筒既可以变得细长，也可以变得粗短。在粗短状态时，将鲜木薯浆装进去挂在树枝上，使圆筒拉的又长又细。这样一来就使浆汁受到相当的压力从而将大部分毒汁析出。经处理后的浆汁可以做两种加工。在制作木薯炒粉时，为了提高质量可先将少量的已经发酵 3d 的浆汁相混合，然后将面团揉打、过筛，获得潮湿的粗磨粉，此后再将潮湿的粗磨粉进行加热，即在露天用平底锅置于炉灶上的大理石板上使其受热均匀而不致烧焦。在3～4h 的焙烤过程中，需要用长木叉子经常地翻拨使之成为烧焦黄的颗粒状。此产品在干燥条件下可长期保存。木薯炒粉是一种极好的主食，同大米饭一样与其他食物一起食用，并且也是旅行者很有用的应急食品，如果用较大的火力对薯浆进行单面加热可得到一面为黄的贴饼。如果进行双面焙烘再经晒干则可长期保存。这样的木薯面包，质地非常坚硬，但味道极美，常常蘸肉汁食用。

2. 木薯酱

木薯在加工时挤出的汁液中有非常丰富的营养，将其进行浓缩之后可以得以长期的保存，而且在烹调之后，所含的全部氢氰酸即被破坏。一般来讲，最苦的木薯品种制成的木薯酱最好吃。在西印度洋群岛，木薯酱用来保存鱼类或肉类食品，但尚需每日重新煮沸一遍。

3. 木薯糊

许多种木薯的稠糊是用新鲜的或煮沸的木薯捣烂之后制成的匀浆，食用时配上油酱而做成彩卷。这种食品以不同的名字流行于许多国家，例如比利亚、象牙海岸以及其他国家。

4. 植物干酪产品

由于木薯缺乏食物诸多的重要成分，尤其是缺乏蛋白质，因此常易造成营养不良症。为此，人们在此基本食物中加入蛋白质或其他营养成分。伦敦热带产品研究所对木薯的发酵进行了研究，制成了一种植物干酪。方法是通过发酵而增加木薯的营养价值。该过程包括在木薯湿粉团中增添一些矿物盐类及加入某种匍枝霉菌的孢子使之发酵。此法所得植物干酪产品中其粗制蛋白质含量由原来的 0.1% 升至 0.4%，并且可直接用于烹调。

（三）木薯粉点心

以木薯粉为原料的烘烤食品在市场上称为木薯点心。在马来西亚和其他一些地区称这类产品为加工业中的西谷产品。木薯点心是将木薯粉制作焙烤或薯花、薯粒和碎粉。

这些食品皆有部分的胶化木薯淀粉，在平底锅中拌湿加热后制成。加热时，湿的颗粒发生胶化、裂开并黏接在一起。因此，为防止焦化必须加以搅拌。制作好的产品如为不规则的小团块，即称薯花。如直径 1~6mm 的小圆锥，则称薯粒和薯株。有一种粉碎得更细的小粒成品使用碾磨胶化团块制成的，二筛屑和粉末则是制作薯粒珠后的剩余产品。

1. 木薯湿粉的制备

焙烤制品的原料是粉池或粉台的沉降淀粉，这些淀粉需要排除过剩的水和刮去一层"黄粉"，显然直接用加工过程的湿淀粉经济上更为合算。

制作食品只能选用最白的上等粉，因此，常在首次沉淀中加进一些亚硫酸。但是这种化学试剂必须在第二次沉降中用净水彻底清除，一点点酸的残存都将影响最终产品的质量。切勿采用活性氯制剂，否则将会使淀粉黏结成珠粒或其他形状。

先用小磨或铲将含有约 45% 水的湿粉块粉碎或压成一个间距为 10~20cm 的铁丝筐子。然后再将团块挤过一个 20 孔/寸的筛板，便形成了粗粒湿粉。

这个阶段的木薯只能使之胶化和制成薯花；如果需要制成薯粒或薯珠，还应再经过加工使湿粉粒加大，达到所需要的形状和黏度等条件，准备进行再处理。将一部分湿淀粉放入一个筒形的旋转盘内，其直径约为 0.9m，深 1.2m。在旋转过程中淀粉颗粒黏合成小颗粒或珠状。产品的质量取决于旋转的速度和时间。经过处理之后再用一定大小圆孔的筛盘将所需之大小的珠粒筛选出来。

2. 木薯粒团的胶化

在胶化过程中淀粉结构发生剧烈变化，其特性也随之发生变化。胶状物或凝胶的形成是从几乎不可溶的半结晶结构产品变为一种非结晶物质，然后可以在足够的条件下与一定比例的水混合成为黏性溶液，冷却后即凝结成半固体的弹性物质。

实现这一过程是由于化学试剂的作用或用于水溶液加热的作用，而只是后者与木薯产品有关。胶化开始后颗粒就消失，这一结构促进了膨胀。这两种过程中可在显微镜下观察到。木薯淀粉开始胶化温度约为 60℃，最后到 80℃。胶化点在一定程度上取决于颗粒的大小，因小颗粒较难以膨胀。

在制作焙烤食品时，应使用中等温度，使湿淀粉团的表面产生胶化，因此焙烤产品实为生淀粉的聚合，其外层包有一薄层坚硬而明显的胶化层。

制作薯花时，胶化过程在直径约 60～90cm、深 20～25cm 的浅锅中进行，浅锅外形如一圆球的截断，置于由砖砌成的烤箱中，以微火加热。为了避免淀粉烧焦，或许还为了使产品具备需要的光泽，事先用毛巾浸入油脂将锅壁涂抹一遍。此外，在制作过程中尚需大叉子翻拨淀粉块以防烤焦，这样也可以使胶化均匀，还应不时抽样检查，看熟化是否达到应有的坚实程度。

手工焙烤操作法也可用于制作薯珠和薯粒，但往往是颗粒大小不一，色泽和品质较差。

生产一等产品，更好的机械方法早已为人们掌握，其中之一是直接采用蒸汽法进行胶化。先将一层厚淀粉颗粒倾于一个盘内，由这些盘在传送带上缓慢地通过一个充满水的通道，这样便可达到均匀的胶化。

3. 木薯点心的干燥

手工制成的薯花经过胶化过程之后只不过将产品的水分含量降低百分之几，采用蒸汽加工薯珠和薯粒的情况与此相同。上述转桶加工法在干燥的同时伴随着胶化过程，桶内的通风促进了干燥，但水分的去除也不彻底。因此，在通常情况下必须在胶化之后再进行一次最后的干燥，使水分含量降至 12%。此干燥过程最好是在循环式干燥室中进行，用于干燥薯块和薯粒的温度不得超过 40℃，以免发生进一步胶化并使珠粒爆裂。在后期处理阶段，温度可达 60～70℃。在备有高效能的抽气装置时，干燥工序可在 34h 完成。在正常情况下，16t 的湿淀粉可以生产 10t 的烘干产品。

复 习 题

1. 世界薯类加工业的发展特点和走向。
2. 薯类食品加工的特点和分类有哪些？
3. 对鲜切马铃薯褐变抑制的措施有哪些？
4. 简述马铃薯泥的回填式加工法。
5. 甘薯的食用和药用价值有哪些？

第八章　杂粮食品加工

　　杂粮主要指小米、高粱、大麦、燕麦、黑米等小宗粮食产品，以杂粮为原料加工而成的食品统称为杂粮食品。我国杂粮资源非常丰富，产量巨大，分布广泛。

　　谷物杂粮食品中含有大量的蛋白质、矿物质、维生素等对人体健康有益的物质，可补充多食细粮而导致缺乏的部分营养素，其中含有的粗纤维能增加肠的蠕动，减少肠癌的发病率。因此，经常食用谷物杂粮可以增强体质，延续衰老，避免因长期食用高脂肪食品和过于精细粮食对人体所造成的危害。近年来，随着城乡人民生活的提高和健康意识的增强，杂粮及其食品越来越受到人们的青睐，杂粮及其食品的发展前景十分乐观。

第一节　小米、高粱的加工

　　小米（谷子）是粟谷粒去壳后的产品，是一种我国北方人民主要的粮食。小米中维生素 E 和硒含量比较高，蛋白质含量也较高，特别是小米的蛋白质质量较高，必需氨基酸含量分别比稻米、小麦粉、玉米高出 56.8%、80.6% 和 42.6%，除赖氨酸含量偏低外，其他氨基酸的比例基本符合 WHO 提出的理想模式。小米可用于煮饭或熬粥，还可制作成各种风味糕点，如小米糕和小米糖等。在工业上，小米可用来生产淀粉糖；经发酵后，可以生产各种酒、醋等食品。小米在医药上具有独特的食疗作用。小米性甘、微寒，有健胃除湿、和胃、安眠的功效。粟壳中含有大量纤维、戊聚糖和灰分，经粉碎后也可与粟细糠混合制成混合饲料。粟细糠含有丰富的脂肪和蛋白质，除了作为饲料外，还可榨油和制取蛋白制品。

　　高粱也是我国北方的主要粮食作物之一，随着高产优质品种的选育，高粱的应用价值逐步提高，其子粒除食用、饲料用外，还是制造淀粉、酒精和酿酒的重要原料，高粱的生产在国民生产中占重要地位。

　　高粱子粒含有丰富的营养成分。据分析，子粒中干物质占总量的 85.6%～89.2%，其中淀粉含量 65.9%～77.4%，蛋白质含量 8.26%～14.45%，粗脂肪含量 2.39%～5.47%。每 100 克高粱米释放的热量为 360kJ，仅次于玉米（362kJ），高于其他禾谷类作物。高粱用做食物历史久远，例如东北地区习惯将高粱子粒碾磨去皮加工成高粱米食用，一般做成高粱米干饭或稀粥，或与豆类混合做成高粱米豆干饭或豆粥。黄河流域则习惯于将高粱子加工成面粉，做成各种风味的面食。表

8-1列出了我国传统高粱食品种类。

表 8-1　我国传统高粱食品种类

类　别	名　称	代表性品种名称
米制食品	米饭	干米饭、捞米饭、水米饭、二米饭、豆米饭
	米粥	楂子粥、豆米粥、二米饭粥、咸米粥、奶布子（由稠粥做的一种甜汁）
面制食品	冷水面	饸饹、格豆子、单饼、饽饽叶、锅饹、拨面、切面
	烫水面	饺子、窝头、单饼、卷面、面鱼、揉面、疙瘩面、烙饼
	胶面糊	锅贴儿、锅饹、煎饼、煎饼卷
	干面	炒面、面糊粥
	湿面	散状糕
	发酵面	发糕、烤糕、酸汤子、卷花馒、三色糕
	糯面	年糕、黏豆包、黏火烧、黏饼
膨化食品	膨化子粒	膨化酥、爆米花、炒米花

一、小米的一般加工方法

粟的最外层有两片很大的护颖，里面有内外颖，将种仁全部裹合。内外颖较护颖坚硬且厚，呈白、黄、红、赤褐、黑等颜色，有光泽，是各品种粟的固有颜色。根据颖壳颜色不同，其工艺品质、颖壳和皮层组织的松紧也不相同。通常白色粟脱壳最容易，其次是赤褐色、黑色粟，红色粟脱壳最难。脱壳后的种仁即为粟糙米，由皮层、胚乳、胚等部分组成。粟的各部分组成为：粟壳占13%～18%，皮层和胚占3%～4%，胚乳占78%～83%，皮层较薄，与胚乳结合较松，去皮较易。粟糙米经碾米后为小米，碾下的皮层统称米糠，又称粟细糠。

一般加工过程如下。

1. 清理

原粮粟中夹杂有草秆、瘪粟、杂草种子、沙石、磁性金属物和泥灰等杂质，应尽量除去，做到净粟入臼。清理的设备有吸风分离器、振动筛、高速除稗筛、密度去石机和磁选机等。

2. 分粒

粟的粒度不整齐，会影响加工工艺效果。对于原粮粟品种混杂，粒度相差较大，最好进行分粒加工。分粒设备有振动筛、平面回转筛。分粒筛面的筛孔，可配各1.18mm左右的方孔，其筛上物为大粒，筛下物为小粒。大粒粟提取率为90%～95%，可采用调整筛孔大小的方法进行控制。为了保证分粒效果，应注意筛面上物料流量均匀，流层厚度以不超过10mm为宜，加强筛面清理，防止筛孔堵塞。分出的大小粟粒分别送入净粟仓分开加工。

3. 脱壳

采用多道连续脱壳，中间辅以除壳，直到粟壳基本脱净为止，常用的脱壳设备有胶辊砻谷机、离心砻谷机和胶砂脱壳机等。

4. 粟壳分离

粟壳砻谷机一次脱壳后，可以得到粟、粟糙米、粟壳、碎米和糠皮等混合物。通常是先将粟壳除去，然后继续脱壳或进行粟糙分离。可采用风选法分离壳，同时还可除去糠皮。其设备有吸式风选器和吹式风选器。

5. 粟糙分离

分离粟壳后的粟糙混合物，最好进行粟糙分离，将分出的粟送回砻谷机内继续脱壳，粟糙米则送往碾米机进行碾米。如果不经粟糙分离而继续脱壳，会使已脱壳的粟糙米经多次脱壳处理而增加碎米；粟糙分离设备有选糙溜筛、选糙平转筛和选糙机等。

6. 碾米

常用的碾米设备有：摩擦分离作用较强的铁辊压砣碾米机、碾削作用较强的三节砂辊碾米机，前道用铁辊压砣碾米机，后道用三节砂辊碾米机或立式砂轮碾米机，在每道碾米之后，辅以风选或筛选设备，清除米糠，从而提高碾白效果。

7. 成品整理

碾制后的小米中混有米糠和碎米，有时还有少量粟粒，通常是采用吸风式分离器或筛理风选设备清除米糠，筛面筛孔选用 0.7~0.9mm 圆形冲孔筛面或 22~24 目方孔金属丝筛布。然后用选糙溜筛、选糙平转筛或振动筛分离粟粒。最后用成品分级筛除去碎末即为成品小米。筛孔大小根据小米粒度和碎米提取量决定。在成品打包前，进行磁选，除去磁性金属杂质。如果采用分粒加工，需将大小粒小米混合后打包。

二、高粱的一般加工方法

高粱的种类和品种很多，有的适于加工成粮食供人们食用；有的适于作为制糖、酿酒和生产配合饲料的原料；也有的只宜于制帚。高粱的皮层内有鞣酸，皮色越深，鞣酸含量越高，深色品种高粱的种皮内含鞣酸可达 1.3%~2.3%。鞣酸又名单宁质，味涩，影响食欲，食后能使肠液分泌减少，妨碍人体消化、吸收，所以高粱必须去皮后才能食用。同时，最好选用皮色为灰白色的高粱作为制米原料。高粱可加工成米，也可加工成高粱糙和高粱粉，高粱经碾米后得到的米糠可提取单宁供药用；提取单宁后的米糠可作为饲料。

高粱子粒外层有两片硬质护颖，护颖里有一层膜质薄片称稃。护颖和稃合称颖壳，包裹部分或全部种仁。作为食用高粱的种仁通常是部分包裹的。一般高粱的颖壳与种仁的结合较松，在运输过程中，因碰撞、摩擦也会自动脱落。因此在高粱加工过程中，一般不另设脱壳工序。

种仁由皮层、胚乳和胚三部分组成。在高粱的皮层中还含有单宁。作为制米或制粉的原粮以皮色浅、单宁含量少的高粱为佳。对于皮色深和单宁含量高的陈旧高粱可作工业原料。

（一）高粱制米工艺流程

高粱→清理→分粒→碾米→成品整理→成品高粱米

1. 清理

原高粱中含有多种杂质，必须经过清理后才能进一步加工成高粱米，常用的清理方法有：

（1）筛选　清理高粱中的大小杂质。常用的设备有溜筛、简易振动筛（不带吸风装置）和振动筛等。

（2）风选　清除高粱中的轻杂质，如灰尘、外壳和粗细米糠等。主要风选设备有吸风分离器和风箱等。

（3）密度分选　清除粒度和高粱接近的石子和泥块，即并肩石和并肩泥块，一般采用密度去石机。

（4）磁选　清除高粱中的磁性金属杂质，如铁钉等。常用的设备有吸铁溜管、吸铁箱和永磁辊筒等。在清理、碾米和成品打包前，均需设置磁选设备。

2. 分粒

高粱因品种和生长条件的不同，其粒度也不一致。通常是大粒高粱结构坚实、皮层较薄，碾米时容易去皮，而小粒高粱胚乳比较脆弱，与皮层结合较紧密，大都属于未成熟的粉质高粱，去皮困难，容易产生碎米。如果不同的高粱混在一起加工，会出现大粒高粱过碾，小粒高粱去皮较少，造成成品精度不匀，碎米增加，影响成品质量和出米率。若采用分粒加工，可按大小粒的工艺性质，采取不同的加工方法和损伤规程。分粒方法通常有两种，一种是在清理过程中进行分粒；另一种是先经过1～2道碾米机配制后再行分粒。后一种方法称为粗碾后分粒，有利于提高分粒效率。分粒设备有溜筛、振动筛和平面回转筛等。

3. 碾米

高粱经清理、分粒后，可直接送往碾米机进行碾米，在碾米过程中主要是脱掉果皮和部分种皮，碾米设备有三节砂辊碾米机、立式砂臼碾米机和横式双辊碾米机等。碾米过程一般分为粗碾和精碾，中间辅以选糠和除壳设备，以利于提高碾米机的碾米效率。

粗碾为碾米过程的前阶段。如采用六道碾米机碾米时，其中前三道为粗碾，粗碾主要是将高粱全部颖壳、表皮和部分果皮碾去。在粗碾过程中，因带皮种仁表皮光滑、子粒坚实，能承受较强的作用力。所以，粗碾应碾去皮层的60％。各道碾米机应配备较高的转速、较大的压力、较多的米刀、较粗的砂臼砂粒，以碾去果皮为主，不求精碾，但应尽量避免产生碎米。当加工小粒高粱时，因去皮困难，所以碾米机内压力应大些，碾白室内的间隙可小些。为了防止产生过多的碎米，小粒的去皮量可比大粒的降低10％左右。

精碾是碾米过程的后阶段，是将用粗碾后的半成品，在尽量避免产生碎米的原则下，碾去剩下部分的果皮、种皮，达到成品高粱米的规定精度。在精碾过程中，碾米机的转速和机内压力要适当降低，米刀要少，砂臼砂粒要细，力求均衡精碾。当加工小粒时，不实粒较多，在精碾过程中易出碎米。为此，在不影响成品精度的前提下，去皮率可适当低些。

影响碾米工艺效果的主要因素是子粒的品质、碾米设备、工艺和操作技术。所以，要根据子粒的不同品质适当调整米机的转数，米质越差越要适当降低转数，减轻内外压力，放大米机间隙，采取多道、慢转、轻碾的加工方法。

当加工低水分高粱，特别是对经烘干、晾晒的高粱时，其皮层与胚乳结合紧密，胚乳结构较脆，容易产生碎米，可采用高粱表皮着水碾米，称为湿法碾米；着水后可使皮层润湿，吸水膨胀，增加皮层韧性，降低皮层和胚乳的结合力，增加高粱表面的摩擦系数，使米粒容易去皮。湿法碾米是在碾米前先将高粱喷雾着水、搅拌、润谷等工序处理，然后进行碾米。喷雾着水可使水呈雾状与高粱接触面增加，着水均匀，着水量应根据高粱的原始水分和高粱工艺性质确定，一般为2%左右。对于原始水分低的角质高粱，其加水量可多些，反之应少些。设备有喷雾着水机。着水后的高粱送入搅拌机内搅拌，混合均匀。常用的搅拌设备有螺旋输送机。在室温较低的情况下，还应采用夹套保温螺旋输送机，有利于水分向高粱皮层内部渗透，防止高粱表面结露。润谷的目的是使水分均匀地渗透入皮层，以利于提高碾米效率。润谷时间应根据着水量和高粱工艺性质决定。着水量少的或角质高粱，润谷时间可长些，为60s左右；着水量大的或粉质高粱润谷，时间可短些，为40s左右。润谷可采用润谷仓。经润谷后的高粱应尽快送住碾米机进行碾米。避免水分进一步向胚乳内部渗透，降低子粒强度，同时还会使碾米机产生糊碾现象，造成碾米机堵塞。

对粉质高粱、含水量高的高粱应采取不同的加工方法。

粉质高粱子粒胚乳结构松，抗压强度低。加工时，机内压力要小，碾白道数要多，砂号要细，转速要低，间隙要大，阻力要小，做到轻碾细磨。由于粉质高粱糠黏性大，糠麸更黏，要采取每道米机清糠并排除湿气的加工方法。为了适应加工粉质高粱的需要，有的采取头道米机两台并联使用的加工方法，目的是减少头道米机的流量，有利于脱糠和提高产量，改善质量，减少损失，提高出米率。

如果在北方冬季加工水分含量高的高粱子粒时，由于子粒的游离水分冻结，胚乳坚硬，抗压力大，进机遇热后皮层发软，脱皮较容易。子粒经过头两道米机脱皮后，温度升高，抗压力减弱，因此后一道米机应采取轻碾细磨的方法，在低温下碾制成符合精度标准的高粱米，加工质量较好。子粒含水量在17%以上时，可提高转速，放在碾白室的间隙。

4. 成品整理

高粱在碾米过程中，虽经多道选糠、除壳，但由于高粱米糠较黏，仍有部分米糠黏附在米粒表团和混在米粒中间，不仅影响成品质量，而且对储藏不利。所以必须进行成品整理，擦去米粒表面黏附的米糠，除去部分混在米粒中小的糠粞。常用的擦米设备有卧式擦米机和立式擦米机。除糠粞通常是用吸风分离器，借助气流吸出米糠和残留的颖壳，用溜筛或成品分级筛分离糠粞和碎米。在成品打包以前，对于采用分粒加工，还需进行大小粒混合，以便保证成品质量。

5. 产品和产品利用

高粱米通常用作煮饭，高粱米碾制成一定大小颗粒的高粱楂，可用来煮饭、熬粥。高粱粉可以制成烘饼或糕点等食品。高粱除食用外，还可用于制淀粉，制糖，酿酒，制酒精和丁醇等产品。中国名酒如茅台酒、泸州老窖特曲和汾酒等均以高粱为主要原料或重要配料酿制而成。经粉碎后高粱还可作为精饲料。高粱加工得到的皮壳可用来提取单宁，其副产品用作饲料，碎米可制糖。

（二）高粱制粉

高粱除了制米外，还可制粉。将清理过的高粱经过磨粉和粉料筛理，便可制成不同等级的高粱粉。高粱制粉有干法和湿法。

1. 干法制粉

干法制粉可分为高粱全子粒制粉和高粱米制粉两种。高粱米制粉是将高粱子粒先加工成高粱米，之后再将高粱米加工成高粱米面。高粱米面的质量好，但出粉率低，约在85%以下。用高粱全子粒制粉的方法基本上与小麦制粉的方法相同，这样加工的高粱面出粉率较高，可达90%左右，但食味较差，且不易消化，主要是因为高粱果皮里含有的单宁没有去净造成的。

2. 湿法制粉

用湿法制出的高粱面粉，质地既白又细，单宁含量很少，且易保管，很受用户欢迎。湿法制粉的工艺是：

高粱子粒→除杂组合筛→脱壳机→吸风分离器→清杂筛→洗粒机→热绞龙→圆筒仓→
烘干←制粉←净粒←溜筛←

高粱湿法制粉的操作要点如下。

（1）清理除杂　高粱子粒先进入第一道筛和除杂组合机，去掉杂质和沙石，再进入脱壳机和吸风分离器将高粱壳分开，然后进入清理筛再次清理。

（2）水煮　清理之后的净粒进入洗粒机进行淘煮和甩干。原粮水煮加温15～20min，再经润粮仓热焖。通过热水处理有下列优点：使皮和胚乳容易分离。因皮和胚乳两者吸水能力不同，在加温润粮过程中，使皮和胚乳发生相对位移，降低了皮和胚乳的结合力而容易分离；经热水处理的高粱皮塑性增大，皮更坚韧，研磨过程不易碎裂，使高粱粉质量有所提高，提高了成品纯度。高粱经水煮，大部分尘杂都被洗掉，同时还能溶解出部分单宁和色素，提高了食用品质。经热水处理，增加了黏性，吃起来糯软可口；加温处理，使高粱含的酶丧失了活性，再经烘干就能长期保存，不会变质。

3. 制粉

对磨粉机技术参数、粉路、工艺流程、平筛筛绢的配备加以必要改进，目的是磨辊研磨缓和，使高粱皮不致因激烈研磨而轧得过碎，影响质量。根据水煮润粮后，表皮胚乳结构分散的特点，使含有单宁的红皮尽量减少，尽可能地缩短粉路，采用平筛中路提皮工艺，减少大皮和克帽的研磨次数，将平筛筛绢适当放细，以提高成品精度。

经加湿、水煮、润仓热焖工艺，改进制粉工艺，使加工出的高粱粉既白又细，红皮含量很少，单宁含量极微，食之无涩感。

4. 烘干

湿法加工出来的高粱粉水分含量较高，难以保管，须经气流烘干设备烘干处理，使水分降至14%以下，烘干后待温度降到18.5℃，然后包装。

第二节　小米、高粱方便主食品的加工

一、小米、高粱方便主食品的分类

小米、高粱制成的方便主食品，按制作工艺和产品品种可分以下7大类。

1. 小米、高粱面条类制品

包括用小米、高粱为原料制成的小米、高粱挂面、湿面（生）、速食湿面、冻结方便面、烘干方便面、油炸方便面、面条粉、水饺粉、水饺皮等。

2. 小米、高粱馒头类制品

包括用小米、高粱为原料制成的小米、高粱馒头粉、馒头自发粉、馒头、包子、烙饼等。

3. 小米、高粱烘焙食品类

包括用小米、高粱为原料制成的小米、高粱面包粉、面包、饼干粉、饼干等。

4. 小米、高粱快餐粉类制品

包括用小米、高粱为原料制成的小米、高粱快餐粉、膨化型营养快餐粉、混合型营养快餐粉等。

5. 小米、高粱米粉（条）类制品

包括用小米、高粱为原料制成的小米、高粱米粉（条）、方便米粉（条）、湿米粉（条）等。

6. 小米、高粱糕团类制品

包括用小米、高粱为原料制成的小米、高粱汤团粉、汤团、年糕、发糕、蒸饺、煎饼等。

7. 小米、高粱速食米类制品

包括小米、高粱速食米等。

二、小米、高粱面条类制品的加工工艺

（一）小米、高粱面条类制品的生产工艺流程和操作要点

1. 工艺流程（见图 8-1）。

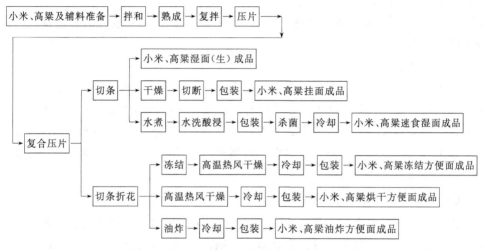

图 8-1　小米、高粱面条类制品的生产工艺流程

2. 操作要点

① 上述面条类制品都是以小米面条粉或高粱面条粉为原料制成的。按一定配方制成的面条粉，其加工性能与小麦粉是相近似的，所以制取面条类制品的设备及加工工艺与小麦粉的制面设备及加工工艺是大致相同的，设备可以通用，既可以生产小米、高粱类产品，又可同时生产小麦粉类产品，需要增添的辅助工具和改动的工艺不多。

② 面条类制品的生产在切条工序以前是完全相同的，切条以后因干燥方式各异，分为挂面、冻结面、烘干面、油炸面 4 种产品。其中三种是方便面，一种油炸方便面，两种非油炸方便面。此外还有未经干燥的生湿面与速食湿面两种产品。

（二）小米、高粱面条粉的制取

以小米或高粱为原料制成精制粉和膨化粉，并与各种辅料按比例完成混合，即成面条粉，以它为原料压制成各式湿面、拌面、方便面。这对于食品厂、挂面厂、方便面厂、食堂、饭店、个体作坊等，无疑都是很需要的。

1. 工艺流程

主料粉、辅料、添加剂 → 机械混合 → 包装 → 成品入库

2. 操作要点

① 混合粉中各组分的名称、性状、含量必须熟悉、清楚。投料混合之前，要反复核对，准确称量，完整记录方可混入。

② 混合作业，做到充分搅拌，均匀混合。

③ 对添加的食品添加剂要用锤片式粉碎机粉碎成 70 目左右的细粉，方可入拌，对氯化钙或氯化镁等凝固剂，也要事先粉碎到 70 目。这些原料多为块状结晶、粗粉，大小粗细不一，未经粉碎下能拌入，由于它们的吸湿性很强，在常温下即可吸湿潮解，无法使用。应该随用随粉碎随拌和，不宜积存。

④ 碱、食盐、乳化剂三种添加剂均不应作面条粉的拌入成分，只适合生产现场现配现用。

3. 产品特点

小米面条粉和高粱面条粉，它们的制成品口味纯正，口感细腻、柔软，具有小米或高粱特有清香，香味浓郁，营养丰富，且具有一定保健作用。该粉尚可按需调整配方，如添加黄豆粉、玉米粉、大米粉、面粉等，该粉用普通小麦粉制面设备和一般加工方法，即可制作各式机制面，如挂面、方便面（油炸、非油炸）、速食湿面、新鲜湿面等。

（三）小米、高粱挂面的制取

以小米面条粉或高粱面条粉为原料，可以按常规制取小米挂面和高粱挂面。小米、高粱挂面的产品口感细腻、柔软爽滑、圆润可口，具有小米或高粱特有清香，不浑汤，不断条，营养丰富，且具有一定保健作用，风味独特。

（四）小米湿面（生）和高粱湿面（生）的制取

在制取小米挂面和高粱挂面时，挂面机上完成压片切条后取下，不经干燥直接配发至各销售点，作为成品发售即为生湿面制品。也可以因地制宜、因时制宜地进行简易小包装，如 250g 装、500g 装等配发各地，也可以制成冷冻食品组织配发。

（五）小米、高粱速食湿面的加工工艺

杂粮速食湿面是将制成的面条经过水煮、酸浸、包装杀菌等一系列工序制作而成的，它具有外观光洁、弹性好、筋力强、耐咀嚼、滑润爽口、营养丰富等特点，既有传统新鲜水煮面的特性，又有手工拉面的口味口感。它食用方便，开水冲泡即可。另外吃法也多，蒸制、凉拌、烹炒、煮汤均可。

1. 速食湿面原料粉的制取

制定一定比例的精制粉与膨化粉，并用混合机与各种辅料充分混合。

2. 小米、高粱速食湿面的加工

工艺流程：

原材料准备 → 拌和 → 醒面 → 压片和复合压片 → 切刀 → 水煮 → 水洗酸浸 → 包装 → 杀菌 → 冷却 → 成品

（六）冻结方便面

面块蒸面后经冻结再用高温热风干燥。由于面条组织内部形成无数微细孔而呈海绵状，复水性好，口感亦得到改善。

工艺流程：

原材料准备→拌和→醒面→压片和复合压片→切条折花→蒸面→切断成型入盒→
成品←包装←冷却←热风干燥←冻结←

（七）小米、高粱烘干方便面

烘干面即高温热风干燥方便面，又称面饼，是非油炸方便面中的主要类型。由于复水时间稍长，有的甚至仍要煮制或微波加热后才可食用，市场份额受到限制，但是作为非油炸食品，将是今后发展的一种趋势。

1. 工艺流程

原材料准备→拌和→醒面→压片和复合压片→切条折花→蒸面→切断入盒→
成品←包装←冷却←高温热风干燥←

2. 产品特点

小米方便面和高粱方便面口味纯正，口感柔软，具有小米或高粱特有清香，不浑汤，不断条，营养丰富，具有一定保健作用。

（八）小米、高粱油炸方便面

油炸方便面又称速煮面、即食面、快餐面，其特点是干燥快（油炸 70s）、α-化度高（80%以上）、微孔多、复水性好，沸水浸泡 3min 即可食用，但含油量高达 20%～24%，生产成本较高，易酸败变质，保存期较短。油炸方便面的制作方法与上述烘干面是相同的，唯一不同的是干燥方式，前者是热风干燥，而后者是通过方便面生产线上的油炸机来完成的。

三、小米、高粱馒头类制品的加工工艺

以小米、高粱为原料可制取馒头类制品，包括馒头粉、馒头自发粉、馒头、包子、烙饼等产品。

1. 小米、高粱馒头粉的生产工艺

主料粉、辅料、添加剂→机械混合→包装→成品入库

操作要点：

① 对混合粉中各组分，投料前按设定配方必须核对清楚。

② 对添加的食品添加剂要用锤片式粉碎机粉碎成 70 目左右的细粉，

③ 混合工序应选用高质量的混合机，不宜用一般拌和机作业。

④ 混合过程要尽量减少环节，减少粉料与空气、工具、人手的接触，保持清洁卫生，严防杂菌污染。

⑤ 包装袋要密封。

2. 小米、高粱馒头自发粉的制作

把小米、高粱馒头粉制成自发粉，使消费者自行加工制作馒头变得非常方便，制作馒头时具有制作时间短，操作简单的特点，尤其适合于在家庭制作。生产馒头粉时有必要同时考虑设计生产小米、高粱馒头自发粉。自发粉的生产是工艺流程中添加了膨松剂，添加膨松剂分两种方式：一是只加入生物膨松剂，即活性高糖干酵母；二是既添加生物膨松剂，同时又添加化学膨松剂，发酵效果将更可靠。

产品特点：小米、高粱馒头粉或自发粉可用普通小麦粉设备和一般加工方法制取各式发酵食品，如馒头、花卷、烙饼等；馒头自发粉，消费者食用时只需加水拌和，发酵 30min 后按需成型，蒸浴 20min 即可。上述制品冷冻后，风味不变，可制成各式冷冻调理食品，消费者食用，只需稍加蒸煮即可。本品的制成品，口味纯正、香甜、口感细腻、松软，具有小米、高粱特有清香，香味浓郁，风味独特，营养丰富，且具有一定保健作用，易于消化吸收，老幼皆宜。

3. 小米、高粱馒头类制品的制作

工艺流程参照一般馒头的生产工艺：

原料粉→和面→发酵→成型和醒发→蒸煮→成品

4. 小米、高粱包子的制作

以馒头粉或馒头自发粉为原料，可以制取各类杂粮包子、小笼包子，并且在密封包装后放入冷藏设备，在 −18℃ 以下冻藏可保存 6 个月，食用时不需解冻即可直接蒸制，冷藏、冻藏后食感风味不变，食用方便。

小米、高粱包子的工艺流程参照一般包子的生产工艺：

馒头粉的制备→发酵面团的调制→发酵→包馅成型→醒发→蒸制→成品

四、小米、高粱烘焙食品类制品的加工工艺

小麦粉制取面包、饼干的工艺技术已十分成熟，在此基础上推及以小米粉、高粱粉作原料制取各类各式面包、饼干，满足市场日益增长的多层次的迫切需求，开发前景广阔。

小米、高粱烘焙类食品产品主要有杂粮面包粉、杂粮饼干粉、杂粮面包和杂粮饼干等。

杂粮面包粉所具有的理化特性，与小麦粉相近似，所以制取面包的设备与小麦粉制取面包的设备是完全相同的，制取的工艺也相似，制作过程中所用的一般辅料，如糖、油、盐、乳、蛋以及其他添加剂及其预处理，基本上可以参照小麦粉的工艺处理。

杂粮饼干按加工工艺可分为韧性饼干、酥性饼干、苏打饼干和蛋黄饼干 4 类。

杂粮饼干制取的基本工艺与小麦粉制饼干相似。

五、小米、高粱制成快餐粉类制品的加工工艺

快餐粉类制品包括：①小米、高粱快餐粉；②膨化型营养快餐粉；③混合型营养快餐粉三种。这类制品清香黏糯，圆润可口，老幼皆宜，深受人们喜爱，尤其适合老人、儿童。食用时用开水冲调，稀稠咸甜自便，可成羹成糊，可成可食饮料，品种繁多，营养丰富。杂粮快餐粉可以充分发挥各自的营养优势和功能优势，资源丰富，设备和工艺简易，制品食用方便，需求层面广、量大，市场前景看好。

六、小米、高粱制成米粉（条）类制品的加工工艺

以小米、高粱为原料可制成米粉（条）、方便米粉（条）和湿米粉（条）三种产品。从加工工艺可区分为湿法生产和干法生产两大类，前者的特点是以纯小米、纯高粱为原料，由子粒浸泡磨浆制得成品；后者可以是单一纯粮干粉，也可以是配合粉，以干粉加水拌和蒸粉后挤压得成品为特点。

（一）小米、高粱湿法生产的加工工艺

1. 湿法刀切式米粉（条）生产

以纯小米或纯高粱米为原料，按下列工艺流程：

原料→淘洗→浸泡→拌粉→磨浆→蒸粉→切条→干燥→成品

2. 湿法挤压式米粉（条）

生产以纯小米或纯高粱米为原料，按下列工艺流程：

原料→淘洗→浸泡→拌粉→磨浆→脱水→蒸粉→挤压→压条→熟成→松条→复蒸→成型→干燥→冷却→包装→成品

（二）小米、高粱米粉干法生产的加工工艺

米粉干法生产是指制作米粉的原料是干粉而不是水磨粉或湿磨粉，可以是小米、高粱磨成的细粉，也可以是按设定配比混合而成的配合粉。干法生产虽然原料可以有多种类型，但是它们制取米粉的工艺技术、生产过程、操作要点相同，都是用挤压工艺生产的。

配合粉是几种原粉按优势互补、营养互补的原理，根据设定配方混合而成的，原料来源难易不一，制粉工艺设备各异，组成生产线因素要稍多一些。

干法生产的一般工艺流程：

原料→清理→脱皮→磨粉→混合→拌和→造粒→蒸粉→压条→熟成→松条→干燥→切断→包装→入库

（三）小米、高粱方便米粉（条）的生产

方便米粉的加工工艺，分干、湿法两种。湿法是用原粮子料加水磨成米浆，制成米粉（条）。干法是用原粮干磨成细粉加工而成。干法工艺又分高温干燥和冻结烘干两种。凡制取方便米粉都要采用高温（60～90℃）快速干燥的方式，其意义在于不使淀粉回生。

1. 湿法生产工艺流程

原料→淘洗→浸泡→磨浆→脱水→蒸粉→压片→压条→复蒸→降温→干燥冷却→包装→成品

2. 冻结烘干法生产小米、高粱方便面（条）

生产方便米粉的原料粉可以是单一的小米粉或高粱粉，也可以是以小米或高粱为主的混合物。加工方法的特点是：成型以后的面块入速冻箱（室）进行冻结，完成冻结后再用高温热风干燥得成品。

冻结烘干法的加工工艺工艺流程为：

原料→清理→脱皮→磨粉→拌和→造粒→蒸粉→压条→成型→冻结→干燥→包装→入库

3. 烘干法生产方便米粉

在冻结烘干法生产方便米粉的加工工艺中，如果抽去冻结这一道工序，就成为生产方便米粉的另一种方法即烘干法。两者的工艺除冻结与否外，其余完全相同。工艺不同，成品品质有较大差异，前者由于经过冻结，米粉组织内部形成无数微细孔，复水时间短，食用方便。未经冻结，米粉内部固化，食用时复水时间较长。

七、小米、高粱糕团类食品的加工工艺

以小米、高粱的精制粉、水磨粉、冻结粉为原料制作各式糕团的加工其制品种类可以有多种多样，可因地而异，有的与传统文化饮食习惯相联系，但它们的成型原理与加工方法大致是相同的。

1. 小米、高粱汤团粉的制作

以黏小米、黏高粱为原料，应用水磨粉的生产工艺，制成小米汤团粉和高粱汤团粉，这类汤团粉既能作为半成品供应给生产单位作原料，又能以小包装供应给消费者。

工艺流程：

原料清理清洗→子粒浸泡→磨浆→干燥→粗粉碎→磨粉→筛理→包装→成品

2. 汤团的制作

汤团这类制品由于主副食结合、营养丰富、食用方便、风味独特，很受城乡广大消费者所喜爱，尤其受到老人和儿童的欢迎。汤团类制品经包装、密封，生熟均可。经冷冻，在-18℃以下冻藏可保质9个月，也可在冰箱冷冻室冻藏，风味不变，食用方便。

工艺流程：

水磨粉的制取→调制面团→包馅成型→煮制→成品

其操作要点如下：

① 原料粉的制取，以糯小米、糯高粱为原料，制成水磨粉（即汤团粉）。

② 调剂面团，方法有二。一是 500g 粉用 75g 沸水的比例冲调干生粉，边冲边搅，形成熟粉心，然后用常温水加粉拌和，揉成面团；二是用 1/3 的生粉煮芡，然后加常温水和剩余 2/3 的生粉，反复搅揉拌和成面团。

③ 包掐成型。

④ 煮制，水开后放入，汤团浮起后再煮 1～2min 即可食用。

3. 小米、高粱发糕的制作

发糕类产品松软可口，别具风味，很受群众欢迎，经常被用来调剂主食，丰富花色品种。由于发糕是直接入口的热食品种，所以它的管理经营与馒头、包子相类似。发糕是以小米、高粱的精制粉、水磨粉、冻结粉为原料制成的，品种繁多、口味各异，它又是发酵食品，营养丰富，易于消化，尤其适合老人、儿童。其生产工艺流程如下：

原料粉→煮芡→加水拌和→热芡调粉→加入酵母→发酵→加碱→蒸煮→切块→成品

4. 小米、高粱年糕的制作

年糕是深受消费者喜爱的食品，年糕的种类很多，各地的加工方法也有所不同，下面仅就包装年糕的制法作一介绍。

年糕一直是用传统的方法制作，为了改善年糕稳定性，提高质量，对制品进行包装密封，加热杀菌等处理，就制得了包装年糕。

制作流程如下：

原料粉芡→加水拌和→造粒→蒸煮→挤压成条→冷却硬化→切块成型→包装→杀菌→成品

八、小米、高粱速食米的加工工艺

小米、高粱速食米的一般工艺流程如下：

原料→清理→脱皮→筛理→清洗→浸泡→拌入→蒸煮→冻结→干燥→冷却→包装→入库

操作要点：

（1）原料 选择符合质量的原料。

（2）清理 脱皮、筛理。根据小米、高粱的结构特点完成清理除杂和脱皮；并对米粒进行筛理，通过 10 目筛和 12 目筛，前者筛去大粒，后者筛去小粒，取粒径 10～12 目，小米可省去筛理。

（3）浸泡 以浸泡透润过心为准，一般的标准是手指捏压可成粉末。然后沥干，使其含水量为 40%～45%。其中的 14% 为原料米原有水分，26%～31% 为浸泡时渗入的水分，含水量少于 40% 会蒸煮不透，而大于 45% 易发生粘连。

(4) 拌入添加剂　添加剂的配方为：乳化剂 0.2%～0.4%，油脂 0.5%～1.2%，环状糊精为 0.2%～0.4%。

(5) 蒸煮　将拌和后的米粒装铺于料盘，厚度约为 4cm，同时将料盘装上料车，并将料车推入高压锅内进行高压高温蒸煮，温度 125℃ 左右，蒸煮时间约 25min。

(6) 冻结　蒸煮后，物料用风机进行短时间冷风散热，使其温度降至室温。将散热后的料车推入速冻箱进行冻结。物料中心温度须达 -18℃ 以下。

(7) 干燥　物料在常压条件下迅速高温干燥。

(8) 冷却和包装。

第三节　荞麦、燕麦、黍稷食品加工

荞麦为蓼科植物，又称三角麦，分甜荞和苦荞两种。荞麦除了碳水化合物接近稻米、小麦面粉和玉米外，其他营养指标均高于这几种主要粮食。例如，荞麦蛋白质含量高达 10.5%～13.9%，仅次于豆类和燕麦，赖氨酸含量高达 0.67%～1.17%，与色氨酸的比值达 4.0～5.3，相当于稻米、小麦粉含量的 2～4 倍。荞麦和其他谷物配合食用可显著提高食物蛋白质的营养效价，使其蛋白质的营养价值成倍增长。特别是荞麦中还含有芦丁、类黄酮，它们有很好的降糖降脂作用。

燕麦分带皮和裸仁两种。山西燕麦为裸仁燕麦，又称莜麦。山西省的西部、北部，河北省北部及内蒙古等地区广泛种植燕麦，资源很丰富。燕麦是一种高蛋白、高脂肪的谷物。蛋白质含量在 15% 以上，赖氨酸 3.7% 左右，比多数谷物高 30%～40%。燕麦脂肪含量为 3.7%～7.8%，是小麦的两倍。燕麦脂肪中棕榈酸为 16.44%，油酸 39.34%，亚麻酸 1.58%，硬脂酸 1.09%，亚油酸含量最高为 46.16%。

黍稷是起源于我国的最古老作物之一。黍子具有生育期短、抗旱、耐瘠的特性。黍子在世界上主要分布在前苏联、中国、阿富汗等国家，我国每年种植面积173 万公顷，主要集中在内蒙古、陕西、山西等省区。黍子是干旱寒冷地区的主要粮食，在内蒙古、新疆、青海等省区以粳性为主，在山西、陕西、山东三省以糯性为主。我国民间每逢喜庆佳节，就用优质黍子面做成年糕招待客人；黍制的黄酒更是具有滋补和食疗的作用。

荞麦、燕麦、黍稷的用途很广，可以开发各种食品，具有很好的发展前景。荞麦、燕麦、黍稷的加工工艺品质与大米、小米、高粱相近，各主食制品工艺流程、操作要点均可对照参考。

第四节　大麦食品加工

栽培大麦以大麦穗的式样，即穗部的子粒行数，可分为六棱大麦和二棱大麦。六棱大麦子粒小而整齐，多用以制造麦曲，有一种疏穗的六棱大麦在侧小花处重叠，被误认为四棱大麦，子粒大小不匀，多用作饲料；二棱大麦子粒大而饱满，淀粉含量高，供制麦芽和酿造啤酒。

普通栽培大麦为重要的饲料和酿造原料。栽培大麦分为皮大麦（带壳）和裸大麦（无壳的）等类型；农业生产上所称的大麦是指皮大麦，裸大麦在不同地区有元麦、青稞、米大麦的俗称。我国的冬大麦主要分布在长江流域各省市；裸大麦主要分布于青海、西藏、四川、甘肃等省、自治区；春大麦主要分布于东北、西北和山西、河北、陕西、甘肃等地的北部。

在世界各类作物中，大麦的总面积和总产量仅次于小麦、水稻、玉米，居第四位，大麦因其生物遗传特性不同，可分为带壳大麦、无壳大麦和非蜡质大麦。

大麦具有食用、饲用、酿造以及医药等多种用途，是世界性的重要粮食作物之一。

一、大麦发酵食品及饮料

（一）麦茶发酵清凉饮料

这种饮料是以大麦、裸麦的浸出液加糖、蜂蜜、调味料制成的具有独特风味的谷物饮料。

生产工艺流程：

① 取炒麦茶（由大麦和裸麦制成）放入 10L 沸水中浸 10min，过滤后添加液化淀粉酶，在 60℃的温度下搅拌 2h 使其反应。反应后利用碘进行检验，反应前遇碘呈现蓝色，反应后遇碘无色。

② 将温度升高到 100℃，使液化淀粉酶钝化，然后使液体温度保持在 55℃，添加糖化淀粉酶，静置 3h。

③ 在上述处理的原液中加糖、蜂蜜、乳酸、苹果酸、磷酸并充分混合均匀，然后将其 pH 值调节到 3.5 后，在 95℃左右的温度下进行灭菌，时间为 10min 左右。经过冷却后加入面包酵母，在 5℃下发酵后除去酵母，加压充入二氧化碳气体，装瓶后在 60℃的热水中杀菌 10min，即制成清凉的饮料。

（二）大麦茶

1. 生产工艺流程

原料选择→焙炒→浸提→调配→灌装封口→杀菌→冷却→成品

2. 操作要点

① 原料选择。选用颗粒饱满、无霉变、无虫害的大麦为原料。

② 焙炒。香味和色泽是大麦茶的两个重要风味特点，而香味和色泽取决于大麦的焙炒程度。当炒至大麦有强烈的大麦香味和表面出现焦化时出锅，此时大麦已产生香味和着色能力。

③ 浸提。将焙炒后的大麦与 12 倍大麦质量的清水，加热煮沸 20min，滤出糟子，再加入 8 倍于大麦质量的清水进行第二次煮制浸提。将两次所得浸提汁混合后再过滤一次待用。

④ 调配。将大麦浸提汁送入调配罐，按照一定的比例称取白糖，将其配成浓度为 50% 的糖液，经过滤后加入调配罐中搅拌均匀，迅速加热煮沸，最后加入适量柠檬酸溶液及香料等搅拌均匀。

⑤ 灌装封口。调配好的大麦茶立即趁热进行灌装，并立即加盖密封。

⑥ 杀菌、冷却。封口后的大麦茶，放到高压杀菌锅中进行杀菌，杀菌公式为：(10s—15s—20s)/118℃。

3. 成品质量指标

色泽：黄褐色；组织形态：均匀浑浊，无杂质；滋味与气味：具有大麦焙炒后应有的焦香味，无异味。

（三）大麦茶饮料

1. 生产工艺流程

原料→烘焙→破碎→浸提→过滤→调配→灌装→杀菌→冷却→成品

2. 操作要点

① 大麦的处理及烘焙。选用颗粒饱满、无霉变、无虫害的大麦，除去其中的杂质，利用清水洗净、晾干。采用 320℃±5℃ 的温度进行烘焙，当大麦表面呈现茶褐色并具有浓郁的大麦焦香味时，停止烘焙，时间约 30min。

② 破碎。将上述烘焙的大麦利用粉碎机将其进行破碎，破碎后要求其颗粒能通过 40 目筛。

③ 浸提。采用二次浸提，浸提温度为 70℃ 左右，利用的水为采用活性炭净水器处理过的水，大麦和水的比例为 1∶15，浸提时间为 15min。

④ 过滤。将上述浸提后的料液，先经过粗滤，然后再利用板框式过滤器进行精滤。

⑤ 调配。将上述精滤后的料液加入一定比例的糖及酸味剂等，充分混合均匀。为防止饮料中有效成分的氧化，调配时可加入 0.1% 的脱氢抗坏血酸。

⑥ 灌装。将调配好的饮料利用灌装机进行灌装，采用 250mL 玻璃瓶，灌装量为（230±5）mL，灌装温度控制在 85℃。

⑦ 杀菌。将灌装后的饮料送入高压杀菌锅中，在 121℃ 的温度下进行杀菌，时间为 5min，然后经过冷却即为成品饮料。

二、其他大麦食品

（一）大麦芽营养原麦片

1. 生产工艺流程

原辅料→混合→搅拌→胶体磨细磨→辊筒式压片机→制片→冷却→粉碎造粒→原麦片

2. 操作要点

① 原辅料处理及混合。将发芽大麦利用粉碎机磨成粉状，过 80 目筛，得到大麦芽粉。然后将大麦芽粉和面粉按配方规定的比例准确称量后充分混合均匀。大麦芽粉的添加量不能过多。主要是因为大麦芽粉中的还原糖含量高，添加越多，在挤压时美拉德反应越强烈，麦片的色泽越深。同时，大麦芽粉中的蛋白质含量小于小麦粉，添加过多导致麦片的营养下降，起不到补充营养的作用。另外，大麦芽粉中缺乏面筋蛋白，添加过多导致麦片的成型性差。

② 搅拌。加入原料质量 30% 的清水，放入搅拌锅中搅拌 20min，直至搅至无团块，搅拌好的浆料应具有一定的黏稠性和较好的流动性。

③ 细磨。将上述搅拌好的物料泵入胶体磨中进行磨浆。

④ 压片。将蒸汽缓慢通入辊筒式压片机，待压辊表面的温度升高至预定温度（140℃）时，即可上浆，要求涂布均匀，成片厚度为 1～2mm 之间。应说明的是，挤压的温度不能过高或过低，原因是大麦经过发芽后，其中还原糖含量高，在过高的温度下挤压，美拉德反应较为强烈，而且形成一些苦味物质，而挤压温度过低，美拉德反应发生较弱，因此造成产品的色泽较浅。

⑤ 粉碎造粒。从压片机上下来的麦片马上进入造粒机中进行造粒，粒度以 5～6mm 为宜，然后用筛子筛除粉尘即得原麦片。

（二）双歧大麦速食粥

双歧大麦速食粥是以大麦为主要原料，配以双歧因子等辅料，以挤压膨化工艺加工而成的。它充分保留了大麦的营养保健价值，并改善了大麦的不良口味，食用方便。

1. 生产工艺流程

原料→粉碎调整→挤压膨化→烘干→粉碎→调配→包装成品

2. 操作要点

① 原料。选择无霉变的新鲜大麦，去杂质，去皮。为改善产品外观及口感，原料中添加 10% 左右的大米粉。

② 粉碎。为了适应挤压膨化设备的要求，大麦粉碎至 60 目左右。

③ 调整。将大麦粉、大米粉按比例混合搅拌均匀，测其水分含量，为保证膨化时有足够的汽化含水量，最终调整水分含量为 14%，搅拌时间为 5～10min，使

物料着水均匀。为改善产品的即时冲调性，在物料中加入适量的卵磷脂，以提高产品冲溶性。

④ 挤压膨化。选用双螺杆挤压膨化机，设定好工艺参数，将大麦等原料进行膨化处理，使物料在高温高压状态下挤压、膨化，物料的蛋白质、淀粉发生降解，完成熟化过程。挤压膨化的工艺参数一般为：物料水分为 14%，膨化温度Ⅰ区 130℃、Ⅱ区 140℃、Ⅲ区 150℃，螺杆转速为 120r/min。

⑤ 后处理。膨化后产品水分含量在 8% 左右，通过进一步烘干处理，可使水分降低至 5% 以下，以利于长期保存，干燥后的产品应及时进行粉碎，细度 80 目以上。

⑥ 调配。膨化后的米粉为原味大麦产品，略带焗香味，无甜味，通过添加 10%～15% 的双歧因子（低聚异麦芽糖等低聚糖）来改善产品的口味。

⑦ 包装。将调配好的产品立即称量，并进行包装、密封，防止产品吸潮。经过包装的产品即为成品。

（三）大麦糖浆

以大麦为原料，在酶的作用下，将大麦淀粉糖化分解为较小的糊精、低聚糖、麦芽糖和葡萄糖等低分子糖类，并含有一定量的可溶性氮和 α-氨基氮的大麦汁。由于其固形物大部分是以麦芽糖为主的碳水化合物，故称之为大麦糖浆。大麦糖浆在食品加工中的应用非常广泛。

1. 生产工艺流程

大麦→清洗→浸泡→粉碎→调浆→糊化→糖化→过滤→后处理→大麦糖浆

2. 操作要点

① 预处理。原料大麦经过除杂、粗选和清洗后，在 45℃ 左右的水中浸泡 25～30min，使麦皮含水量约为 25%。排出浸泡水，采用湿法粉碎，粉碎后加温水调浆。粉碎时要求大麦皮破而不碎，内容物粉碎完全，最后料水比控制在 1∶（4～4.5）。

② 糊化。调节料液 pH 值为 6.5，加入耐高温细菌 α-淀粉酶，起始温度 50℃，维持 10min，升高至 84～86℃，待料液糊化和液化完全。

③ 糖化。料液降温至 50～52℃，调节 pH 值为 5.5，边搅拌边加入细菌蛋白酶、葡聚糖酶和异淀粉酶，此后温度变化过程为：50～52℃（90min）→62～63℃（90～120min）→70～75℃→糖化完全（碘液检验）。

④ 后处理。根据大麦糖浆的用途和添加方式不同，后处理的过程可大致分为两种：一种是生产后及时使用的，后处理相对较简单，过滤后即可分批加入煮沸锅与麦芽糖化后的麦芽汁混合；第二种是处理成商品化的浓缩大麦糖浆，需要煮沸灭菌，煮沸时同时添加酒花，蒸发浓缩或真空浓缩至规定的浓度，根据需要还可用活性炭作脱色处理。一般糖浆固形物含量为 70%～72%，使用时可灵活稀释成各种浓度再添加。后处理的过程一般为：糖化→过滤→煮沸（加酒花）→脱色→过滤→浓

缩→包装→成品。

（四）大麦麦绿素

麦绿素是大麦麦苗汁的精华，是纯天然的健康食品，富含维生素、矿物质、活性酶、叶绿素、氨基酸和蛋白质等活性有效成分，从改善人体细胞的健康和活力开始，全面增强身体素质和机体的免疫力，达到防治各种疾病的神奇效果。

1. 生产工艺流程

大麦嫩苗→前处理→破壁打浆→离子低温护绿→浸提→榨汁过滤→提取液→浓缩→
麦绿素←常温干燥←┘

2. 操作要点

① 最佳麦苗生长时期。根据比较试验研究，大麦苗高20cm左右、约5～6叶期是提取麦绿素的最佳生长时期。此时的麦苗苗嫩翠绿，叶绿素和蛋白质含量均较高，田间群体也达到一定生物产量。过早生物产量太低，过迟植株老化，粗纤维大量增加，均不利于麦绿素提取和生产。应说明的是，大麦麦苗应严格保持无污染，生长旺盛。有条件可用工厂化水培生产麦苗原料，既可保持绝对无污染，又可常年生产，不受季节限制。

② 护绿。麦绿素提取过程中难度最大的技术是护绿，因为叶绿素极易氧化，保护叶绿素的主要方法为离子护绿和低温护绿。

③ 提取温度。尽管温度较高时，提取速度较快，但极易使叶绿素遭受破坏，40℃温度下提取液显示淡绿色，而在低温（0℃）或冬季常温（10℃）下提取液颜色浓绿，叶绿素含量高。从工艺角度看，在冬季常温下提取麦绿素最为简便有效，可适当延长浸提时间。

④ 提取溶剂与物料溶剂比。提取溶剂为水和乙醇。一般第二次用水浸提（自然酶解），最后一次用乙醇浸提。第一次浸提时物料溶剂比应高达1:8，而后逐次降低至1:5和1:3，这样的提取方法浸提作用完全，效率高。每次浸提时间为1～2h。

⑤ 干燥。麦绿素提取液为碱性，黏稠度较大，浓缩和干燥较难。可以利用离心沉淀和低温浓缩，常温干燥和真空冷冻干燥等方法，目的是最大限度地保护叶绿素。

（五）大麦膨化粉

大麦膨化粉属糊粉类食品，按其配料与工艺，可分为纯麦型、混合型、保健型和代乳型等几种。

纯麦型：是以大麦为主料，掺和15％的蔗糖或按蔗糖和甜味倍数计算，选用甜味剂代替10％的蔗糖，制成低糖型。常用作早餐冲调食品或用作其他食品的原料半成品。

混合型：是以大麦和其他谷物、豆类、芝麻等混合物料为料，再配其他调味料。产品用途与纯麦产品相同。

保健型：是在纯麦型或混合型的基础上，添加具有保健作用的茯苓、山药、米仁、百合等食药兼用的物料以及人体必需的维生素、矿物质、氨基酸或其他营养强化剂。其产品常用作营养保健食品或调节人体某些生理功能的功能性食品。

代乳型：也是在纯麦型或混合型的基础上，添加婴幼儿生长发育所必需的营养成分和维生素、矿物质或其他营养强化剂。其产品用作婴幼儿冲调食品或用作加工婴幼儿食品的原料半成品。

1. 生产工艺流程

主料（大麦或大麦粉或加其他谷物的米或粉）拌和混合进机膨化→膨化颗粒粉碎→

成品←抽样检验←计量包装←无菌冷却←干燥杀菌←膨化粉配料混匀筛粉←

2. 操作要点

原辅料必须符合国家颁布的各类原辅料的质量标准和卫生要求。配方选定应具有针对性，符合营养平衡的科学计量配方。物料清理需按照各类物料的加工特性，如玉米子粒需要去皮、提胚和精制。物料粉碎后的粒度一般粒径为 $1\sim3mm$。芝麻颗粒较小，须单独炒制后与膨化颗粒混合后一起粉碎。蔗糖预先粉碎过 80 目筛，在 $70℃$ 温度下烘 1.5h，随后和入膨化粉中。用量较少的调味配料或营养强化剂，为使和入均匀，须先与少量蔗糖粉或膨化粉和匀后再加入，如鱼肝油胶丸，须溶入熬制后冷却到 $70℃$ 以下的豆油中然后和入。投料先后应按物料性质循环进行。主料控制水分以 $12\%\sim17\%$ 为宜，水分高，膨化温度下降，熟化达不到要求，产品质地粗糙；水分低，膨化温度过高，颗粒色泽焦黄有苦味。膨化颗粒水分为 $8\%\sim10\%$，产品水分低于 5%，才能具有良好的保存件。膨化操作时，物料进机均匀，机速适中，停机或生产结束时，须及时把机内的物料清刷干净，以免物料冷却后在机内堵塞。

（六）大麦膨化小食品

膨化小食品是指挤压机生产的直接膨化的产品。它设备单一，制作技术规范，制作过程简单、便捷，产品花色多样，外形巧妙，配方注重营养和消化吸收，口味清淡、爽脆，一改制作传统小食品高糖高油的习俗。

1. 原辅料

主料为大麦粉和其他谷米、豆粉等。辅料按产品的需要有蔗糖、葡萄糖、奶粉、蛋类，各种果蔬粉类、柠檬酸、精盐、可可脂、咖喱粉、花椒粉以及各种营养强化剂等。

2. 生产工艺流程

原料→混合→调理→挤压膨化、切割烘焙→调味→冷却→计量包装→成品

3. 工艺设备

小食品连续膨化设备的工作原理和主要参数与大型连续膨化工艺和设备基本相同。其工艺不同之处：原料要用粉状，并须预先混合、加湿，使水分含量为 $7\%\sim$

15％，水分稍高可使食品从模孔挤出时产生更多的小气孔，膨化率高，但食品表面粗糙，干燥后易破裂。膨化后的半成品需要经轻微的烘焙，然后半成品表面连续均匀地添加植物油、调味液和调味料，经烘干即为成品。

（七）大麦嫩叶汁粉

大麦嫩叶汁粉是从大麦嫩叶中提取的。这种保健食品对损伤的 DNA 具有促进修复的作用，还有消炎、镇痛、抑制艾滋病、治疗糖尿病、降低血压等功效。

大麦嫩叶汁粉的提取工艺如下：取 10kg 新鲜的大麦嫩叶，先用清水清洗干净，再用食品用洗涤剂的水溶液仔细洗涤，洗净后沥去水分，在混合器中进行粉碎、榨汁，得到清汁 9L（pH 值 6.4，含清汁干燥物 110g）。另取 600g 干海带，在 600℃的温度下进行灰化，然后加水，挤出灰水提取液。在上述大麦嫩叶清汁中用这种海带灰水提取液进行中和，使清汁 pH 为 7.0，在送风温度为 170℃下进行喷雾干燥，得清汁粉 405g，收率为 97％。采用这种方法能使粉末长期保持绿色，不会褐变或变质。

第五节 黑米食品加工

黑米是我国最早食用的稻类作物之一。黑米富含蛋白质、赖氨酸、植物脂肪、纤维素和人体必需的矿物质铁、锌、铜、锰、钼、硒、钙、磷等，以及丰富的维生素 B_1、维生素 B_2、维生素 B_6、维生素 B_{12}、维生素 D、维生素 E 和烟酸、花青素、叶绿素及黄酮类等药用成分，尤其是含有一般大米缺乏的维生素 C、胡萝卜素等。从总体上讲，各类型黑米营养成分比白米有显著提高。

由于黑米具有较高的营养价值和保健功能，同时具有理想的营养品质和优良的经济性状，所以是加工营养保健食品的理想原料。目前，以黑米为原料加工的保健食品已有几十种，如发酵食品、饮料、糖果、糕点等。黑米制作主食与其他杂粮相似，这里不再介绍。

一、黑米粉丝

1. 生产工艺流程

黑米清洗、浸泡→粉碎→辅料添加及拌和→造粒→蒸料→挤丝、熟化┐
分拣、切割、计量、包装←分丝、干燥←┘

2. 操作要点

① 原料精选。要求选用无虫蚀、无霉变的黑米为原料，最好选用糙黑米。

② 洗米、浸泡。黑米经拣选、淘洗干净后，再进行浸泡。夏天泡 2～4h，冬季泡 5～6h，泡到手捻米烂即可，取出沥水。

③ 粉碎。黑米粉碎时应保持水分在 20%～25%，且必须进料均匀。其粉末粒度全部通过 60 目筛孔。

④ 拌和及造粒。粉碎后的黑米粉，再加入适量的辅料及 10% 的清水拌和均匀后放入粉丝机进行造粒。其粒度为圆柱状，直径 3～4mm，长度为 1cm。

⑤ 蒸料。将圆柱状的生胚粒料注入蒸料器中蒸，观察物料糊化状态达到 90% 的熟度后即可出料。

⑥ 挤丝冷却熟化。经蒸料后的米粉粒已基本成胶体，倒入挤丝机挤压成丝状，边挤压边用鼓风机冷却。出丝规格：直径 1mm，长度 2～3m。保温熟化 2h。

⑦ 分丝、干燥。熟化后的粉丝挂在竹竿上进行分丝，而后利用阳光晒干或烘干。其水分达到 13.5%～14% 即可。

⑧ 切割、分拣、计量、包装。将粉丝经严格的分拣后切割成 22～24cm 长，按一定分量进行小包装。

二、黑米八宝粥

1. 生产工艺流程

黑米淘洗→浸泡→配料→煮制→装罐→密封→杀菌→冷却→成品

2. 操作要点

① 黑米淘洗、浸泡。先用冷水淘洗黑米，然后浸泡于 50℃ 温水中 2h，水米比例为 2∶1。浸泡的目的是使黑米充分吸水膨胀，便于下道工序加工。浸泡后的水含有大量的黑米紫色素，不能倒掉，应加入锅中一同煮制。

② 煮制。将其他原料淘洗干净，在水温达到 60℃ 时连同黑米一起下锅，用大火将其迅速烧开。烧开后煮约 15min，加入红糖。然后改用文火慢慢煮制。提早加入红糖可以将沸点提高到 103℃ 左右，这样可以缩短煮制时间。煮制时必须用小火。出锅前 30min 放入枣及桂圆肉，全部煮制时间大约为 1.5h，这时粥汁即成稳定的溶胶状态。

③ 装罐。将成品趁热进行装罐、密封，以保证罐内能形成较好的真空度，罐中心温度为 80℃ 左右。

④ 杀菌。由于该食品酸度较低，并且含有丰富的蛋白质，故应以高温杀菌。杀菌时应将罐瓶倒放，冷却后再正放。这是因为杀菌时罐头顶隙充满蒸汽，冷却后蒸汽冷凝，在食品上层漂一层清水影响感官。

三、黑米方便饭

1. 生产工艺流程

原料 → 清理 → 洗米 → 浸泡 → 蒸煮 → 配菜 → 拌匀 → 称量 → 真空包装 → 高温杀菌→

成品←反压冷却←┘

2. 操作要点

① 原料选择。生产黑米方便饭所用原料为高蛋白、高赖氨酸和高营养的"三高"新型黑米——黑优黏。

② 浸泡。将选好的黑米除去杂质后，利用清水洗净，然后加水进行浸泡。由于米水配比对黑米饭的糊化度及米饭返生程度影响极大，所以要严格控制，试验证明，米水比最佳配比为 $1:(1.20\sim1.30)$。

通过浸泡，使黑米中生淀粉充分吸水达到饱和并充分膨胀，利于后阶段蒸煮过程中传热及淀粉糊化，以保证黑米糊化彻底，防止黑米饭返生。黑米浸泡的最佳条件为常温水（25℃左右），浸泡时间 60～120min。若采用热水浸泡（60℃以上），易使淀粉糊化而发黏，制成的米饭软烂，口感不好，而且使黑米所含丰富的水溶性维生素和花色素溶于浸泡液中，营养物质损失增加。

③ 蒸煮。黑米淀粉的糊化度代表米饭的成熟度，它对黑米方便饭的品质及口感有很大影响。黑米饭糊化度随蒸煮时间的延长而增加。试验证明，黑米经高压（0.1MPa）、高温（121℃）蒸煮，最佳时间为 30min，米饭糊化度达到 85％以上。既保证米饭成熟，又可缩短生产周期，减少耗能。

④ 调味配菜。加调味料和配菜，不仅可提高黑米饭的食用品质、增加营养，而且能有效防止黑米饭返生。经调味配菜后的米饭中所含有的糖、油可以充塞在胀润的米粒之间形成膜壁，加入的食盐也可以阻止淀粉分子间氢键的形成，从而大大减缓成品的返生现象。在成品储藏 6 个月后，仍能保持柔软和较好的弹性、嚼劲，无返生感。且成品开袋可食，食用极为方便。

⑤ 装袋及抽真空。将主、辅料拌匀，按规定质量装袋，装袋时要留有一定的顶隙，以便使米膨胀到最大限度，制成的米饭松软而不易粘袋。装袋时不宜太多，同时注意擦去封口处的油、水，防止热封不严造成杀菌后破裂。装好的半成品必须进行真空封袋，排尽袋内空气。这样可以有效防止油脂氧化变质，同时防止杀菌时造成热传导降低，影响杀菌效果。

⑥ 杀菌、冷却。将封好的黑米饭送入带反压装置的高压杀菌锅中进行杀菌。这是加工黑米方便饭的关键性工序之一。黑米方便饭在 0.1MPa、121℃的条件下杀菌 30min 效果好，可使产品储存 6 个月不变质。产品经过杀菌后将其冷却后即可作为成品。

复　习　题

1. 小米加工的工艺流程有哪些操作要点？
2. 高粱制米的工艺流程有哪些操作要点？
3. 高粱制粉的工艺流程有哪些操作要点？
4. 按加工工艺分，小米、高粱可以制成哪几类主要食品？

5. 小米、高粱面条类制品生产工艺流程有哪些操作要点?

6. 小米、高粱馒头类制品生产工艺流程有哪些操作要点?

7. 小米、高粱烘焙类制品生产工艺流程有哪些操作要点?

8. 荞麦、燕麦、黍稷可以加工成哪些食品?

9. 大麦可以加工成哪些食品?

10. 黑米可以加工成哪些食品?

第九章　植物淀粉加工

第一节　淀粉的生产

一、淀粉的存在形式及分类

淀粉在自然界中分布很广，是高等植物中常见的成分，也是碳水化合物储藏的主要形式，是最丰富的可再生资源之一，而且在自然界中能被完全降解。除了高等植物外，在某些原生动物、藻类以及细菌中也都可以找到淀粉。

植物绿叶利用日光的能量，将二氧化碳和水变成淀粉，绿叶在白天所生成的淀粉以颗粒形式存在于叶绿素的微粒中，夜间光合作用停止，生成的淀粉受植物中糖化酶的作用变成单糖渗透到植物的其他部分，作为植物生长用的养料。而多余的糖则变成淀粉储存起来，当植物成熟后，多余的淀粉存在于植物的种子、果实、块根、细胞的白色体中，随植物的种类而异，这些淀粉称为储藏性多糖。

淀粉的品种很多，一般按来源分主要有四类，分别是禾谷类淀粉、薯类淀粉、豆类淀粉和其他淀粉。

（1）禾谷类淀粉　这类原料主要包括玉米、米、大麦、小麦、燕麦、荞麦、高粱和黑麦等。淀粉主要存在于种子的胚乳细胞中，另外糊粉层、细胞尖端即伸入胚乳细胞之间的部分也含有极少量的淀粉，其他部分一般不含淀粉，但有例外，玉米胚中含有大约 25％的淀粉。禾谷类淀粉主要以玉米淀粉为主。针对玉米的特殊用途，人们开发了特用型玉米新品种，如高含油玉米、高含淀粉玉米、蜡质玉米等，以适应工业发展的需要。

（2）薯类淀粉　薯类是适应性很高的高产作物，在我国以甘薯、马铃薯和木薯等为主，主要来自于植物的块根（如甘薯、葛根、木薯等）、块茎（如马铃薯、山药等）。薯类淀粉工业主要以木薯、马铃薯淀粉为主。

（3）豆类淀粉　这类原料主要有蚕豆、绿豆、豌豆和赤豆等，淀粉主要集中在种子的子叶中。这类淀粉直链淀粉含量高，一般用于制作粉丝。

（4）其他淀粉　植物的果实（如香蕉、芭蕉、白果等）、基髓（如西米、豆苗、菠萝等）中也含有淀粉。另外，一些细菌、藻类中也有淀粉或糖元（如动物肝脏），一些细菌的储藏性多糖与动物肝脏中发现的糖元相似。

二、淀粉的提取

1. 实验室制备淀粉的方法

淀粉在植物体中是和蛋白质、脂肪、纤维素、无机盐及其他物质连在一起的，要研究淀粉细微结构的物理化学性质，必须在实验室中小心地制备没有经受任何偶然改性的（如干磨、酶解）纯净淀粉，而不能用已经遭受化学改性的工业淀粉。

在实验室里从大麦、燕麦、黑麦、小麦和玉米中分离出淀粉的基本步骤如下：

① 浸泡。将原料浸泡在 pH 值 6.5 的乙酸盐缓冲液中，其中含 0.01mol/L 的氯化汞（抑制微生物和酶），以软化子粒，并抑制淀粉酶的降解作用。麦类在 6℃浸泡 30h，玉米 40℃浸泡 40～50h。

② 磨碎。

③ 水中打浆。

④ 乳浆依次过筛（150μm，75μm），除去纤维杂质。

⑤ 重复磨浆、打浆、过筛，至筛上物无淀粉为止，得粗淀粉乳。

⑥ 除去蛋白质。粗淀粉乳悬浮液与甲苯（体积比为 7∶1）混合、振荡，以除去蛋白质（变性蛋白质在液体分界面被除去）。重复此步骤至达到所要求的纯度（蛋白质质量分数小于 0.25%），但必须小心地从弃去的甲苯层中回收全部淀粉粒。

实验室制备淀粉的方法是采用温和的方法进行抽提，常用的有细胞破碎法、发酵法、碱法和表面活性剂等方法。不同的淀粉原料，实验室制备的方法存在差异。

2. 淀粉的工业法生产

含淀粉质的农产品种类很多，但并不是都适于大规模工业生产。作为规模生产淀粉的原料必须满足以下条件：一是淀粉含量高、产量大、副产品利用率高；二是原料加工、储藏（薯类一般变成薯干）、销售容易；三是价格较便宜；四是不与人争口粮。因此，目前一般选用玉米较合适，其次是薯类；大米和小麦尽管产量大，但价格较高，又是人的主要口粮，因此只在部分产量比较集中的地区才用于加工淀粉及其深加工产品；豆类淀粉含量高，产量低，价格高，是很好的粉丝原料。

欧美国家主要是以玉米、马铃薯、木薯、高粱为原料生产淀粉；日本主要是利用玉米或甘薯为原料生产淀粉；我国东北主要是以玉米为主，其他北方地区以马铃薯为主，广西、广东以木薯为主，其他南方地区以甘薯为主。

淀粉生产的原料不同，其生产工艺及其工艺参数也不同。如：禾谷类的小麦、玉米两种淀粉加工方式不同，小麦采用洗面筋的方法，而玉米采用浸泡研磨的方法。同一品种不同种类，加工工艺条件也有所不同。

三、玉米淀粉的生产

玉米淀粉的生产方法很多，普遍采用的是湿法和干法两种工艺。所谓湿法就是指淀粉工业玉米原料前处理的加工方法是将玉米用温水浸泡，经粗细研磨，分出胚芽、纤维和蛋白质，而得到高纯度的淀粉产品。所谓干法是指靠磨碎、筛分、风选的方法，分出胚芽和纤维，而得到低脂肪的玉米粉。一般获得纯净的玉米淀粉多采用湿磨工艺进行生产，其工艺流程可分为开放式和封闭式两种。在开放式流程中，玉米浸泡和全部洗涤水都用新水，因此该流程耗水多，干物质损耗大，排污量多。封闭式流程只在最后的淀粉洗涤时用新水，其他用水工序都用工艺水，因此新水用量少，干物质损失少，污染大为减轻。所以现代化的淀粉厂均采用封闭式流程。

1. 湿法玉米淀粉生产工艺及设备

湿法玉米淀粉生产工艺流程见图 9-1。

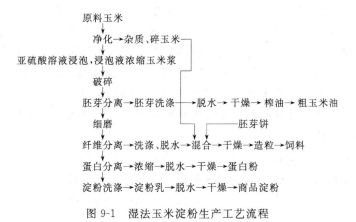

图 9-1　湿法玉米淀粉生产工艺流程

（1）玉米净化　玉米净化的目的是去除灰分、黄曲霉、金属碎片及石块等。常采用带有吸尘（风力）的振动筛，去除大、小杂质，电磁分离机去除铁碎片等，然后玉米采用水力输送到浸泡罐，同时将灰尘除去，水力输送的速度为 0.9～1.2m/s，玉米和输送水的比例为 1:（2.5～3），温度为 35～40℃，经脱水筛，脱除的水再作输送水用，湿玉米进入浸泡罐。

（2）玉米浸泡　玉米的浸泡是在亚硫酸水溶液中采用逆流循环浸泡工艺进行的。浸泡的目的：一是使子粒吸水变软，子粒含水分达 45% 左右；二是使可溶物浸出，主要是矿物质、蛋白质和糖等；三是破坏蛋白质的网络结构，使淀粉与蛋白质分离；四是防止杂菌污染，阻止腐败微生物生长；五是具有漂白作用，可抑制氧化酶作用，避免淀粉变色。浸泡时亚硫酸浓度为 0.2%～0.3%，浸泡温度 48～52℃，浸泡时间 40～50h。完成浸泡的浸泡液即稀玉米浆含干物质 7%～9%，pH

值 3.9～4.1，送到蒸发工序浓缩成含干物质 40％以上的玉米浆。浸泡终了的玉米含水 40％～46％，含可溶物不大于 2.5％，用水能挤裂，胚芽完整挤出。其酸度为对 100kg 干物质用 0.1mol/L 氢氧化钠标准溶液中和，用量不超过 70mL。

亚硫酸耗量（均指经吸收塔流出的亚硫酸水耗量）：浸渍过程为（120～140）kg/100kg 绝干玉米。

浸泡过程亚硫酸的浓度过高或过低都不可以。这是因为过低时，乳酸菌繁殖过快，浸渍液酸度太高，部分淀粉水解为可溶性糖类，部分大分子长链断开，造成淀粉回收率低，此外，天然蛋白质大量降解成溶解状态，使浸渍水形成饱和溶液，大大降低了玉米中可溶物的扩散速度，一部分已降解的蛋白质进一步分解成氨基酸，渗入至淀粉粒中，增加了湿磨法分离和洗涤工序的困难。如：水解制葡萄糖和糖浆时，这些杂质转化成有色物质，降低了最终产品的质量。过高时，一是乳酸菌受抑制，因为少量乳酸菌的存在（1.0％～1.2％），可软化子粒，与浸泡液中的 Ca^{2+}、Mg^{2+} 生成络合物，呈溶解状态，可减少蒸发锅中的积垢；二是 SO_2 残留量高，劳动保护不好，易引起支气管炎；三是 SO_2 或 H_2SO_4 过高会水解淀粉。

（3）破碎与胚芽分离 淀粉在胚乳细胞中，水分少，必须磨碎，除去皮和胚乳细胞壁。目前有干磨法（如小麦、大米）和湿磨法（如玉米、高粱）两种。浸泡后的湿玉米，经头道凸齿磨破碎之后，破碎后的玉米用胚芽泵送至胚芽第一次旋液分离器（或胚芽分离槽），分离器顶部流出的胚芽进入洗涤系统，底流物经曲筛滤去浆料，筛上物进入二道凸齿磨。经二次破碎的浆料经胚芽泵送至二次旋液分离器，顶流物与经头道磨破碎和曲筛分离出的浆料混合一起，进入一次胚芽分离器，底流浆液送入细磨工序。

（4）细磨 经二次旋流分离器分离出胚芽后的稀浆料通过压力曲筛，筛下物为粗淀粉乳，淀粉乳与细磨分离出的粗淀粉浆液合并进入淀粉分离工序；筛上物进入冲击磨（针磨）进行细磨，最大限度地使与纤维联结的淀粉游离出来。细磨后的浆料进入纤维洗涤槽。

（5）纤维分离、洗涤、干燥 细磨后的浆料与洗涤纤维的洗涤水一起用泵送到第一级压力曲筛。筛下物为粗淀粉乳，筛上物再经 5 级或 6 级压力曲筛逆流洗涤。纤维从最后一级曲筛筛面排出，然后经螺旋挤压机脱水后送向纤维饲料工序。第一级筛下物粗淀粉乳与细磨前筛分离出的粗淀粉汇合，进入淀粉分离工序。

（6）淀粉、蛋白质分离 粗淀粉乳经除砂器、回转过滤器，进入分离麸质和淀粉的主离心机，第一级旋流分离的澄清液作为主离心机的洗水。顶流分出麸质水，送浓缩分离机，底流为淀粉乳，送十二级旋流分离器进行逆流洗涤。洗涤用新鲜水，水温为 40℃。经十二级旋流器洗涤后的淀粉含水 60％，蛋白质含量低于 0.35％，送入精淀粉乳槽进行脱水干燥。麸质水经过滤器进入（麸质）浓缩离心机，顶流水为工艺水，进入工艺水储槽，其固形物含量约为 0.25％～0.5％，供胚芽、纤维洗涤用。底流浓缩后的麸质水（含固形物约 15％），经转鼓式真空吸滤机脱水，得含水 50％～55％的湿蛋白质，然后用管式干燥机干燥。

（7）胚芽洗涤、干燥和榨油　一级胚芽旋流器顶部出来的胚芽（胚芽分离槽出来的胚芽）经三级曲筛洗涤后（含水分 75％以上），进入螺旋挤压机脱水，脱水后的胚芽含水约 55％，进入流化床干燥或管束式干燥机干燥。干胚芽含水分≤5％，含油率≥48％，含淀粉≤10％。干胚芽送压胚机破胚，经蒸炒锅，然后入榨油机榨油，胚芽饼即为很好的蛋白质饲料。

（8）玉米浆浓缩　含固形物 5％～7％的稀玉米浆，经单效、双效或三效真空浓缩后，固形物含量为 45％～50％，直接卖给味精厂等，是很好的培养基；或做提取植酸钙或肌醇的原料。

（9）纤维渣　烘干后的纤维渣加部分蛋白质或营养素可做颗粒饲料。

2. 干法玉米淀粉生产工艺及设备

干法玉米淀粉生产工艺流程见图 9-2。

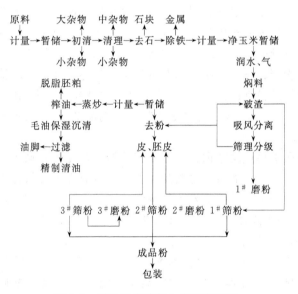

图 9-2　干法玉米淀粉生产工艺流程

计量的原料经二级筛选、去石和去金属磁性物质后得相对比较纯洁的玉米，进行后道粉碎处理。首先，对玉米进行水分调节使玉米水分控制在 16％～19.5％，然后进破碎机破碎，混合料先经吸风分离器分离出其中的大皮，然后筛理分级。筛上物（大颗粒）回流至破糁机内重新破碎，中间物料进后道工序加工，筛下的细粉进入筛粉工序。中间层的糁子和胚芽混合物，一般经三道磨粉、三道筛粉系统处理，基本上可以提出大部分的皮、胚，从而得到所需细度的玉米粉。收集的胚芽和皮按一定比例配好（一般纯胚芽占榨油物料的 35％～50％为宜），经刷麸机去掉油料上黏附的粉屑，然后计量、蒸炒、榨油、保温沉清后过滤即得粗加工的清油。

四、薯类淀粉的生产

所有薯类生产国家，均不同程度地都有薯类淀粉加工业，如欧洲的薯类淀粉加工业以马铃薯淀粉及其变性淀粉生产为主，其中法国、德国、英国和荷兰等国的马铃薯淀粉厂一般产品品种为几十种甚至上百种。泰国是具有木薯淀粉工业发展特色的国家，淀粉年产量约 200 万吨左右，其中 50％为国内消费，主要用于造纸工业、纺织工业和食品工业需要的各类变性淀粉以及味精、淀粉糖等。日本的薯类淀粉工业主要是生产马铃薯淀粉及其变性淀粉，也有公司同时生产木薯变性淀粉。其中日本王子淀粉公司主要生产经营食用马铃薯变性淀粉和木薯变性淀粉，产品品种约 20 多种，供不同使用性能的需要。其中马铃薯淀粉类变性淀粉的品种特性主要有耐老化、高黏度、乳化、耐冷冻和耐高温、高压特性等产品；木薯淀粉类变性淀粉的品种特性主要有耐热、耐酸、耐老化和保水特性等产品；日本敷岛淀粉公司主要以马铃薯和木薯淀粉为原料生产食用变性淀粉，产品品种约 30 多种。中国的薯类淀粉工业也有其自身的特点，既生产甘薯淀粉、马铃薯淀粉和木薯淀粉，也生产薯类变性淀粉、淀粉糖、粉丝、粉条和有机化工产品等。其中木薯精制淀粉的产量最大，约占薯类精制淀粉制品的 70％；其次是马铃薯精制淀粉制品的产量，约占薯类精制淀粉制品的 24％；第三是甘薯精制淀粉制品的产量，约占薯类精制淀粉制品的 6％。

薯类的淀粉在块根或块茎内，它们是营养器官转化为储藏组织，特点为：①含水分多、不需要浸泡、不能磨、主要是刨丝。②含有多酚类氧化酶，因此要加碱或 SO_2 抑制酶的活性和阻止褐变的发生；碱既可溶解多酚类物质，防止褐变，又可去掉淀粉中的单宁类引起的涩味。③含毒物质多，如马铃薯发芽、发绿均不能吃，内含的龙葵三糖对红血球有强烈溶解作用，吃后嘴唇发紫。木薯有两种，一种为甜木薯，可直接食用，另一种为苦木薯，含有氰化物，一般用来做淀粉，在加工中去皮可免除影响；氰配糖体与水中铁离子可结合形成蓝色的亚铁氰化物，使淀粉着色，因此制造木薯淀粉不能用铁器。④薯类储存困难，因此是季节性生产，当然也可以切片，晾干储存。

（一）马铃薯淀粉的生产工艺

1. 工艺流程

原料→清洗→破碎→分离→精制→脱水→干燥、粉碎→成品淀粉

2. 操作要点

（1）马铃薯的清洗　马铃薯进入储库之前，须通过除沙螺旋净化器尽可能地除去杂质。马铃薯由储库用水经流槽输送至第一级除石器，以除去石块及其他重杂质。并进一步用水输送至提升传送带送入洗涤鼓。低液位转鼓洗涤器对马铃薯进行彻底清洗，根据土壤特性可选择两级薯笼洗薯机或一级薯笼洗薯机和一级板式洗薯

机，然后由提升器送入搓磨前料斗。洗水的工作方式为逆流洗涤。粗大杂质如叶、梗、草和木等由曲筛清除，而脏水则通过沉淀池净化。

（2）马铃薯的破碎　洗净的马铃薯从净料仓底卸出，落到螺旋输送机上，并均匀连续地喂入刨丝机中将马铃薯锉磨成细碎的丝条状并打成糊浆，然后加入一定量的水分混合用水将糊浆（加水量不大于马铃薯质量的50%），以便于浆渣的分离，所得的细渣脱水后再进行三次磨碎。由于马铃薯块茎中含有酪氨酸酶能使淀粉变色，因此破碎时常加入一定量的亚硫酸溶液以抑制酪氨酸酶的作用。在加工鲜马铃薯时，刨丝机上的锉齿突出量应不大于1.5mm（加工冷冻储存的马铃薯为2mm），进行第二次磨碎时不应高于1mm，锉条每厘米长度上不少于8齿。锉齿辊筒的转速影响淀粉的游离程度，一般转速为50m/s，淀粉的游离率数为90%～93%。从细渣中得到的淀粉乳约占70%，其浓度为3.5%～5%。

（3）分离　稀释后的糊浆送到一组组合筛中进行筛选。经几次筛理的细渣和来自回转筛的筛上物即粗渣混合，成为废渣。按干基计，淀粉乳中含渣量不大于8%，而粉渣中游离淀粉的含量不应超过3%～4%。

（4）精制　从混合筛得到的淀粉乳还需进行精制。淀粉乳精制可采用离心机进行二次分离，进入第一级离心机的淀粉乳浓度为13%～15%，进入第二级离心机的淀粉乳浓度为10%～12%。而经一级精制的淀粉乳含渣量不高于1%，经二级精制的含渣量不高于0.5%。经精制后的淀粉的纯度应达到96%～98%。

（5）淀粉的脱水干燥　精制后的湿淀粉含水量为50%，不易储存，应将其干燥，或直接用于生产淀粉糖或其他变性淀粉。干燥初期温度不超过40℃，待水分降低一些后，温度可提高到70℃。过高的干燥温度会影响淀粉的色泽，因此淀粉的干燥应尽可能地在低温下进行。干燥后的淀粉即可进行称量、包装，得成品淀粉。

（二）木薯淀粉的生产工艺

1. 工艺流程

原料选择→洗涤→粉碎→搅拌→筛分→漂白→除砂→分离→脱水→干燥→储存

2. 操作要点

（1）原料准备　原料是生产的物质基础，原料的质量直接关系到产品的质量。木薯淀粉厂的原料有鲜木薯和木薯干片两种。鲜木薯采收后，应及时除去泥土、根、须及木质部分、堆放在干净的地面，避免混入铁块、铁钉、石头、木头等杂物，要求当天采收，当天进厂、当天加工，以保证原料的新鲜度，从而提高抽提率及产品的质量。木薯干片应干爽，不霉，不变质，无虫蛀，以保证产品质量。

（2）原料输送　采用集薯机、输送机将木薯从堆放场输送到清洗机，要求保证工序原料的正常供应。在输送过程中，要特别防止铁块、铁钉、石头、木头等杂物混入。若发现杂物，应及时捡出。

（3）清洗　采用 GX-850 型滚筒式清洗机，该机分粗洗区、沐浴区、净洗区。木薯原料随圆筒壁旋转滚翻前进，以水为介质（配水为 1∶4）喷洒、冲洗、沐浴、挫磨、清洗、除皮。要求通过清洗去净泥沙，去皮率达到 80％以上，再送入碎解工序。

（4）碎解　碎解的作用是破坏木薯的组织结构，从而使微小的淀粉颗粒能够从木薯块根中解体、分离出来。采用 6WSJ-45 型飞锤式碎解机，该机依靠高速运转，使锤片飞起与锤锷、隔盘、筛板等在机内对连续喂进的木薯进行锤击、锉磨、切割、挤压，从而使木薯碎解，使淀粉颗粒不断分离出来，并以水为介质（配水为 1∶1），将碎解的木薯加工成淀粉原浆。目前普遍采用二次碎解工艺，以便使木薯组织的解体更充分、更细小，使淀粉颗粒的分离更彻底，对提高抽提率更为有利。要求经一次碎解的淀粉原浆通过 8.0mm 左右筛孔，经二次碎解的淀粉原浆通过 1.2～1.4mm 筛孔。

（5）搅拌　搅拌是碎解、筛分、漂白、除砂、分离、脱水等工序必备的环节。其作用是：储存原浆、乳浆；平衡乳浆浓度；调节乳浆的 pH 值，促使淀粉分离；避免淀粉沉淀等。但需掌握好搅拌时间，如搅拌时间过长，会导致乳浆变酸、液化、降低黏度及淀粉回收率。

（6）筛分　经碎解、搅拌后的稀淀粉原浆需进行筛分，从而使淀粉乳与纤维分开。同时，淀粉乳需筛除去细渣，纤维需进行洗涤剂回收淀粉。通过筛分，达到分离、提纯淀粉的目的。目前主要采用 120 压力曲筛及立式离心筛，二者配合使用，即以曲筛筛分和洗涤纤维，以立式离心筛精筛除去细渣。普遍采取多次筛分或逆流洗涤工艺。

（7）漂白　漂白是保证木薯干片淀粉产品质量的重要环节。其作用为：调节乳浆 pH 值，以控制微生物活性；加速淀粉与其他杂质的分离；漂去淀粉颗粒外层的胶质，使淀粉颗粒持久洁白。

（8）除砂　根据密度分离的原理，将淀粉乳浆用压力泵抽入旋流，底流除砂，顶流过浆，达到除砂的目的。经过除砂，不仅可以除去细砂等杂质，而且可以保护碟片分离机。

（9）分离　分离的作用是从淀粉乳浆中分离出不溶性蛋白质及残余的可溶性蛋白质和其他杂质，从而达到淀粉乳洗涤、精制、浓缩的目的。目前普遍采用碟片分离机洗涤、精制、浓缩淀粉乳浆。它根据水、淀粉、黄浆蛋白的密度不同进行分离。

（10）脱水　经分离工序的浓乳浆仍含有大量水分，因而必须进行脱水，以利干燥。目前多采用刮刀离心机进行溢浆法脱水。要求通过脱水后湿淀粉含水率低于 38％。

（11）干燥　由刮刀离心机脱水后的湿淀粉输送至气流烘干机进行干燥。蒸汽压力控制在 0.8MPa。要求通过干燥，淀粉成品含水量在 13.5％左右。

（12）装包入库　要求每包都够数，缝包牢固，及时入库。

（三）甘薯淀粉的生产工艺

1. 工艺流程

选料→清洗→磨浆→过滤→沉淀→起粉→干燥→包装

2. 操作要点

（1）选料　原料要选用在 10 月下旬收获的甘薯，这时节的甘薯含淀粉率为20％～24％左右，要求薯质紧实、白心、无病虫危害，去除须根后作原料。磨缸使用陶瓷厂专门制作的口宽 40～49cm、底宽 26～33cm、高 33～43cm、内壁有许多排列有序的菱形方块的瓦缸。

（2）清洗　将选好的鲜薯剔除霉烂变质的薯块和薯块上的杂物，切去柄与病块，用清水多次冲洗干净。

（3）磨浆　甘薯先用稀碱水或苏打溶液浸泡，然后倒入磨缸。磨浆时一手扶缸，一手握薯沿缸壁磨浆，不断旋转，使薯身沿缸壁磨破出浆。加工量较多时，可使用打浆机打成细浆。

（4）过滤　磨浆后不要急于用清水洗浆，可把浆乳放置 24h 后，再按每 50kg甘薯，用 50g 烧酒的比例，将烧酒加适量清水稀释后，洒入甘薯浆中拌匀，再行洗浆。然后用滤豆浆的纱布（长宽各 1m），系在齐胸高的三脚架上。架下放置较大的盛浆桶，在桶壁距底 0.67m 处开一排水孔，然后把已经磨好的薯浆放入系好的滤布里，每次 4～5kg。过滤时不断晃动、搓洗，并慢慢加入 2～2.5 倍的清水，使粉全部滤入桶内，直至滤下的水转清。

（5）沉淀　薯浆过滤后，一般 10～12h 便沉淀完全，可排水除去浮渣及清液。若水不清，则按 500kg 水放 150g 明矾的比例，将明矾粉碎加少许水稀释，均匀洒入桶内，4h 后可排水。

（6）起粉　将沉淀后的薯浆，先除去上层液体及浮渣，再把下层沉淀的洁白粉起出来。

（7）干燥与包装　将起出的湿淀粉晒干或烘干，将干淀粉粉成细面，按净重500g 或 1000g 装袋，封口，即可运销。如用来加工粉丝可存放于干燥、阴凉处。

五、豆类淀粉的生产

1. 工艺流程

选料→浸泡→磨碎→过滤→分离→干燥→成品淀粉

2. 操作要点

（1）选料及浸泡　将经过挑选的豆子（绿豆、豌豆、蚕豆、红小豆等）洗净，去除杂质、泥沙，用 35～45℃ 的温水浸泡。浸泡时间冬天 10h 左右，夏天 8h 左右。浸泡至用手捏挤时豆皮较易剥离，豆肉也易于粉碎时即可。

（2）磨碎　浸泡好的豆子磨碎时要适量加水，一般加水量约为原料量的 4～5 倍。加水要均匀，使粉碎的颗粒均匀一致。

（3）过滤　小量生产时可用筛子过滤，使淀粉乳与豆皮渣分离。筛孔要 80 目以上，最高不超过 140 目，最低不低于 60 目。为便于过滤，可加入少量油搅拌，以除去泡沫。豆渣滤出后要用水洗 3～4 遍，以回收其中的淀粉。

（4）分离　因淀粉乳是淀粉与蛋白质的混合物，二者密度不同，故可利用沉淀加以分离。淀粉密度大，沉于容器底部，将上层含蛋白质的水放出，再加入清水搅拌后进行两次沉淀，即得淀粉。

（5）干燥　将容器上部的水放走，取出淀粉糊用滤袋滤去水分，置于席上摊晒至干。

六、小麦淀粉的生产

目前采用小麦面粉作原料湿法加工生产小麦淀粉是最主要的生产方法。湿法加工的收率比较理想，工艺简单，容易实现。典型的湿法加工方法主要有马丁法、水力旋流法及三相卧螺工艺等。

1. 马丁法

马丁法是其中最常见的一种方法，又称为面团法。其主要的加工过程包括和面、淀粉清洗、面筋干燥、淀粉提纯与淀粉干燥 5 个步骤。

生产时先将面粉和水以 2∶1 的比例揉和均匀，形成光滑的、较硬的却无硬块的面团，和面用水的温度约 20℃，有时可添加些氯化钠之类矿物盐以有助于面团的形成。静置一段时间（0.5～1h）后用水冲洗面团，由于面筋自身的黏结作用使其冲洗过程中保持较大的结块，借助于筛分作用易与淀粉分离开。

2. 三相卧螺工艺

三相卧螺工艺是德国韦斯伐里亚公司开发的一种较新的小麦淀粉与谷朊粉分离的方法，它因工艺中采用了独特的专利技术——三相卧螺分离机而得名。其工艺流程如下：

```
        水              水                                水
        ↓               ↓                                 ↓
面粉→混合→均质→三相卧螺→底流 A 淀粉→碟片喷嘴离心机→旋流器→脱水
→作饲料←溢流(戊聚糖等)  └→中相(谷朊粉 B 淀粉)→筛子→干燥→谷朊粉
                                    浓缩→干燥→B 淀粉
```

三相卧螺工艺主要包括面粉制备、面糊制备、均质、淀粉洗涤、面筋分离等工艺阶段，工艺采用了三相卧螺离心机，可以把物料分为三相，在工艺前就把戊聚糖分离除去，因此节省了水的用量，保证了产品的质量，淀粉洗涤采用三相碟片喷嘴离心机与旋流机组合处理，使淀粉纯度更高。

第二节　淀　粉　糖

一、淀粉糖的生产原理

淀粉糖是以淀粉为原料，经酶法、酸法加工制备的糖品的总称，是淀粉深加工的主要产品。淀粉糖的原料是淀粉，任何含淀粉的农作物，如玉米、大米、木薯等均可用以生产淀粉糖，且生产不受地区和季节的限制。由于现代生物工程技术的进展，生产淀粉糖所用酶制剂品种的增加及质量有了很大的提高，淀粉糖产品的种类也日益增加。具有各种不同甜度及功能的淀粉糖产品，可广泛适应各种食品、保健营养品及医药产品的需要。

淀粉是由葡萄糖缩合脱去水分而形成的天然高分子多糖，纯净的淀粉可以用 $(C_6H_{10}O_5)_n$ 来表示，在水存在下，淀粉遇到酸或淀粉酶发生糖苷键的断裂，得到低聚糖和小分子糖类，水解完全后得到葡萄糖。

淀粉糖按其成分组成大致可分为葡萄糖（全糖）、麦芽糖浆（饴糖、高麦芽糖浆、麦芽糖）、麦芽低聚糖、麦芽糊精、果葡糖浆等。

二、麦芽糊精生产

麦芽糊精是指以淀粉为原料，经酸法或酶法低程度水解，得到的葡萄糖值（DE）在 20％以下的产品。其主要组成为聚合度在 10 以上的糊精和少量聚合度在 10 以下的低聚糖。该产品和淀粉经干法热解得到的糊精（白糊精或黄糊精）在性质和结构上有较大区别，因此麦芽糊精又称为酶法糊精。"麦特灵"系列产品 DE 值为 5％～20％，相应商品名为 MD50、MD100、MD150 和 MD200。

麦芽糊精由于具有独特的理化性质、低廉的生产成本及广阔的应用前景，成为淀粉糖中生产规模发展较快的产品。

（一）麦芽糊精的生产工艺

麦芽糊精甜度低、黏度高，在糖果工业中麦芽糊精能有效降低糖果甜度、增加糖果韧性和质量；在饮料、冷饮中麦芽糊精可作为重要配料，能提高产品溶解性，增加黏稠感和赋形性；在儿童食品中，麦芽糊精因低甜度和易吸收可作为理想载体，预防或减轻儿童龋齿病和肥胖症。低 DE 值麦芽糊精遇水易生成凝胶，其口感和油脂类似，因此能用于油脂含量较高的食品中，如冰激凌、鲜奶蛋糕等，代替部分油脂；麦芽糊精还可用于各种粉状香料、化妆品中；其良好的遮盖性、吸附性和黏合性，也能用于铜版纸表面施胶等，提高纸张质量；另外，麦芽糊精还能用于医药、精细化工以及精密机械铸造等行业。

麦芽糊精的生产工艺有酸法、酸酶法和酶法。由于酸法生产中存在过滤困难、产品溶解度低以及易发生凝沉等缺点，且酸法工艺必须以精制淀粉为原料，因此麦芽糊精生产现多采用酶法工艺。

酶法工艺主要以 α-淀粉酶水解淀粉，具有高效、温和、专一等特点，因此可用原粮进行生产。以下是以大米（碎米）为原料的酶法生产工艺。

1. 工艺流程

原料（碎米）→浸泡清洗→磨浆→喷射液化→过滤除渣→脱色→真空浓缩→喷雾干燥→成品

2. 操作要点

① 原料预处理。原料预处理包括原料筛选、计量投料、温水浸泡、淘洗去杂、粉碎磨浆等工序，具体操作与其他淀粉糖生产类似。

② 喷射液化。采用耐高温 α-淀粉酶，用量为 $10\sim20U/g$，米粉浆质量分数约为 $30\%\sim35\%$，pH 值在 6.2 左右。一次喷射入口温度控制在 105℃，并于层流罐中保温 30min。二次喷射出口温度控制在 $130\sim135$℃，液化最终 DE 值控制在 $10\%\sim20\%$。

③ 喷雾干燥。由于麦芽糊精产品一般以固体粉末形式应用，因此必须具备较好的溶解性，通常采用喷雾干燥的方式进行干燥。其基本原理是物料（麦芽糊精溶液）经高压或高速离心形成较为细小的雾状液滴，与热风逆流接触进行大量热交换，由于雾状物料表面积较大，所以水分能在短时间蒸发，物料也被迅速干燥成微粉。其喷雾干燥工艺主要参数为：进料质量分数 $40\%\sim50\%$；进料温度 $60\sim80$℃；进风温度 $130\sim160$℃；出风温度 $70\sim80$℃；产品水分$\leqslant5\%$。

（二）质量指标

参照中华人民共和国轻工行业标准 QB/T 2320—1997《麦芽糊精》，麦芽糊精的质量指标如下。

（1）感官指标　外观：白色或微黄色无定形粉末；气味：具有麦芽糊精固有的特殊气味，无其他异味；滋味：微甜或不甜，无异味。

（2）理化指标　见表 9-1。

表 9-1　麦芽糊精理化指标

规　格	水分/%	DE 值/%	pH 值	灰分/%	溶解度/%	碘试验
MD100	≤6	≤10	4.5～6.5	≤0.5	≥98	无蓝色反应
MD150	≤6	≤15	4.5～6.5	≤0.5	≥98	无蓝色反应
MD200	≤6	≤20	4.5～6.5	≤0.5	≥98	无蓝色反应

（3）卫生指标　见表 9-2。

表 9-2　麦芽糊精卫生指标

项　目	指　标	项　目	指　标
砷/(mg/kg)	≤0.5	大肠菌群/(个/100g)	≤30
铅/(mg/kg)	≤0.5	致病菌	不得检出
细菌总数/(个/g)	≤3000		

三、液体葡萄糖（葡麦糖浆）生产

葡萄糖是淀粉完全水解的产物。根据生产工艺的差异，所得葡萄糖产品的纯度也不同，葡萄糖产品一般可分为液体葡萄糖、结晶葡萄糖和全糖等。结晶葡萄糖纯度较高，主要用于医药、试剂、食品等行业。全糖一般由糖化液喷雾干燥成颗粒状或浓缩后凝结为块状，也可制成粉状，其质量虽逊色于结晶葡萄糖，但工艺简单、成本较低。液体葡萄糖（葡麦糖浆）是我国目前淀粉糖工业中最主要的产品，广泛应用于糖果、糕点、饮料、冷饮、焙烤、罐头、果酱、果冻、乳制品等各种食品中，它还可作为医药、化工、发酵等行业的重要原料。

液体葡萄糖是控制淀粉适度水解得到的以葡萄糖、麦芽糖以及麦芽低聚糖组成的混合糖浆，因其主要成分为葡萄糖和麦芽糖，也可更准确地称为葡麦糖浆。葡萄糖和麦芽糖均属于还原性较强的糖，淀粉水解程度越大，葡萄糖等含量越高，还原性越强。淀粉糖工业上常用葡萄糖值（dextrose equivalent，DE）来表示淀粉糖的水解程度。

液体葡萄糖按转化程度可分为高、中、低三大类。工业上产量最大、应用最广的是 DE 值为 $30\%\sim50\%$ 的中等转化糖浆，而 DE 值为 42% 左右的称为标准葡萄糖浆，DE 值为 $50\%\sim70\%$ 的称为高转化糖浆，DE 值在 30% 以下的为低转化糖浆。

（一）生产工艺

液体葡萄糖常用的生产工艺包括酸法、酸酶法和全酶法，本章主要介绍全酶法生产工艺。

全酶法是大多数淀粉糖生产厂家普遍采用的生产工艺。全酶法生产糖浆的最主要优点是液化、糖化都采用酶法水解，反应条件较为温和，对设备几乎无腐蚀；可直接采用原粮如大米（碎米）直接作为原料，有利于降低生产成本，糖液纯度高、得率也高。

1. 工艺流程

淀粉乳→调浆→液化→糖化→脱色→离子交换→真空浓缩

2. 操作要点

淀粉乳质量分数一般控制在 30% 左右（如米粉浆则控制在 $25\%\sim30\%$ 左右），用 Na_2CO_3 调节 pH 至 6.2 左右，加适量的 $CaCl_2$，添加耐高温 α-淀粉酶 10U/g 左右（以干淀粉计），调浆均匀后进行喷射液化，温度一般控制在 $110℃\pm5℃$，液化 DE 值控制在 $15\%\sim20\%$，以碘色反应为红棕色、糖液中蛋白质凝聚好、分层明显、液化液过滤性能好为液化终点的指标。糖化操作比较简单，将液化液冷却至 $55\sim60℃$ 后，调节 pH 为 4.5 左右，加入适量糖化酶，一般为 $25\sim100U/g$（以干淀粉计），然后进行保温糖化，到所需 DE 值时即可升温灭酶，进入后道净化工序。

淀粉糖化液经过滤除去不溶性杂质。脱色一般采用粉末活性炭，控制糖液温度在80℃左右，添加相当于糖液固形物1%的活性炭，搅拌0.5h，用压滤机过滤，脱色后糖液经换热器冷却至40～50℃，进入离子交换柱，用阴、阳离子交换树脂进行精制，除去糖液中各种残留的杂质离子、蛋白质、氨基酸等，使糖液纯度进一步提高。离子交换工艺中较为普遍的工艺为阳-阴-阳-阴四只滤床串联使用，阳树脂一般采用强酸型离子交换树脂，阴树脂一般采用弱碱型离子交换树脂。精制的糖化液真空浓缩至固形物为73%～80%，即可作为成品。

（二）质量标准

根据中华人民共和国轻工行业标准 QB/T 2319—1997《液体葡萄糖》，液体葡萄糖（葡麦糖浆）的主要质量指标要求如下。

（1）感官指标　外观：无色、清亮、透明，无肉眼可见杂质。滋味；无臭，甜味温和、无异味。

（2）理化指标　见表9-3。

表9-3　液体葡萄糖理化指标

类　　别	DE 值 40～80		DE 值 34～39	DE 值 28～33
	优等品	一等品	一等品	一等品
干物质/%	84.1～88	69.5～84.0	69.5～84.0	69.0～75.0
pH 值	4.6～6.0	4.6～6.0	4.6～6.0	4.6～6.0
透光率/%	96	94		
变色试验	不得深于标准色	—	—	
熬糖温度/℃	155	140	125	105
蛋白质/%	0.1			
硫酸灰分/%	0.3	0.4	0.5	0.5

（3）卫生指标　见表9-4。

表9-4　液体葡萄糖卫生指标

项　　目	指　标	项　　目	指　标
砷（以 As 计）/(μg/g)	＜0.5	大肠菌群/(个/100g)	≤30
铅（以 Pb 计）/(μg/g)	＜0.5	致病菌	不得检出
细菌总数/(个/g)	＜1500	二氧化硫残留量/(mg/kg)	≤200

四、麦芽糖浆（饴糖）生产

麦芽糖浆中的饴糖目前主要用于对熬温要求不高的传统中式糖果、糕点等食品中，在其他食品中也有应用。麦芽糖浆甜味纯正，甜度为蔗糖的50%，可替代蔗糖、葡萄糖浆用于多种食品加工。

麦芽糖浆是以淀粉为原料经酸酶结合法水解制成的一种淀粉糖浆，与液体葡萄糖（葡麦糖浆）相比，麦芽糖浆中葡萄糖含量较低（一般在10%以下），而麦芽糖含量较高（一般在40%～90%）。按制法和麦芽糖含量不同可将其分为饴糖、高麦芽糖浆、超高麦芽糖浆等。

（一）生产工艺

1. 工艺流程

原料(大米)→清洗→浸泡→磨浆→调浆→液化→糖化→过滤→浓缩→成品

麦芽糖浆是最早的淀粉糖产品。现在，工业生产饴糖通常以淀粉为原料，经 α-淀粉酶液化，β-淀粉酶或真菌淀粉酶糖化，该法生产的饴糖又称为酶法饴糖。

2. 操作要点

① 原料处理。麦芽糖浆生产可以用粮食直接作为原料，也可以用淀粉作为原料，如以粮食（一般采用籼米为主）直接为原料，则必须经过原料预处理工序，主要包括筛选、洗米、浸泡、磨浆、调浆等步骤。

② 液化。生产酶法饴糖可采用喷淋液化或喷射液化，DE值控制在20%左右，喷淋液化可采用中温 α-淀粉酶，喷射液化可采用应采用耐高温 α-淀粉酶。

③ 糖化。生产酶法饴糖和高麦芽糖浆一般采用 β-淀粉酶或真菌淀粉酶作糖化剂，将液化糖液冷却至55～60℃，根据不同种类 β-淀粉酶选择合适的 pH 值，一般为5.0～5.5左右，糖化时间一般为6～24h。

④ 糖液精制。糖化结束后将糖化液升温过滤，调节 pH 值为4.0～4.5，加1%糖用活性炭，加热至80℃，定时搅拌30min，压滤。

脱色后的糖液冷却至50℃，送入离子交换柱进行离子交换，以彻底除去糖液中残留的蛋白质、氨基酸、色素和无机盐。

⑤ 真空浓缩。对精制后的糖液用真空浓缩罐进行浓缩，真空度应保持在−0.9～−0.8MPa，当糖浆固形物达75%～80%时即可放罐，作为成品包装。

（二）质量标准

根据中华人民共和国轻工行业标准 QB/T 2347—1997《麦芽糖饴（饴糖）》规定，饴糖产品分为优级、一级、合格三种规格，主要指标如下。

（1）感官指标 外观：黏稠状微透明液体，无可见杂质；色泽：淡黄色至棕黄色；香气：具有麦芽饴糖的正常气味；滋味：舒润纯正、无异味。

（2）理化指标 见表9-5。

表 9-5 饴糖理化指标

规 格	固形物含量/%	pH 值	DE 值/%	熬糖温度/℃	灰分/%
优级	≥75	4.6～6.0	≥42	≥115	≤0.5
一级	≥75	4.6～6.0	≥38	≥110	≤0.7
合格品	≥73	4.6～6.0	≥36	≥105	≤1.0

（3）卫生指标　见表 9-6。

表 9-6　饴糖卫生指标

项　　目	指　　标	项　　目	指　　标
砷/(mg/kg)	≤0.5	大肠菌群/(个/100g)	≤30
铅/(mg/kg)	≤0.5	致病菌	不得检出
细菌总数/(个/g)	≤3000		

五、果葡糖浆生产

　　果葡糖浆是淀粉先经酶法水解为葡萄糖浆（DE≥95％），再经葡萄糖异构酶转化得到的一种果糖和葡萄糖的混合糖浆。

　　果葡糖浆是淀粉糖中甜度最高的糖品，除可代替蔗糖用于各种食品加工外，还具备许多优良特性。如甜味纯正，可用来配制饮料；渗透压高，可更好地抑制微生物生长，用于水果罐头、果脯、果酱中能延长商品保质期；吸湿性强，因此具有保鲜性能；发酵性好，热稳定性低，尤其适用于面包、蛋糕等发酵和焙烤类食品等。

　　商品化的果葡糖浆主要有三种规格：果葡糖浆中果糖含量为 42％（质量分数）的，称为果葡糖浆，简称 F42；果糖含量为 55％的称为高果糖浆，简称 F55；果糖含量达 90％以上的，称为纯果糖浆，简称 F90。目前已有更高程度的结晶果糖问世，但应用最广泛的仍为 F42 和 F55。

（一）生产工艺

　　果糖是自然界中最甜的糖，甜度约为蔗糖的 1.8 倍，虽然多种水果中都含有果糖，但没有一种植物富含果糖。20 世纪 60 年代，葡萄糖异构酶的发现，为果葡糖浆工业化生产打下了基础，随着异构酶固定化技术的工业化应用，果葡糖浆开始了大规模工业化生产。

1. 工艺流程

淀粉→液化→糖化→过滤→脱色→离子交换→浓缩→经固定化葡萄糖异构酶连续异构化→
和 F42 混合←纯果糖浆(F90)←色谱分离←果葡糖浆(F42)←浓缩←脱色←离子交换←
高果糖浆(F55)

2. 操作要点

　　（1）葡萄糖浆制备　制备工艺同液体葡萄糖，但 DE 值要求达 95％以上，且精制必须彻底，经离子交换后糖液电导率应低于 $50\mu S/cm$，真空浓缩至固形物为 40％左右。

　　（2）异构化　采用产酶活力高、稳定性好的异构酶生产菌株，经戊二醛交联，将固定化酶装于连续生产的保温反应塔中，葡萄糖浆流经酶柱，发生异构化反应。具体要求：柱温保持在 55～60℃；进柱葡萄糖浆 pH 值为 7.5 左右，出柱异构糖浆 pH 值为 6.5～7.0；加少量 $MgSO_4 \cdot 7H_2O$（0.75g/L）以稳定增强酶活性。

（二）质量标准

参照中华人民共和国行业标准 QB 1216—1991《果葡糖浆及其试验方法》。

（1）感官指标　色泽：无色或淡黄色，清亮透明，无可见杂质；气味：具有葡萄糖、果糖的纯正香味，无其他异味；滋味：甜味纯正，无异味。

（2）理化指标　见表 9-7。

表 9-7　果葡糖浆理化指标

级　别	固形物/%	果糖含量(质量分数)/%	DE 值/%	pH 值	灰分/%
优级	≥71	≥42	≥95	3.5～5.0	≤0.05
一级	≥71	≥40	≥93	3.5～5.0	≤0.10
二级	≥70	≥37	≥90	3.5～5.0	≤0.15

（3）卫生指标　见表 9-8。

表 9-8　果葡糖浆卫生指标

项　目	指　标	项　目	指　标
砷/(mg/kg)	≤0.5	大肠菌群/(个/100g)	≤30
铅/(mg/kg)	≤0.5	致病菌	不得检出
细菌总数/(个/g)	≤1500		

六、低聚糖生产

所谓低聚糖是指 2～10 个单糖以糖苷键相连的糖类总称。低聚糖可按其组成单糖的不同而划分，如低聚木糖、低聚果糖以及低聚半乳糖等。

在众多品种的淀粉糖中，麦芽低聚糖由于其不仅具有良好的食品加工适应性，而且具有多种对人体健康有益的生理功能，正作为一种新的"功能性食品"原料，日益受到人们的重视。虽然麦芽低聚糖在淀粉糖工业中问世时间较短，但"异军突起"，发展迅猛，目前已成为淀粉糖工业中重要的产品。麦芽低聚糖按其分子中糖苷键类型的不同可分为两大类，即以 α-(1,4) 键连接的直链麦芽低聚糖，如麦芽三糖（G3）、麦芽四糖（G4）……麦芽十糖（G10）；另一大类为分子中含有 α-(1,6) 键的支链麦芽低聚糖，异麦芽糖、异麦芽三糖、潘糖等。这两类麦芽低聚糖在结构、性质上有一定差异，其主要功能也不尽相同（见表 9-9）。

表 9-9　麦芽低聚糖的分类

类　别	结合类型	主要产品	主要功能
直链麦芽低聚糖	α-(1,4)糖苷键	麦芽三糖、麦芽四糖	营养性、抑菌性
支链麦芽低聚糖	α-(1,6)糖苷键	异麦芽三糖、潘糖	双歧杆菌增殖性

麦芽低聚糖的生产无法用简单的酸法或酶法水解来得到。直链麦芽低聚糖（简称麦芽低聚糖）如麦芽四糖等，是一种具有特定聚合度的低聚糖，必须采用专一的

麦芽低聚糖淀粉酶（如麦芽四糖淀粉酶）水解经过适当液化的淀粉；而支链麦芽低聚糖（简称异麦芽低聚糖）的生产必须采用特殊的 α-葡萄糖苷转移酶，其原理是淀粉糖中麦芽糖浆分子受该酶作用水解为 2 分子的葡萄糖，同时将其中 1 分子的葡萄糖转移到另一麦芽糖分子上生成带 α-(1,6) 键的潘糖，或转移到另一葡萄糖分子上生成带 α-(1,6) 键的异麦芽糖。

自 20 世纪 70 年代以来，随着多种特定聚合度的麦芽低聚糖酶的不断发现，特别是 α-葡萄糖苷酶的出现，为各种麦芽低聚糖的研制、开发以及工业化生产奠定了基础。

1. 工艺流程

淀粉→喷射液化→麦芽低聚糖酶和普鲁兰酶协同糖化→脱色→离子交换→
成品←真空浓缩或喷雾干燥←

2. 操作要点

生产麦芽低聚糖关键是喷射液化时要尽量控制 α-淀粉酶的添加量和液化时间，防止液化 DE 值过高，造成最终产物中葡萄糖等含量较高。一般 DE 值控制在 10%～15%，既能保证最终产物中低聚糖含量较高，又能防止因液化程度太低造成糖液过滤困难。此外，应选择高活力的低聚糖酶制剂，如施氏假单胞麦芽四糖淀粉酶（日本林原生化及日本食品化工已用其进行麦芽四糖的商品化生产），产碱菌麦芽四糖淀粉酶。麦芽低聚糖的精制和其他淀粉糖生产基本相同。

其主要参数为：淀粉乳质量分数 25%，喷射液化 DE 值控制在 10%～15%，按一定量加入麦芽低聚糖酶和普鲁兰酶，在 pH 值为 5.6，温度为 55℃条件下协同糖化 12～24h，经精制、浓缩得到的成品中，麦芽低聚糖占总糖比率大于 70%。

第三节　变性淀粉生产

变性淀粉（也称改性淀粉）是指在淀粉具有的固有特性的基础上，利用物理、化学或酶的方法对其进行修饰改性，改变淀粉原有的水溶解特性、黏度、口感、流动性以及糊化温度、糊化时间等性能，增强某些机能或引进新的特性的二次加工淀粉产品。

淀粉作为一种填充原料和工艺助剂广泛应用于食品、化工、医药等各工业领域，这种天然高分子材料的应用是基于它的增稠、胶凝、聚合和成膜性及价廉、易得、质量容易控制等特点，但天然淀粉在应用时尚不能满足各种生产上的特殊需要。天然淀粉在原有性质的基础上，经过特定处理，改良原有性能，增加新功能，便可得到变性淀粉。变性淀粉在一定程度上弥补了天然淀粉水溶性差、乳化能力和胶凝能力低、稳定性不足等缺点，从而使其更广泛地应用于各种工业生产中。近几年，变性淀粉逐渐向各种功能性材料方面发展，如利用其优良的乳化稳定功能来代替价格昂贵、功能相似的其他添加剂等。

我国原淀粉品种繁多，其中玉米淀粉产量最大，约占 80.9％，其次是木薯淀粉，占 14.0％。我国变性淀粉尚处于起步阶段，产量低、品种少，与国外的差距很大。

一、变性淀粉生产原理

淀粉是一种多糖物质，由多个葡萄糖分子失水缩合而成。根据葡萄糖失水缩合的方式不同，可将淀粉分为两大类：直链淀粉和支链淀粉。直链淀粉是由葡萄糖单元通过 α-(1,4) 糖苷键缩合而成；而支链淀粉中除含有 α-(1,4) 糖苷键外还含有 5％～6％的 α-(1,6) 糖苷键和极少量的 α-(1,3) 糖苷键，因此呈现分支结构。在淀粉分子结构的基本单元葡萄糖基上含有 3 个活性羟基，可以接上不同的化学官能团，进而制成具有多种特殊功能的变性淀粉。如按离子特性分，可制成阳离子淀粉、阴离子淀粉、两性及多元变性淀粉等；若按化学反应分，可制成降解淀粉、醚化淀粉、酯化淀粉、接枝淀粉等。每种淀粉如接上的改性基团不同、变性程度不一样，又可制成各具有特殊功能的系列产品。

1. 淀粉的结构及变性方法

淀粉是由葡萄糖分子（图 9-3）失水缩合而成的，其化学性质集中表现在没有发生反应的羟基（—OH）和失水缩合形成的葡萄糖糖苷键上，所有变性反应都与这两种基团的某一种或两种有关，如氧化作用是羟基被氧化成醛基（—CHO）或羧基（—COOH），从而得到氧化淀粉；解聚作用是使糖苷键断裂。

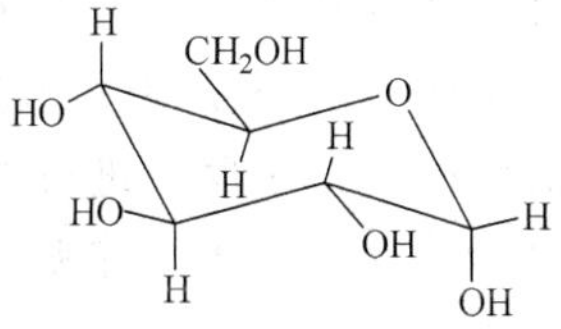

图 9-3　葡萄糖的结构

淀粉结构（图 9-4）中的羟基（—OH）可发生的变性：氧化、醚化、酯化、交联、接枝等；淀粉糖苷键（—O—）可发生的变性：酸变性、酶解、热裂解等；淀粉立体结构可发生的变性：糊化、溶解、脱水。

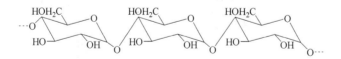

图 9-4　淀粉的基本结构

2. 变性淀粉分类

淀粉变性的主要产品有：淀粉的各种分解产物（如各种糊精、氧化淀粉等）、交联淀粉、淀粉衍生物（如淀粉脂、淀粉醚）等。变性淀粉的品种繁多，分类方法各异。根据其原淀粉来源的不同可分为玉米变性淀粉、马铃薯变性淀粉、木薯变性淀粉、大米变性淀粉、小麦变性淀粉等；而依其变性方法的不同，又可分为物理变性、化学变性和酶法变性，其中又以化学变性为主。

① 物理变性。如预糊化淀粉、机械研磨处理淀粉、湿热处理淀粉等。

② 化学变性。如酸处理淀粉、氧化淀粉、热解糊精以及交联淀粉、酯化淀粉、醚化淀粉、接枝淀粉等。

③ 酶法变性。如环状糊精、麦芽糊精等。

④ 复合变性。如氧化交联淀粉、交联酯化淀粉等。

经过不同方法处理的变性淀粉，可用于食品工业的各方面，如酱料、方便面、乳制品、糖果、乳化香精等，以影响和控制食品的结构，保持产品质量稳定。

二、酸变性淀粉生产

淀粉经无机酸处理以后，可以得到一种颗粒状的低分子水解产物。这种变性处理的产品所具有的性质使得它能够更容易地被其原来适用的许多工业部分所接受。该处理过程中，原淀粉所具有的大多数性质同时被带到最终的变性产品中，所以在其他衍生物的制备过程中，经常将酸处理作为变性淀粉的预处理步骤，使处理后的产品性能更能满足以后各项处理的要求。

现代规模的工业化生产酸变性淀粉的方法，基本上是采用 Bellmas 和 Duryea 所描述的方法。而 Lintner 方法仅限于小规模的生产可溶性淀粉，用作酶解分析的基准物和碘量滴定法的指示剂。

工业上，一般用 40% 淀粉乳在 $25\sim55℃$ 与稀 HCl 或稀 H_2SO_4 作用，根据所需的流度，控制反应进行的时间。玉米淀粉或黏玉米淀粉是主要的工业原料，少量的马铃薯淀粉、木薯淀粉和小麦淀粉也可作为工业原料。图 9-5 为生产酸变性淀粉的流程简图。

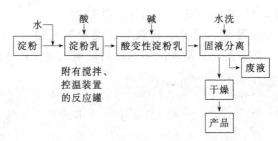

图 9-5　酸变性淀粉生产工艺流程图

反应条件由产品所要求的冷、热糊黏度比和凝胶特性所决定。酸的选择，对凝胶特性和黏度特性有明显的影响，用 HCl 和 HF 混合，所获得的酸变性淀粉比单独使用 HCl 处理所得到的酸变性淀粉具有更低的凝胶化作用。根据最终产品的流度，控制反应时间，待反应达到所需的时间以后，用 Na_2CO_3 或稀 NaOH 溶液中和料液，调节 pH 值为 6，终止反应，分离产品，洗涤并干燥。干燥过程是重要的工序。一般高温反应生产酸变性淀粉时，将料浆固液分离以后，直接将含有酸的淀粉进行干燥，可减少淀粉中可溶性部分的流失。

Bellmas 法生产酸变性淀粉的方法是采用较浓的淀粉乳和 1%～3% 的矿物酸水溶液作用，在 50～55℃ 下连续搅拌 12～14h，直达到所要求的黏度为止，中和料浆停止反应，固液分离收回酸变性淀粉，水洗、干燥得到最终产品。

Duryea 法生产酸变性淀粉的特点是采用低浓度的淀粉乳、低浓度的酸（0.5%～2%），在较高温度下（55～60℃）短时间反应（一般反应时间为 0.5～4.5h）。

近年来，生产酸变性淀粉的工艺均为快速反应，减少了可溶性部分。为了减少可溶部分的生成，通常在反应料浆中加入少量的可溶性六价铬盐，待所有的六价铬还原成三价铬后，用碱调节 pH：8～9，然后在酸化到 pH 为 6，过滤，收回淀粉，水洗、干燥。用该法可生产玉米、马铃薯、黏玉米、木薯、甜薯和大米等淀粉的酸变性淀粉。

三、氧化淀粉生产

淀粉在酸、碱或中性条件下与氧化剂作用可以制备得到氧化淀粉。氧化反应进行的程度主要由反应的 pH 值和氧化剂所决定。在某种条件下，淀粉分子的还原端葡萄糖单位的环状结构容易在 C1 位置上的氧原子处断裂，而在 C1 上形成醛基。所以，通常认为有三种类型的基团可以被氧化成羧基或羰基，即还原端的醛基和葡萄糖分子中的伯仲醇羟基。

1. 氧化淀粉的分类

氧化淀粉的原料主要是薯类和玉米淀粉。氧化剂一般可分为两大类，即漂白作用和氧化作用，若按反应介质则可分为三类：

① 酸性氧化剂。HNO_3、H_2CrO_4（$H_2Cr_2O_7$）、$KMnO_4$、H_2O_2、卤化物（F^-、Cl^-、Br^-、I^-）、卤氧酸（次氯酸、氯酸钠、氯酸、高碘酸）、其他的过氧化物（过硼酸钠、过硫酸铵、过氧乙酸、过乙酸乙酰化过氧化氢、过氧脂肪酸）及光照辐射、臭氧等。

② 碱性氧化剂。碱性次卤酸盐（碱性次氯酸盐、碱性次溴酸盐、碱性次碘酸盐）、碱性亚氯酸盐、碱性高锰酸盐、碱性过氧化物、碱性氧化汞、碱性过硫酸盐等。

③ 中性氧化剂。Br_2、I_2 等。

工业上从操作方便和经济性考虑，通常是采用碱性次氯酸盐作为氧化剂。通过调节各种反应参数，如氧化剂的浓度、添加氧化剂的速度和方法。可抑制淀粉溶胀。试剂的添加、pH 值调节和温度控制，可以控制氧化反应进行的程度，制备出不同性能的氧化淀粉。

淀粉经次氯酸盐氧化以后，改变了淀粉糊的性质，经过氧化作用，淀粉的分子链发生了解聚作用，使分散液的黏度降低，经氧化以后，在淀粉的分子上引入羰基或羧基，使直链淀粉的凝沉作用降低到最小。因此保持了淀粉糊的黏度的稳定性，经氧化以后，得到的淀粉颜色洁白，易于糊化，胶黏力强，成膜性能好，膜的透明度和强度都较高，因此广泛地应用于造纸工业和纺织工业。

2. 氧化淀粉的生产工艺

次氯酸盐的氧化作用，在淀粉吡喃葡萄糖环的 C2 和 C3 位置上形成羰基，经烯醇化和进一步氧化，将吡喃葡萄糖环在 C2 和 C3 位置之间断开，而形成二羧基淀粉（图 9-6）。

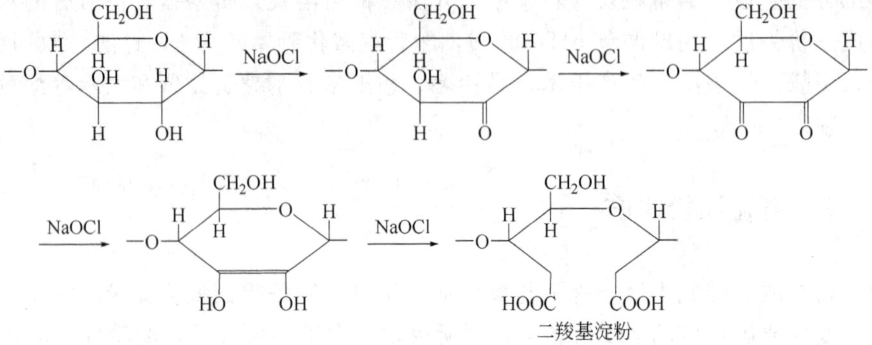

二羧基淀粉

图 9-6　次氯酸盐氧化淀粉的反应路线

（1）原材料　原淀粉或变性淀粉对氧化的产物性质有明显的影响。玉米淀粉是用于制备氧化淀粉的主要原料。西米淀粉、马铃薯淀粉、小麦淀粉和木薯淀粉均可用次氯酸盐氧化，而得到特殊用途的产品。

（2）次氯酸钠溶液的制备　在制备氧化淀粉的过程中，要使用大量的特殊形式的 NaOCl 溶液，NaOCl 溶液的制备是将 Cl_2 气通入冷的 NaOH 溶液中，反应过程如下：

$$2NaOH + Cl_2 \xlongequal{\quad\quad} NaOCl + H_2O + 24650cal(103.2kJ)$$

将淀粉氧化需要一种稳定的、中等程度的氧化剂，因此采用过量 NaOH 的方法限制 Cl_2 的量。Cl_2 和 NaOH 反应是放热反应，因此必须控制反应温度不得超过 30℃，否则会生成不符合要求的 $NaClO_3$。

图 9-7 描述了制备碱性次氯酸钠的流程图。碱储罐是铁或钢制的，内装 50% NaOH，可根据所在地区的气候条件，内部装有加热的蛇形管。通过 T 型混合器按比例泵入水和 NaOH 混合，可制备稀碱溶液。在与氯化罐连接的管线上，装有热交换器，散失在碱稀释过程中放出的热。氯化罐可用混凝土、陶瓷或内衬橡胶或塑料的钢铁制成。罐内装有冷却用的蛇形管。由于在碱性氯化的过程中，无论哪种制的蛇形管腐蚀作用都是很高的，一般采用先将稀 NaOH 溶液预冷到约 4℃，避免和碱性次氯酸钠溶液接触，解决腐蚀问题。然后用耐酸的高硅钢管、铅管或银管将钢瓶装或罐车装的 Cl_2 导入到装有冷稀碱液的氯化罐的液面以下，气体的扩散提供了

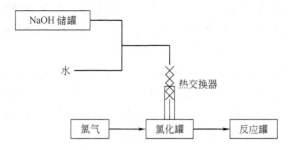

图 9-7　制备碱性次氯酸钠流程图

充分的搅拌。若用液氯，还可以获得特殊的冷却效应。需要各种安全措施，在碱性氯化过程中，在 Cl_2 的管线上应装有自动阀门，防止温度过高。在整个危险地区，要安装报警器，个人要佩戴防毒面罩。

（3）氧化反应工艺过程　在所控制的 pH 值条件下，在淀粉乳中加入次氯酸钠溶液，进行氧化反应。当反应进行到所要求的程度后，向反应体系中加入亚硫酸氢钠或通入 SO_2 气体，除去未反应的剩余的氧化剂，然后过滤、洗涤、干燥得到氧化淀粉产品。氧化淀粉的性质和反应条件有关系。反应温度、pH 值、NaOCl 浓度、淀粉的浓度及杂质均对产品的性质有直接的影响。

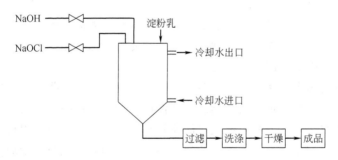

图 9-8　碱性次氯酸钠氧化过程

图 9-8 介绍的是一般次氯酸钠氧化淀粉的流程简图。因为产品的要求不同，所采用的反应条件也不同。其过程为，每批料含有 45～220kg 的干淀粉调成淀粉乳，引入反应罐。反应罐是由耐腐蚀材料制成，为使物料充分混合，罐内装有搅拌器，搅拌器的叶片要和处理淀粉的体积相符。用稀 NaOH（3%）溶液将淀粉乳的 pH 调至 8～10，pH 太高，则氧化作用缓慢。然后加入含有 5%～10% 活性氯的 NaOCl 溶液，即每 100mL NaOCl 中含有 5～10g 氯。加入 NaOCl 的速率由加入的量和加入的时间决定，也可以补充氧化剂。一般情况下，几百升的 NaOCl 溶液在几小时内加完。在反应周期中，需用自动控制仪器控制加入 NaOCl 溶液的比例，随着氧化过程的进行，酸性物质的生成使 pH 值降低。自动控制仪器控制加碱维持反应所确定的 pH 值。在整个反应过程中，必须维持温度的恒定，通常保持 21～38℃。因为反应是放热反应，因此要控制加入 NaOCl 的速率，采用机械冷却的方

法控制反应体系的温度不宜过高。在整个反应过程中，所用碱的浓度不宜过高，氧化剂的添加速度不能太快，搅拌速度不能过慢，否则将引起淀粉颗粒的膨胀，给后面的加工带来困难，应尽量设法避免。

达到所要求的氧化程度以后，用酸将淀粉乳的 pH 值中和到 pH＝6.0～6.5，用 $NaHSO_3$ 或通入 SO_2 气体清除未反应的 Cl_2，用真空过滤或离心分离水洗除去反应过程中的其他杂质、副反应物、盐和其他碳氢化合物的降解产物，然后热空气干燥到含水 10％～12％，即得氧化淀粉成品。

四、酯化淀粉生产

酯化淀粉的种类较多，包括有机酸酯化淀粉和无机酸酯化淀粉。人们合成的无机酸酯化淀粉产品有磷酸淀粉、硫酸淀粉、硝酸淀粉等。已经有的有机酸酯化产品包括乙酸淀粉、甲酸淀粉、乙烯基乙酸淀粉、高级脂肪酸淀粉等。目前工业上应用最多的产品是乙酸淀粉和磷酸淀粉。乙酸淀粉在工业上的用途主要是基于它形成的胶体溶液（溶胶）的稳定性。工业上生产的乙酸淀粉一般是颗粒状的，取代度小于0.2（5％乙酰基）。

1. 乙酸淀粉的生产

乙酸淀粉又称为乙酰化淀粉或乙酸淀粉酯。对于大规模的工业生产，选择试剂和制备方法涉及许多因素。对于食品用的乙酸淀粉，乙酰化过程所用的试剂和溶剂必须生成人体可接受的产物。

在大规模操作中，使用试剂和溶剂的问题是复杂的，这些原料的性质对厂房设计、操作工艺的选择有重要的影响。通常使用的试剂是乙酸和乙酸酐。

（1）用乙酸制备 乙酸水溶液对淀粉几乎不发生作用，但是用较少量的冰醋酸通过加热能使淀粉乙酰化，乙酰化的程度随反应时间和乙酸与淀粉的质量比的增加而增大。产品是颗粒的，因此不溶于冷水，但加热到 95～100℃时可溶。

当干淀粉在大量过剩的冰醋酸中加热时，随着反应时间的增加，大量的乙酰基逐渐引入。在回流反应过程中，18h 后淀粉溶解于反应混合物中。回流 620h 乙酰化还不能达到完全的程度（44.8％）。在 90℃时得到的产物在室温下都溶于水，不溶于乙醇。

通过加热含水量不超过 3％～4％的淀粉和冰醋酸，冰醋酸的量是淀粉的10％～100％，90℃时最多加热 8h，120℃时最多加热 2～3h，控制反应条件使产物不溶于冷水，以便通过倾析法洗掉过量的酸。产物含乙酰基 0.7％～2.9％。蒸煮时，这种淀粉分散在沸水中，生成透明稳定的胶体溶液。这些产品可以代替明胶和多糖树胶，用于纺织精整和纸张的施胶中，还用作糖果点心的增稠剂。

（2）用乙酸酐制备 乙酸酐是淀粉乙酰化通常选择的试剂，它可以单独使用，或与催化剂、乙酸和吡啶一起使用，也可以在碱性水溶液中使用。工业上主要是在淀粉的碱性溶液中加入乙酸酐来生产低取代度的乙酸淀粉的。

在碱性条件下，水悬浮液中的淀粉与乙酸酐反应制备颗粒状的淀粉乙酸酯。成功的乙酰化取决于保持一定的反应条件，促使乙酰化反应强于酸酐的水解反应，并且乙酸淀粉无明显水解。

逐次分批将碱和酸酐交替加入淀粉水悬浮液中，仔细控制碱和酸酐的加入量，使 pH 值保持在 7～11 的范围内直至所需酸酐加完为止。另一种方法是将酸酐和碱同时加入，通过调节酸酐和碱的比例，保持 pH 值 7～9。虽然氢氧化钠是较好的碱性试剂，但其他碱金属氢氧化物、碳酸钠、磷酸三钠和氢氧化钙也是合适的。反应最好在室温（25～30℃）进行，在 10℃ 或者温度高于 30℃ 对反应都有影响。在较高温度下，酸酐和酯的水解速度加快，对乙酰化反应不利。在室温下，在碱性介质中，用乙酸酐进行乙酰化反应最适宜的 pH 值是 8～8.4。乙酰化最适宜的 pH 值随反应的温度而定，在 38℃ 时最合适的 pH 值大约是 7；温度低于 20℃，最合适的 pH 值可以大于 8.4。通过加入 3% 的氢氧化钠溶液使 pH 保持在所需的范围内，加入较高浓度的氢氧化钠溶液将引起淀粉颗粒的局部凝胶化，使回收时难以过滤。预期反应效率大约为 70%。

为了得到颗粒状的产品，只有限制取代度才能避免在碱性反应中出现凝胶化。没有凝胶化的产品可达到的最大取代度大约为 0.5。

2. 磷酸淀粉的生产

磷酸淀粉通常分为两类：①磷酸单酯——磷酸的三个酸性官能团中只有一个酸性官能团与淀粉上的羟基酯化；②磷酸单酯、磷酸双酯和磷酸三酯的混合物——磷酸分子中有一个以上的酸性官能团被酯化。通常将单酯称为单淀粉磷酸酯、淀粉磷酸单酯，或简称磷酸淀粉。将多酯称为双淀粉磷酸酯或淀粉磷酸二酯。本节主要讨论淀粉磷酸单酯和淀粉磷酸二酯的制备方法。

（1）淀粉磷酸单酯的生产　通过加热淀粉和可溶性磷酸盐的干燥混合物，制备淀粉磷酸单酯（磷酸二钠淀粉）。所用的磷酸盐为磷酸、焦磷酸和三聚磷酸这三种酸的酸式盐。淀粉与上述磷酸盐共热，生成单酯。

磷酸盐溶液，例如一钠盐或二钠盐溶液，与颗粒淀粉混合后采用搅拌的方法，也可将溶液喷到干淀粉上或与湿的淀粉滤饼混合。一种典型的工艺过程是将含水约 40% 的磷酸盐和淀粉的混合物干燥到含水约 10%，然后在 120～40℃ 时加热 1h。生成的磷酸淀粉具有很宽的流度范围，随反应的 pH 值、温度和时间的改变而改变。

淀粉与磷酸二氢钠（一钠盐）的反应可以用下列反应式表示：

$$淀粉—OH + NaO—\overset{\displaystyle O}{\underset{\displaystyle OH}{\overset{\|}{P}}}—OH \longrightarrow 淀粉—O—\overset{\displaystyle O}{\underset{\displaystyle OH}{\overset{\|}{P}}}—ONa + H_2O$$

采用湿法制备磷酸淀粉，通常是将淀粉悬浮在磷酸盐溶液中，将混合物搅拌10～30min，过滤，滤饼采用空气干燥或在 40～45℃下干燥至含水 5%～10%，然后加热反应。使用带式连续干燥机生产效果较好，用这种设备在 80～124℃下干燥淀粉，不会发生凝胶化。在淀粉和磷酸盐混合物的湿度减少到 20% 以前，温度不应超过 60～70℃，这样能防止凝胶化和副反应的发生。

（2）淀粉磷酸二酯的生产　淀粉磷酸二酯（磷酸一氢二淀粉）含有酯桥，淀粉通过酯桥连接，经交联后的淀粉能抑制淀粉颗粒的溶胀和破裂，大大提高了对热、对搅拌和对酸的稳定性。

在水介质中，用氯氧化磷、五氯化磷和硫化磷酰氯（$PSCl_3$）作交联剂，使淀粉发生交联反应。通过仔细控制反应条件，可制得颗粒状的淀粉衍生物，这些产物在长时间的蒸煮过程中所形成的稠糊具有稳定的黏度。在水中时，这些淀粉颗粒结构不易被解离（破坏）。用 0.15%～0.25% 的氯氧化磷（以淀粉计）处理淀粉，即可获得具有以上性质的产物。

将可溶于水的碱或碱金属的盐（如 NaCl）加入反应悬浮液中，可使淀粉的交联反应易于控制，这些盐能减缓活泼的氯氧化磷的水解，因而较多的氯氧化磷有可能浸入淀粉颗粒内，使磷酸化作用更均匀。

用三偏磷酸盐制备交联淀粉的反应如下列反应式所示：

虽然反应式中所示的产物是磷酸双淀粉，但可能也生成少量的单酯和三酯化合物。

在水介质中用三偏磷酸盐酯化淀粉比用氯氧化磷酯化淀粉需要更严格的反应条件。碱性物质，如氢氧化钠、氢氧化钙和碳酸钠对酯化反应有催化作用。将淀粉量2% 的三偏磷酸钠加入淀粉悬浮液中，在 pH 10～11，温度 50℃时，反应 1h，生成的磷酸淀粉在通常的蒸煮条件（95～100℃，加热 15min）下可获得最大的热糊黏度。

五、离子淀粉

离子淀粉是在淀粉结构中引入阴离子或阳离子官能团，从而使淀粉分子带上阴阳离子的产品。前述磷酸淀粉等就属于阴离子淀粉。在淀粉中引入的阴离子基团主要包括羧基、磷酸基、硫酸基、磺酸基等，引入的阳离子基团则主要是氨基阳离子（季铵碱）。

1. 阴离子淀粉的生产

阴离子淀粉中应用较多的是磷酸淀粉和羧甲基淀粉。

氯代乙酸与碱性淀粉的悬浮溶液反应，可以制备出低取代度的颗粒状羧甲基淀粉。若在水溶液中实现上述反应，需要有抗高黏度的搅拌装置，而且用乙醇对最终反应产物进行沉淀、分离和纯化。操作比较复杂。一般采用有机溶剂——水体系作反应介质。在残留有淀粉颗粒的不均匀体系中进行分离、纯化。一般的操作过程是，首先将氯代乙酸溶解在溶剂中，加入 NaOH 水溶液，将淀粉分散在反应体系内进行反应。反应温度 20～80℃，反应时间为数小时至 2 天。反应结束后，用酸中和，用甲醇水溶液洗净，除去食盐和副产物甘醇酸，然后过滤、干燥。通常一次反应，取代度可达到 0.5 左右，重复几次反应，取代度还可以提高。一般常用的有机溶剂有甲醇、乙醇、异丙醇、丙酮等。

低取代度的羧甲基淀粉是可溶于水的，形成透明的、不凝沉的黏胶。然而，此黏胶对高速度的搅拌是不稳定的。为了得到最佳的黏度，羧甲基淀粉的取代度必须是一定值，反应达到凝胶化。常用 0.1％～0.3％的精选试剂对淀粉进行交联。加入所需的碱后，再加入氯代乙酸或氯代乙酸钠。反应停止后，将产物用滚筒干燥，得到含水约 12％的产品。产品中存在的盐，对产品仅起稀释作用。

若在水溶液中进行反应，利用沉淀和水洗的方法，可由最终产品中洗去盐。经研磨和用 $Al_2(SO_4)_3$ 沉淀后，盐析出 Na_2SO_4，并筛出盐后，再用碱重新溶解，可除去产品中的盐。在醇水溶剂体系中，制备出的低取代度（DS 约为 0.1）的羧甲基淀粉，它仍具有原淀粉的颗粒形式。颗粒状衍生物是冷水可溶性的。可采用加盐阻止溶胀的办法，由碱性溶液的浆料中制备出来。也可以将淀粉与氯代乙酸钠和 NaOH 或 $Ba(OH)_2$ 混合，根据原淀粉的含水量决定是否需要加水，用夹套加热或流动床加热也可以制备出颗粒状的产品。但若在醚化之前进行充分交联，也可制备出具有离子交换性质的不溶胀的颗粒淀粉。

2. 阳离子淀粉的生产

生产阳离子淀粉的主要试剂是阳离子醚化剂，试剂类型有叔胺型和季铵型。常用的阳离子试剂是 2,3-环氧丙基三甲基氯化铵，它在碱性条件下与淀粉反应，即可得到季铵型阳离子淀粉。

$$CH_2{-}CH{-}CH_2{-}N^+(CH_3)_3Cl^- + 淀粉{-}OH \longrightarrow CH_2{-}CH{-}CH_2{-}N^+(CH_3)_3$$

阳离子淀粉的生产有两种方法，即湿法和干法。在采用干法制备阳离子淀粉时，在淀粉中加少量乙醚，可以防止淀粉的局部变质，以便于制备得到优质的阳离子淀粉。其方法是在水存在下，使淀粉与阳离子化试剂进行反应，同时加入脂肪族一元醇，用量为 4％～85％全量，一元醇可以防止淀粉被碱和水局部膨胀。

干法必须严格控制水量，限制在 5％～35％范围内，水量如果低于全量的 5％以下，则淀粉与阳离子试剂的反应难以顺利进行。水量高于 35％时，醇的防止膨胀作用减退，丧失干法的特色，需要从得到的产品中排水、干燥，需要消耗大量的能源。

215

六、高吸水性淀粉生产

高吸水性淀粉生产是将丙烯腈接枝聚合于糊化淀粉上制成的,并将得到的丙烯腈接枝聚合的共聚物淀粉用碱进行皂化,改变腈的功能性,形成羧基酰胺和碱性金属羧基基团的混合物。从这种聚合物中去除水分,便得到能吸收几百倍于本身重量的水分而又不分解的固体产品。由于它能迅速吸收如此大量的水分,人们称其为超吸水剂。

高吸水淀粉的制备一般分两步进行,第一步是淀粉的接枝共聚,在淀粉链上引入聚丙烯腈,第二步是将得到的淀粉接枝物进行水解和皂化,将其中的腈基水解成羧基,并生成羧酸盐。羧酸盐具有较好的保水性能。反应步骤如图9-9。

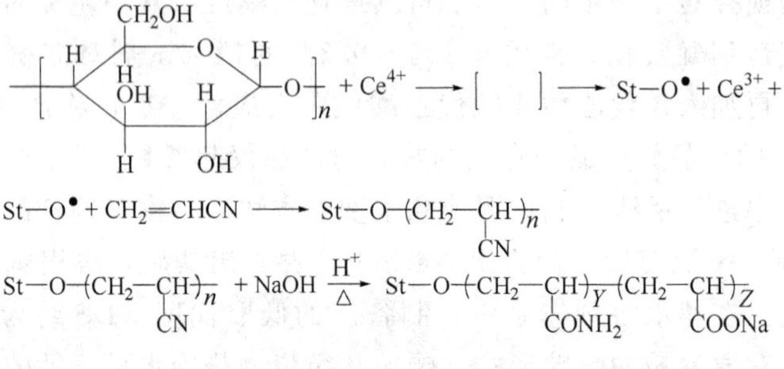

图 9-9　高吸水淀粉的制备反应

人们发现部分水合的接枝聚合淀粉能生产出对医活动物外伤极为有效的水凝胶。水凝胶除可吸收伤口溢出的大量液体外,还有去痛以及防止皮下组织干燥的功能。在医学上使用水凝胶治疗褥疮溃疡或郁积溃疡的病人获得良好的效果。用这种方法治疗所有皮肤溃烂也均有疗效,可使伤口彻底愈合,或给肉芽组织创造更清洁的生长条件。

在农业上使用吸水剂作种子或根部的外涂料,或作为添加物散入排水快的土壤中起保水作用是非常有前途的。蘸有这种聚合物的玉米、大豆、棉花种子的大面积田间实验证明发芽率提高了,秧苗出土率提高了。在大部分实验中,产量也提高了,将露根的秧苗在水合聚合物中蘸一下,然后再移栽,这样可克服移栽禾苗难的问题,提高成活率。

第四节　淀粉食品生产

淀粉类制品是我国传统食品。在所有的加工农产品中,淀粉的应用范围最为广阔。淀粉及其制品可用于汤类、调味品、肉类、面包制品、饮料、纺织品、纸、燃料、胶黏剂、塑料、油漆等产品的生产加工。由于具有极其广泛的应用性,淀粉及其产品已经成为食品与饮料业和其他行业应用最为普遍的功能性成分。对于食品加工业而言，淀粉是一种不可缺少的添加成分，许多食品都含有多种形式的淀粉成分。食品加工业的迅速发展以及人们为了追求方便和保健而导致饮食习惯不断发生变化，同时也推动了世界淀粉加工业迅速发展和食品与饮料业普遍迅速进步。

一、米类淀粉粉丝类产品的制作

米粉条又名米粉、米线、米丝、米面或米粉丝，是我国有悠久历史的传统食品，它质地柔韧、爽滑可口、有咬劲。米粉既可作为主食，又可作为小吃。米粉条的生产与面条不同，面条的抗拉强度主要依靠面粉蛋白质形成的面筋网络结构来支撑，而大米蛋白质不会形成面筋，必须依靠大米淀粉糊化后回生来完成。米粉条主要成分是大米淀粉，米粉条的诸多性质自然地主要来自大米淀粉的行为表现。通过对大米粉末进行必要的处理、添加变性淀粉等措施，使大米淀粉糊化后的凝胶化得以很好的完成，制得保鲜湿米粉。

1. 工艺流程

大米→精碾→清洗→润米→粉碎过筛→大米粉末→加入水、其他辅料→混合→挤压成型→时效处理→定量切割→水煮→水洗→酸浸→低真空包装→杀菌→保温→检验→加汤料→外包装（碗装或袋装）→入库

2. 原辅材料配比及选择

大米粉末 80%～90%，变性淀粉 10%～15%，食盐 0.5%～1%，魔芋 3%～5%，大豆色拉油 0.5%～2%，复合磷酸盐 0.1%～0.4%，甘氨酸 0.2%～0.5%，丙二醇 2%～3%，蒸馏单干酯 0.3%～0.5%。

3. 操作要点

（1）大米的选择　市场上的大米通常为标一米，用小型喷风米机碾去投料量为 2%～4% 较为理想，不得含有黄变、霉变米。大米陈化期要求为 6 个月至一年。这时的大米，其结构层次、营养成分等都基本固化，尤其是淀粉结构稳定，蒸煮糊化时，淀粉有较好的凝胶特性。

（2）清洗　大米的清洗是在洗米机中进行，通过机底的高压射流装置对大米进行循环冲洗。漂浮在水面上的泡沫、糠皮、糠麸等杂质通过隔板，经溢流管排出，清洗时间视机中水的清澈程度而定，一般为 10～20min。

（3）润米　润米的目的是使米粒外层吸收的水分继续向中心渗透，使米粒结构疏松，里外水分均匀，水分含量控制在 26%～28% 为宜。

（4）粉碎过筛　用锤片式粉碎机进行粉碎，粉碎后大米粉末过 60 目筛即可。

（5）混合　大米经浸泡、粉碎后，其水分含量不适合于榨粉机工作，需要补充水分，其他辅料也应在此加入，混合的要求是：各种物料混合均匀，达到"一捏即拢，一碰即散"的手感，此时水分含量大约为 30%～32%。混合好的物料最好静

置半小时左右，以便水分均匀。

(6) 挤压成型　在榨条前，必须对大米粉末进行高温、高压的适度挤压处理，这是本产品生产是否成功的关键。挤压是在改造后的榨条机上进行，挤压后的物料再入第二台榨条机挤出米粉条，米粉条以粗细均匀、表面光亮平滑、有弹性、无夹白、气泡少为宜。挤压处理的程度要严格控制，过度则造成水煮时损失大；过小则熟度小，易使米粉回生。

(7) 时效处理　榨条出来的米粉条，表面黏液较多，会相互粘连，必须送密封房静置保潮，进行时效处理。时效处理的要求是不粘手、可撮散、柔韧而有适度弹性。时间为 12～24h。

(8) 水煮　水煮是为了使米粉条进一步 α-化，要严格控制水温和时间，避免糊化过度。水煮时应在水中适当添加食盐和消泡剂。水煮温度 98℃，时间 1～2min。

(9) 水洗　用水温 0～10℃ 的冷水对米粉条进行淋洗，使其温度骤降至 24～26℃。米粉条遇冷收敛，更具凝胶特性；同时洗去米粉表面的淀粉，则表面更油润光滑，不黏条。水洗时间控制在 1.5～2.5min。

(10) 酸浸　酸浸是为了降低米粉条 pH 值，将成品的 pH 值控制在 4.2～4.3。由于米粉条经挤压榨条，粉丝体紧密结实，不易吸酸，酸浸时间应相对延长。具体条件如下：酸浓度 1.5%～2.0%；酸液温度 25～30℃；pH 值 3.8～4.0；酸浸时间 1.5～2.5min。

(11) 滤水　水洗和酸浸后的米粉条水分较高，必须滤去表面过多的游离水分，否则杀菌时米粉条会因为过度吸水而膨胀，变得烂糊。一般滤水时间为 8～10min，成品最终水分为 65%～68%。

(12) 低真空包装　根据设计重量，对米粉条进行第一次包装，包装时滴入 3～4 滴色拉油，以防止米粉条结团、黏条。包装材料选用透气性差、耐热、拉伸性和抗拉伸性的 LDPE 或 CPP 材料，采用低真空包装。

(13) 重量、金属检测　剔除重量不符以及含金属的湿米粉条袋。

(14) 蒸汽杀菌　在 93～95℃ 蒸汽中杀菌 40min，使袋中心温度达到 92℃，并保持 10min。

(15) 保湿、包装入库　湿米粉条袋冷却后，在 (37±1)℃ 保湿 7 天，剔除膨胀袋、漏袋。抽样检验其微生物指标。对合格产品，配以调味料，装碗或入袋，包装好入库。

二、米类淀粉方便食品的制作

α-化方便米饭又称速煮米饭、脱水米饭，是第二次世界大战期间作为战备物资而开发的一种方便食品，只需简单蒸煮或直接用热水冲泡即可食用。α-化方便米饭具有携带方便、保质期长、卫生、经济的特点，很适宜旅游、出差、野外作业以及部队等人员和部门，较能适应当今社会生活节奏，容易普及和大众化。

1. 工艺流程

添加剂
大米→清理→清洗→浸泡→蒸煮→冷却→装盘→装车→干燥→下盘→耙松→过筛→称量→
添加剂
产品←包装←

2. 操作要点

① 清理。一般大米中含有米糠、尘土、泥沙、石块、纤维以及金属等杂质，可采用筛选的方法去除。直径比米粒大的以及比米粒小的直接过筛除去，与米粒直径相同的杂质先经过一道打筛将其打碎再过筛去除，直径与米粒一样大的石块、金属用密度去石机以及磁性去金属机去除，也可人工去除。

② 清洗。清洗设备选用不锈钢罐，上面有进水管，下面有出水管，内设一栅栏假底，以便放水时米粒和清洗水的分离。清洗罐工作时，若产量不大，可以人工搅拌，以改善清洗效果，产量大时可以采用搅拌器。

③ 浸泡。为了提高米的糊化速度，减少糊化时间，大米蒸煮之前必须进行浸泡。浸泡工序的主要工艺参数为：加水量为米的 1.2～1.5 倍，浸泡时间为60～100min。

④ 蒸煮。蒸煮是关键工序，应尽量提高米粒的糊化度，除了直接通入蒸汽外，还必须喷入糊化促进剂溶液。

⑤ 装盘。为了方便于干燥，蒸煮冷却后的米装盘，装盘是自动的。其原理是：在蒸锅的下方有一个不锈钢网带，盘子由人工放在网带上，网带的速度可以改变盘中米的厚度，厚度对米粒糊化度、干燥时间及产量均有直接影响，应尽量使米粒厚薄均匀，以保证干燥均匀。最后把装盘的米装在小车上以便干燥。

⑥ 干燥。干燥是在连续干燥机中进行的。干燥机干燥系统的主体是一个隧道式干燥机，干燥机两边装有加热器，采用蒸汽间接加热，进入的蒸汽不低于0.4MPa，干燥机顶端安装有引风机用于排潮。一般干燥机中的最低温度不低于 90℃。

⑦ 冷却。刚出干燥机的米温度在 60～70℃，这时还一直进行着能量交换和质量交换，必须进行冷却，使温度降低至 40℃ 以下才能将米从盘上取下，可采用在输送轨道上自然冷却。

⑧ 分散。脱盘后将结团的米饭进行分散，以利于包装。分散过程中必须保证碎米增加率少于 5%。

三、糯米汤圆的制作

汤圆是我国的传统食品，起源于民间，早期仅限于家庭制作，后来发展到街头摊点和饭店等。自 20 世纪 90 年代以来，随着人们饮食观念的变化，生活水平提高，工作节奏加快，对速冻食品的要求也越来越高，汤圆产品作为速冻食品的重要品种，深受消费者的青睐。以下是几种汤圆的制作方法。

(一) 一般工艺流程

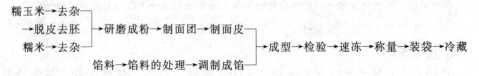

(二) 各种汤圆的制作

1. 芝麻汤圆

(1) 原料 适量的糯米、大米，适量的白糖、麻酱、桃仁（压碎）、芝麻、化猪油。

(2) 做法

① 将糯米与大米混合（5000g 糯米可加 1000g 大米），水浸 1～2 天，用磨磨细，放入布袋内，悬空吊浆，制成面粉。

② 将白糖、麻酱、桃仁、芝麻、化猪油和面粉混合拌匀，制成小方块馅料待用。

③ 将面粉加入适量凉水揉和，取一小块捏扁，放入切好的馅料封口揉圆。

④ 将水烧开后放入汤圆，煮时火不宜过旺。汤圆浮上水面，稍过一会儿捞出即可。

2. 水磨汤圆

(1) 原料 压干的新鲜水磨粉 1500g，澄沙馅 1000g（如用鲜肉只需 750g）。

(2) 做法

① 取水磨粉 250g，用适量的水揉和成粉团，拍成饼，当水煮沸时放入锅内，煮成熟芡捞出，浸入冷水。再用水磨粉 1250g 放入缸中，用双手搓擦，同时把从水中取出的熟芡放入碎粉粒中，揉拌成粉团，盖上湿布，待用。

② 按量揪剂子（每 500g 20 个），将剂子捏成锅形，放入澄沙馅，随后将边逐渐收口，即成汤团。

③ 待水煮沸时，将汤团下锅，用勺沿锅边推转，当汤团浮出水面时，加少许冷水，再煮 7～8min，汤团的皮看上去是深玉色，有光泽即熟。

3. 肉汤圆

(1) 原料 适量的糯米、大米、瘦肉末、酱油、胡椒、料酒、姜末、冬菜末、葱花。

(2) 做法

① 将糯米与大米混合，浸 1～2 天，用磨磨细放入布袋内悬空吊浆，制成

面粉。

②在锅中倒入油少许，油七成熟时下肉末炒熟，加入酱油、胡椒、料酒、姜末，入味后起锅装盘。

③熟肉末晾凉后，加入适量的生肉末、冬菜末、葱花，拌匀后放冰箱里冷冻，切成小块为馅心。

④将面粉加入适量水揉和，取一小块捏扁，包入馅心揉圆。

⑤将汤圆下锅煮，火不宜过旺，见汤圆浮上水面即捞出。

⑥在碗中放入适量的酱油、胡椒、味精、化猪油、葱花等，冲入适量高汤，将捞出的汤圆放入即可食用。

4. 拔丝小汤圆

(1) 原料　糯米粉300g，绵白糖300g，猪板油25g，青红丝、桂花、瓜子、芝麻少许，糖稀50g，熟面50g，花生油750g（实耗100g）。

(2) 做法

①将青红丝切碎与猪油、白糖150g、桂花、熟面、糖稀、瓜仁等配料和成水晶馅。

②将和好的馅砸成3mm厚的片，切成3mm见方的丁，蘸水放入糯米粉用簸箕摇晃，反复3次即成生汤圆。

③在炒勺中倒入花油，烧至六七成熟时，下入汤圆并用筷子拨开，漂浮后用漏勺捞起，用小勺拍开口。

④将炒勺置火上，注入少许清水，下入白糖150g，炒至金黄色时下入汤圆，离火颠勺，撒入青红丝、芝麻等即成。

5. 脂油汤圆

(1) 原料　糯米1500g，白糖500g，板油150g，青梅、桃仁各50g，芝麻、桂花各25g。

(2) 做法

①糯米用水浸泡4h，捞出换水，磨成吊浆。

②板油、白糖按脂油馅制法，做好后与炒熟的芝麻粉、剁碎的青梅、桂花等配料，拌和成馅。

③用水将1/3的吊浆煮熟，放入冷水，浸泡后，用2/3的生吊浆与熟吊浆和成粉团，将粉团搓成长条，按量揪剂子。再把剂子捏成小酒杯形，包馅收口，捏成汤圆。

④待水煮沸时，将汤圆下锅，汤圆浮上后即可捞出。

四、粉丝的制作

（一）传统粉丝的制作工艺

粉丝是用淀粉做成的传统食品，配在荤素菜里皆宜，在国内外均有广阔市场。

粉丝以豆类淀粉做成的为最好，细滑强韧，光亮透明；蕉藕淀粉做的能与豆粉丝媲美，薯类淀粉做的次之。

1. 工艺流程

锉粉→打糊→和面→揣面→漏面→拉锅→理粉→晾干

2. 操作要点

① 锉粉。将含水量约为 40% 的粉团，用带孔的金属锉板锉成大小均匀的碎粉。

② 打糊（也叫打芡）。打糊用的碎粉里，应按和面的多少而定。如和面碎粉为 20～25kg，打糊碎粉应称取 2.5～3kg。放入和面缸中，加入 35～40℃ 的温水 1.5～2kg，使碎粉吸水发糁，再用光洁的木棒进行搅拌，同时从缸边徐徐加入约 70℃ 的热水 2～3kg，使粉温达到 45～50℃，用大棒急速搅拌，再加沸水 9～10kg，使淀粉糊化，糊体透明、均匀，并用手指试时可拉成细丝。为了增强面糊的黏度，须将面缸放在盛有热水的木桶中，维持所需要的温度。番薯淀粉在打糊时可加适量明矾粉。

③ 和面。取碎粉 20～25kg，分几次加入面缸。加入时用双手将面糊上掏，并把碎粉压下，动作要迅速而有节奏，待碎粉加完一直和到不见生粉为止。

④ 揣面。为了使面团有较强的韧性，揣面时双手握拳，左右上下交替地揣入面团中，使黏性渐增，硬性渐减。揣面时面团的温度始终要维持在 40℃ 以上。漏面时，留在面缸里的面团仍须继续揣和，以保持面团的柔软。

⑤ 漏面。将揣好的面团通过漏瓢拉成细丝，漏入热水锅中。漏瓢是由铝或马口铁皮做成的上口径为 22cm、底径为 17cm、边高约 10cm 的圆瓢，底面稍凹并有孔径约 1mm 的漏孔 70 个，口边有柄，柄对面有一小孔。漏面开始时，从面缸中捧一块面团，放入漏瓢中并用手轻轻拍击面团，使面团漏成面条。待面条粗细一致时，将瓢迅速移到水锅的上方，对准锅心。瓢底与水面的距离决定了粉丝的粗细，一般为 50cm。漏面时锅中的水温须始终维持在 95～97℃ 之间，水不能沸腾。漏瓢中的面团漏到 1/3 时，应及时添加面团。从漏瓢底下漏出的粉丝条，落入热水后，受热便成韧而透明的水粉丝。

⑥ 拉锅。就是用长竹筷将锅中上浮的水粉丝，依次拉到装有冷水的拉锅盆中，再顺手引入装有冷水的理粉缸中。拉锅的技术性较强，应控制好粉丝在锅中的受热时间，随时理出粉丝断头，并要指挥烧火工控制火候。

⑦ 理粉。将理粉缸中的水粉丝清理成束，围绕成圈，圈的周长应视水粉丝的韧性大小而定，韧性大可长一些。每束绕 10 圈以后剪断，然后串上竹竿，挂在木架上将水粉丝理直整平，挂约 2h，使粉丝内部完全冷却以后，再从架上取下，泡入清水缸中漂浸过夜，第二天即可取出晾干。冬天可在水中浸 2～3 天，夏天浸 1 天须换水，换水以后可继续浸 3～4 天。

⑧ 晾干。水粉丝取出后宜在微风中或微弱阳光下晾干，切忌烈日曝晒和严寒冰冻，晾 2～3 天后水分含量低于 16% 时，即成为干粉丝，便可进行整理包装。

（二）宽粉丝的生产

传统生产粉丝的方法一般是采用 60％的豆类淀粉为原料，再配以其他淀粉原料方能生产。近年来粉丝生产工艺相应有所改变，目前已有很多豆类淀粉代用工艺，只需 30％的豆类淀粉原料，再配以其他淀粉，即可制成粉丝。

1. 原料配方

豌豆淀粉 30％，玉米淀粉 40％，甘薯淀粉 30％。

2. 操作要点

① 打糊和面。先取 4％豆类淀粉用开水打成稀糊。淀粉与水之比为 12：100，然后加入其余淀粉，并加温水和面。

② 制皮与蒸皮。将和好的淀粉糊均匀迅速地放到帆布输送带上，利用刮板摊平刮匀，厚度约为 1.5mm，摊好的糊随传送带输入蒸釜，温度为 100℃，自入釜至出釜时间约为 2min。

③ 烘皮断皮。蒸熟的淀粉皮随传送带进入烘干室，室温为 70℃，送循环风，淀粉皮自上而下运行通过烘室，大约 40～45min，然后进入断皮工序，淀粉皮自烘室运出，人工切断，每段 1m 长。

④ 叠皮定型。每两张断皮叠放一起，再叠成四折，长 100cm、宽 18cm，然后码垛，以叠皮自重压实，定型 24h，以待切条。

⑤ 切条烘条。将叠好的定型压实的淀粉皮入切刀，切成宽 4～5mm 的粉条，由传送带送入烘条室。烘室温度 50℃，使用循环风，粉条由传运带输送自上而下运行，大约经 80min，出烘室，直接送到包装案上验收包装。

⑥ 捆把验收。每 150～200g 捆为一把。

复 习 题

1. 论述植物淀粉的分类方法与各自的特点。

2. 论述淀粉制备的一般方法。

3. 生产玉米淀粉时用水浸泡的目的是什么？浸泡时为什么要加 H_2SO_3？其作用是什么？

4. 薯类制淀粉时其破碎工艺要点是什么？

5. 淀粉糖的分类及生产原理。

6. 试述葡萄糖、果葡糖浆、麦芽糊精、低聚糖的差异。

7. 变性淀粉的分类及特点。

8. 什么是离子淀粉？其有什么用途？

第十章　功能性粮油食品加工

第一节　功能性粮油食品概述

一、功能性食品的概念

随着人们营养知识的普及和消费水平的提高，人们更加关注膳食和健康的关系，于是就出现了功能食品。1987年日本文部省在《食品功能的系统性解释与展开》报告中最先使用了"功能性食品"这一新措词。1989年4月日本厚生省进一步明确了功能性食品的定义："其成分对人体能充分显示身体防御功能、调节生理节律以及预防疾病和促进康复等有关身体调节功能的功能化食品"。我国国家标准《保健（功能）食品通用标准》（GB 16740—1997）对功能食品下了定义：保健（功能）食品是食品的一个种类，具有一般食品共性。能调节人体的机能，适于特定人群食用，但不以治疗疾病为目的。

关于"功能性食品"的提法，虽尚未得到全世界的公认，但强调食品的第三功能这一观点却已为全世界所共识。欧美国家所通称的"健康食品"或"营养食品"和中国俗称的"保健食品"，就其所特指的含义与内容均与"功能性食品"相同或相似。虽然1990年11月14日本厚生省提出将"功能性食品"改称为"特定保健用食品"，但因中国社会各界人士已普遍接受了"功能性食品"这一提法，而对一直沿用至今的"保健食品"这个通俗称谓则从未给出明确和严格的定义。目前，欧美国家对功能性食品这一提法也表示赞许，并出现了相对应的"功能食品"这一新名词。

二、功能性食品的种类

（一）根据功能性食品消费对象的分类

1. 日常功能性食品

日常功能性食品又称为日常保健用食品，根据各种不同的健康消费群（如婴儿、学生和老年人等）的生理特点和营养需求而设计的，旨在促进生长发育，维持活力和精力，强调其成分能够充分显示身体防御功能和调节生理节律的工业化食品。

对于婴儿日常功能性食品，应该完美地符合婴儿迅速生长对各种营养素和微量活性物质的要求，促进婴儿健康活泼生长。补充 γ-亚麻酸和免疫球蛋白质的婴儿食品（特别是婴儿调制奶粉）就属于这类食品。

对于学生日常功能性食品，应该能够促进学生的智力发育，促进大脑以旺盛的精力应付紧张的学习和考试。

对于老年人日常功能性食品，应该满足"四足四低"的要求，即足够的蛋白质、足够的膳食纤维、足够的维生素和足够的矿物元素，低糖、低脂肪、低胆固醇和低钠。

2. 特种功能性食品

特种功能性食品又称为特定保健用食品，着眼于某些特殊消费群（如糖尿病患者、肿瘤患者、心血管病患者和肥胖患者等）的特殊身体状况，强调食品在预防疾病和促进康复方面的调节功能，解决所面临的健康与医疗问题。目前，全世界在这方面所热衷研究的课题，包括抗衰老食品、抗肿瘤食品、防痴呆食品、糖尿病患者专用食品、心血管病患者专用食品、老年护发和护肤食品等。

（二）根据科技含量的分类

1. 第一代产品（强化食品）

第一代功能性食品，主要是强化食品。这类食品，往往仅根据食品中的各类营养或强化营养素的功能，来推断整个产品的功能，而这些功能并没有经过任何试验予以证实，产品所列功能难以相符，充其量只能算营养品。目前欧美各国已将这类产品列入普通食品来管理，我国也不允许它们再以保健食品的形式面市。

2. 第二代产品（初级产品）

强调科学性与真实性，要求经过人体及动物试验，证实该产品具有某种生理功能，但往往不知其功效成分及测试数据。目前我国市场上的保健食品，大多属于此类。

3. 第三代产品（高级产品）

主要是从天然原料中提取的有效功能成分加到产品中去，不仅需要经过人体及动物试验证明该产品具有某种生理功能，而且需要清楚具有该项保健功能的功效成分，以及该成分的结构、含量、作用机理、在食品中的配伍性和稳定性等。这类产品在我国现有市场上还不多见，且功效成分多数是从国外引进，缺乏自己的系统研究。

（三）按照功能分类

按照功能不同将功能性食品分成如下几类：

① 身体防御，增强机体免疫能力的食品。如降低过敏性的食品，免疫赋活食品，刺激淋巴系统的食品等。

② 防止疾病的食品。如防止高血压的食品，防止糖尿病的食品，防止先天性代谢异常障碍的食品，抗肿瘤的食品等。

③ 恢复健康的食品。如控制胆固醇的食品，防止血小板凝固的食品，调节造血功能的食品等。

④ 调节人体节律的食品。如调节神经系统的食品，调节消化功能的食品，调节吸收功能的食品等。

⑤ 防止老化的食品。如抑制过氧化脂质生成的食品。

三、功能性食品基料

功能性食品中真正起生理作用的成分，称为生理活性成分，富含这些成分的物质则称为功能性食品基料或生理活性物质。显然，这些生理活性物质或功能性食品基料是生产功能性食品的关键。

随着科学研究的不断深入，更新、更好的功能基料将会不断被发现。就目前而言，现已确认的功能基料主要包括以下 10 类：

① 活性多糖。例如功能性单糖、抗肿瘤多糖、调节免疫功能的多糖、调节血糖水平的多糖等。

② 功能性甜味料。例如功能性单糖、功能性低聚糖、多元糖醇和强力甜味剂等。

③ 功能性油脂。例如 ω-3 多不饱和脂肪酸、复合脂质以及油脂替代品等。

④ 氨基酸、肽与蛋白质。例如牛磺酸、酪蛋白磷肽、高 F 值低聚肽、乳铁蛋白、金属硫蛋白及免疫球蛋白等。

⑤ 维生素。例如维生素 A、D、E、C 及 B 族维生素等。

⑥ 矿物元素。包括常量矿物元素与微量活性元素等。

⑦ 微生态调节剂。主要是乳酸菌类，尤其是双歧杆菌。

⑧ 自由基清除剂。包括酶类与非酶类清除剂等。

⑨ 醇、酮、酚与酸类。例如黄酮类化合物、廿八醇、谷维素、茶多酚、L-肉碱等。

⑩ 其他基料。例如褪黑素、皂苷、叶绿素等。

四、粮油功能性食品的范畴

粮食是人类食品的主食原料，人们每天以固定的种类和数量有规律地从主食中摄取能量及营养素。以前在粮油食品的研究中主要考虑的是营养素种类及其含量、能量的利用等问题，而随着科学研究的深入，科学家已经清楚了许多有益于健康的食品成分以及疾病与饮食的相互关系，使得通过改善饮食条件和食品组成，发挥食品本身的生理调节功能，提高人类健康水平成为可能。而以主食为主开发的粮油功能食品具有摄入群体广泛、摄入量多以及摄入量有规律和固定等特点，无疑是功能食品开发中的一个重要方面。

粮油功能食品主要有三类。第一类是粮油食品原料中本身所含有的功能因子，具有恢复人体机能、防止疾病的功能。以此种粮油作为主原料制成的食品，本身就是特殊的功能食品。如苦荞麦中含有芦丁成分，同时其含有的脂肪多为不饱和脂肪酸，长期食用荞麦食品，可防止糖尿病、高血脂、高血压和冠心病。第二类是粮油副产品经过提取、精炼、富集的功能因子，再添加到粮油主原料中制成功能食品。例如。从小麦麸皮和大米米糠中提取膳食纤维，再添加到面粉中制成面条或馒头，具有防高血压、高血脂以及便秘和动脉硬化的功效。第三类是以粮油主原料为载体，添加其他功能因子制成功能食品。如从银杏中提取黄酮类物质，再将提取的功能因子添加到面粉中制成的银杏面条，具有抗衰老的特殊效用。

第二节　功能性粮油食品加工

一、膳食纤维的制备及应用

膳食纤维是指广泛存在于植物性食物中的不能被人体消化酶所水解的纤维质。这类物质种类繁多、结构复杂、稳定性强。由于不能被人体消化吸收，又给人以粗糙的口感，人们普遍把它当作废渣来处理。随着因"食不厌精"的饮食所导致的现代"文明病"的出现和营养科学的发展，膳食纤维的生理作用已越来越广泛地被人们所认识和受到重视。

膳食纤维主要的生理功能包括促进肠道的畅通，抑制有毒发酵产物，调节肠道菌群，降低血浆胆固醇含量，缓和餐后血糖上升幅度和排除有毒成分等方面。膳食纤维能促进肠道的畅通主要是由于使粪便体积增加和流畅性提高的结果，不同种类膳食纤维因发酵性的不同，对增加粪便的作用也各异，作用最大的是粗麦麸纤维素，其次是蔬菜、水果类，而细麦麸粉、果胶和树胶等在大肠内可以被细菌完全地分解掉，基本上不会增加大便量。由于膳食纤维能保持肠道畅通，缩短废物在肠道内的停留时间，减少致癌物质与肠黏膜的接触，抑制致癌物的产生和吸附这些物质，因而有较好的防治便秘和消化道癌的功效。膳食纤维在小肠内吸附胆酸，使胆酸随粪便一道排出体外。胆酸的排出又促使肝脏内胆固醇再转化为胆酸，以保持体内胆酸和胆固醇一定的平衡状态，从而减少了胆固醇的积累。膳食纤维还能降低极低密度脂蛋白的合成，而防止动脉粥样硬化。高纤维食物热值较低，又具有很强的饱食感和延缓胃排空的作用，而黏性多糖果胶、树胶等有形成胶胨的特性，能延缓营养成分的扩散和吸收过程，抑制小肠对葡萄糖的吸收。这些多糖还有延缓血中胰岛素消失、降低血中游离脂肪酸量和增加葡萄糖代谢酶活性的作用，所以高纤维食物有助于防止餐后血糖的急剧上升、治疗糖尿病和预防肥胖症。

目前已研究开发的膳食纤维共 6 大类约 30 余种，包括：

① 谷物纤维。

② 豆类种子与种皮纤维。

③ 水果蔬菜纤维。

④ 微生物纤维。

⑤ 合成、半合成纤维。

⑥ 其他天然纤维。

谷物纤维以小麦纤维、燕麦纤维、大麦纤维、黑麦纤维、玉米纤维和米糠纤维为主要代表，其中小麦纤维和黑麦纤维长期以来一直作为食品的天然纤维源。豆类纤维以豌豆纤维、大豆纤维和蚕豆纤维为主要代表。豆类种子纤维主要有瓜儿胶、占柯豆胶和洋槐豆胶等，它们属于可溶性膳食纤维，具有良好的乳化性与悬浮增稠性。

（一）豆类种皮纤维的制备

以豌豆和大豆的外种皮为最合适的原料。为增加外种皮的表面积，以便有效地除去不需要的可溶性物质（如蛋白质），可用锤片粉碎机将原料粉碎至大小以全部通过 20～60 目筛，不通过 150 目筛为适度；之后加入 20℃ 左右的水，使固形物浓度保持在 2%～10% 之间，搅打成水浆并保持 6～8min，以使蛋白质和某些糖类溶解，但时间不宜太长，以免果胶类物质和部分水溶性半纤维素溶解损失掉。浆液的 pH 保持在中性或偏酸性为好。过高的 pH 会使成品色泽过深。对于绿色的种皮原料，pH 应调至 6.5 以下。将上述处理液通过带筛板（325 目）的振动器进行过滤，滤饼重新分散于 25℃、pH 为 6.5 的水中，固形物浓度保持在 10% 以内，通入 100mg/kg 的过氧化氢进行漂白，25min 后经离心机或再次过滤得白色的湿滤饼，干燥至水分含量在 8% 左右，用高速粉碎机使物料全部通过 80 目筛为止，即得天然豆皮纤维素。

（二）小麦纤维的制备

小麦纤维以制粉厂的副产物麸皮为原料。对麸皮中的植酸脱除为小麦纤维加工的首要步骤。

工艺流程如下：

小麦麸皮预处理（脱植酸）→加入 65～70℃ 的热水（麦麸：热水 ＝ 1：10）→

加碱水解蛋白质（或　　　加入混合酶制剂（α- 淀粉

加入蛋白酶酶解蛋白质）　酶和糖化酶）降解淀粉

→水洗→离心脱水→高温灭酶（100℃）→干燥（105℃，2h）→膳食纤维→漂白处理→粉碎→

精制小麦麸皮膳食纤维←

（三）多功能大豆纤维的制备

以新鲜湿豆渣为原料，经特殊的热处理后，可制得高品质的多功能大豆纤维

（MSF）。MSF 的主要成分是膳食纤维和蛋白质，含量分别为（干基）67.98％和19.75％，因此是良好的蛋白-纤维添加剂。研究表明，添加较少的 MSF 对中或低筋力面粉有良好的强化作用；在一定添加量范围内，它不仅能提高产品的膳食纤维与蛋白质含量，而且对改善面包、面条和饼干等产品品质也十分有利。

多功能大豆纤维（MSF）是由大豆种子的内部成分所组成的，与通常来自种子外覆盖物或麸皮的普通纤维明显不同。该纤维是由大豆湿加工所剩新鲜不溶性残渣为原料，经特殊的热处理后，再干燥粉碎而成的，外观呈乳白色，粒度相似于面粉。MSF 的生产工艺流程如图 10-1。

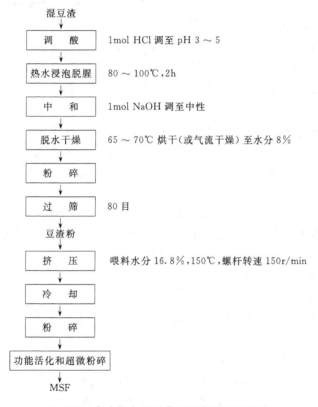

图 10-1 多功能大豆纤维的生产工艺流程图

工艺操作要点如下。

1. 豆渣脱腥

大豆经浸泡、磨浆和分离后，本身所具有的和在加工过程中产生的豆腥味的挥发物（如正己醛、正己醇、正庚醇等）绝大多数留存在豆渣中，因而使豆渣发出浓重的豆腥味。只有脱除异味的豆渣才能加工成有市场的食用纤维粉，脱腥处理成为 MSF 制备的一个重要步骤。

可行的脱腥方法有加碱蒸煮法、加酸蒸煮法、减压蒸馏脱气法、高压湿热处理法、微波处理法、己烷或乙醇等有机溶剂抽取法和添加香味料的掩盖法等。加酸蒸煮法会使纤维颜色加深、纤维成分分解损失严重，一般不使用。加碱蒸煮法、减压蒸馏脱气法、湿热法的处理效果较好，能有效减少豆渣的豆腥味。

(1) 加碱蒸煮法　加碱蒸煮法可以使用的碱包括氢氧化钠、氢氧化钾、氢氧化钙、碳酸钠、碳酸氢钠等。不同的碱对碱浓度与蒸煮时间有不同的要求，例如使用氢氧化钠时，碱浓度调节在 $0.5\% \sim 2\%$，时间维持在 $10 \sim 30min$。

(2) 湿热处理法　湿热处理是最常用的对豆制品、豆渣脱腥的方法，这是因为湿热可以使大豆中的脂肪氧化酶失活，减少它对不饱和脂肪酸的分解作用，因而能大大减少豆渣中豆腥味物质的产生量。例如，使豆渣具有异味的主要化合物（己醛、2-己烯醛、己醇、庚醇、1-辛烯-3-醇、己酸和辛酸等），在经过湿热处理后，它们的含量都有所下降。尤其是引起豆腥味的最重要的组分正己醛，在整粒大豆中的含量可高达 $10mg/kg$，但在经过湿热处理的煮豆中，它的含量明显降低，仅有 $0.66mg/kg$，这也是湿热处理能有效减少豆腥味的原因之一。

湿热处理还能引起大豆的风味成分发生变化。酯类化合物是在湿热过程中由醇和酸的相互作用形成的，它没有令人不愉快的青豆味，通常还有柔和芳香的水果味和酒香味。壬醛带有怡人的玫瑰和杏香味，苯甲醛具有类似樱桃和杏的香味，2,4-癸二烯醛具有类似土豆片的香味。经过湿热处理后，这些风味成分的含量都会有所上升。

另外，采用湿热处理还可钝化一些大豆中原先含有的抗营养因子（如胰蛋白酶抑制物和植物凝血素等）。因此，对豆渣采用湿热处理，能有效去除豆渣中的腥味成分，得到风味和品质均良好的大豆纤维粉。

湿热处理脱腥的工序包括对豆渣进行调酸、热处理、中和三个步骤。

2. 挤压蒸煮

挤压蒸煮处理是生产高品质多功能大豆纤维粉的重要工序，总的来说，挤压蒸煮具有如下几个作用。

(1) 提高可溶性膳食纤维的含量　豆渣粉挤压蒸煮时，在各种强作用力下，部分半纤维素（如阿拉伯木聚糖）及不溶性的果胶类物质会发生熔融现象或断裂部分连接键，转变成水溶性聚合物，使可溶性纤维含量增加到 $10\% \sim 16\%$。不仅达到了平衡膳食纤维的要求，更重要的是由于水不溶性膳食纤维的重要作用是促进肠道产生机械蠕动，而水溶性膳食纤维则更多地对人体的生理代谢发挥作用。因此，水溶性纤维含量的增加有益于提高大豆纤维的功能特性，增加产品的功能特性。

(2) 改善大豆纤维的物化特性　挤压蒸煮处理使大豆纤维中各种聚合物成分的聚合度、相对分子质量、单糖组成及其在纤维总量中的相对含量发生变化。水溶性纤维的含量提高，可改善大豆纤维粉的一些物化性能（如持水力、离子交换能力及凝胶特性等）。由于水溶性聚合物成分均是凝胶多糖，可形成一定黏弹性的三维网络结构，起到类似面筋网络结构的作用，从而对面筋的流变学特性起到改良作用，成为面粉的品质改良剂，提高它在食品中的使用价值。

（3）降低植酸对微量矿物元素吸收的负效应 挤压可降低植酸与金属离子的螯合作用，改善豆渣粉对机体微量元素吸收的影响，并提高膳食纤维与阳离子的交换能力，改善产品的功能性。

（4）改善产品品质 挤压蒸煮过程中，通过热的作用，可进一步消除豆渣中的抗营养因子，杀灭脂肪酶，使豆渣中的蛋白质适度变性，从而改善产品的风味、储存性能，并利于机体的消化吸收。

3. 超微粉碎和功能活化

功能活化处理是制备高活性多功能膳食纤维的关键步骤，它包括两部分内容：一是纤维内部组成成分的优化与重组；二是纤维某些基团的包囊，以避免这些基团与矿物元素相结合，影响人体内的矿物代谢平衡。

只有经过活化处理的膳食纤维，才是真正的生理活性物质，可在功能性食品中使用。

（1）超微粉碎 膳食纤维的持水力和膨胀力，除与膳食纤维原料的来源和制备的工艺有很大关系外，还与终产品的颗粒度有关。最终产品的粒度越小，比表面积就越大，膳食纤维的持水力、膨胀力也相应增大，同时，还可降低粗糙的口感特性。因此，将挤压蒸煮后的豆渣粉干燥至含水 $6\%\sim8\%$ 后应进行超微粉碎，以扩大纤维的外表面积。至此，经过挤压蒸煮和超微粉碎，已经完成了功能活化的第一步，即纤维内部组成成分的优化与重组。

（2）功能活化 由于膳食纤维表面带有羟基等活泼官能团，会与某些矿物元素结合从而可能影响机体内矿物质的代谢，如用适当的壁材进行包裹化处理，则可解决此问题，即完成功能活化的第二步。

可使用亲水性胶体（如卡拉胶）和甘油调制而成的水溶液作为壁材，通过喷雾干燥法制成纤维微胶囊产品，入口后能给人一种柔滑适宜的感觉，提高食用性。此外，还可对多功能大豆纤维粉进行矿物元素的强化。

（四）膳食纤维在功能性食品中的应用

膳食纤维可以添加到面包、饼干、面条、糕点、早餐食品、小吃食品和糖果等产品中，制成强化膳食纤维的功能性食品。

二、大豆低聚糖的制备

大豆低聚糖广泛存在于各种植物中，以豆科植物含量较多。除大豆外，豇豆、扁豆、豌豆、绿豆和花生等均有大豆低聚糖。典型的大豆低聚糖是从大豆子粒中提取出的可溶性低聚糖的合称。主要成分为水苏糖、棉子糖和蔗糖，见表10-1。有糖浆、颗粒和粉末状 3 种产品形式，广泛应用于饮料、酸奶、水产制品、果酱、糕点和面包等食品中。

1. 大豆低聚糖的性质、功能

组成大豆低聚糖的水苏糖、棉子糖和蔗糖的化学结构如图 10-2 所示。其中具有独特生理功能的成分是棉子糖和水苏糖。大豆低聚糖的甜味特性接近于蔗糖,甜度为蔗糖的 70%,能量值为 8.36kJ/g。如果单是由水苏糖和棉子糖组成的精制大豆低聚糖,则甜度仅为蔗糖的 22%,能量值更低。

表 10-1 豆科植物种子中的大豆低聚糖含量(质量分数)/%

植 物 种 子	水 苏 糖	棉 子 糖	蔗 糖
蚕豆	2.0	0.7	2.5
豌豆	2.2	0.9	2.0
花生	0.9	0.3	5.9
赤豆	2.8	0.3	0.6
菜豆	2.5	1.2	2.6
豇豆	3.5	0.5	1.0
美国大豆	3.7	1.1	4.5
日本大豆	4.1	1.1	5.7

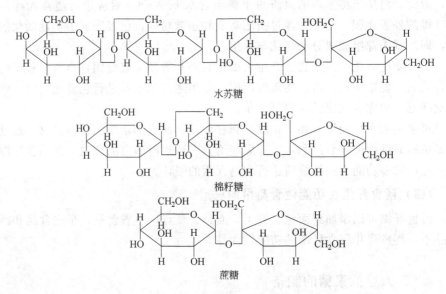

水苏糖

棉籽糖

蔗糖

图 10-2 大豆低聚糖的化学结构

等浓度下大豆低聚糖的强度低于高麦芽糖浆而高于蔗糖与高果糖浆,其保温性和吸湿性均小于蔗糖但大于高果糖浆,渗透压接近于蔗糖。大豆低聚糖具有良好的热稳定性,但在 pH<5 时的热稳定性有所下降,pH 4 但温度低于 100℃时仍较稳定,而在 pH 3 时保持稳定的最高温度不能超过 70℃。它在酸性环境中的储藏稳定性与温度有关,温度低于 20℃时相当稳定。当用于酸性饮料中,只要 pH 不太低

（pH＞4），在100℃的杀菌条件下大豆低聚糖足够稳定。应用于果汁饮料时，也不必担心在酸化和加热条件下可能发生降解作用。大豆低聚糖由于美拉德反应而产生的褐变程度略高于蔗糖而显著低于高果糖浆，但当pH＞7时其褐变程度明显增加。

人体内缺乏水解大豆低聚糖中棉子糖和水苏糖的消化酶，所以它们可不经消化吸收直接到达大肠内为双歧杆菌所利用，是双歧杆菌的有效增殖因子。而大肠杆菌、产气荚膜梭菌等肠内有害菌对大豆低聚糖的利用情况远不如双歧杆菌。大豆低聚糖不会影响血糖水平和血清胰岛素水平，可供糖尿病人食用。精制大豆低聚糖的致龋齿性仅为蔗糖的20％，对牙齿健康有利。此外，大豆低聚糖还有利于改善排便功能，缓解便秘。

2. 大豆低聚糖的生产工艺

如图10-3所示，大豆低聚糖是以生产浓缩或分离大豆蛋白时的副产物大豆乳清为原料生产的。大豆乳清中含低聚糖约72％（干基），以及少量大豆乳清蛋白（非酸沉蛋白）和Na^+、Cl^-等离子成分。因此，首先应加水稀释后加热处理使残留大豆蛋白沉淀析出，上清液再经过滤处理进一步滤去残存的大豆蛋白微粒，经活性炭脱色后用膜分离技术（如反渗透）或离子交换技术进行脱盐处理，接着真空浓缩至含水24％左右即得透明状糖浆产品。还可加入赋形剂混匀后造粒，再干燥得到颗粒状产品。表10-2是4种典型大豆低聚糖产品的组成。

表10-2　4种典型大豆低聚糖产品的组成（质量分数）/％

产　品	水　分	水苏糖	棉子糖	蔗　糖	其　他
糖浆状	24	18	6	34	18
颗粒状	3	23	7	44	23
粉末状	3	11	4	22	60①
精制品	24	52	17	5	2

① 主要为糊精。

3. 大豆低聚糖的应用

大豆低聚糖作为一种功能性甜味剂，可部分替代蔗糖应用于清凉饮料、酸奶、乳酸菌饮料、冰激凌、面包、糕点、糖果和巧克力等食品中。在面包发酵过程中，大豆低聚糖中具有生理活性的三糖和四糖可完整保留，同时还可延缓淀粉的老化而延长产品的货架寿命。此外，将酸奶与大豆低聚糖结合起来的产品也很受欢迎。

三、活性肽的制备

活性肽是一类重要的生理活性物质，在生物体内的各种组织（如骨骼、肌肉、感觉器官、消化系统、内分泌系统、生殖器官、免疫系统、周围和中枢神经系统）

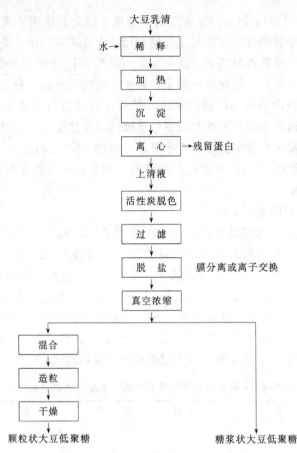

图 10-3　大豆低聚糖的生产工艺流程

中都有存在。例如，从人体心房提取液中提取纯化的含有 28 个氨基酸残基及二硫键的心房肽，具有利尿和促尿钠排泄的功能。还有一些活性肽对细胞分裂和增殖过程有重要的影响，属于多肽类生长刺激因子，如皮下生长因子、类胰岛素生长因子、神经生长因子和促血小板生长因子等。正常细胞的增殖是一个高度保守和严格受控的过程，一旦受到某些损伤，则可能导致细胞的无控生长，这些多肽生长因子在细胞生长调控过程中起重要作用。当然，这些活性肽是不能提取出用来制造功能性食品的。

　　研究发现，食物蛋白质并非需要在肠道中彻底分解为游离氨基酸后才能被机体所吸收利用。许多蛋白质分子中包含着某些活性片段，它们在消化过程中释放出大量短链多肽物质，对人体具有多种特殊的生理调节作用。这些生物活性肽进入人体后，可产生类似激素活性物质的作用。

　　某些食物蛋白质能释放出一些生物活性肽，它们均属于功能性食品基料，具有消除自由基、抗衰老、增强免疫、降血压和促进钙吸收等多种生理调节作用。这类生物活性肽存在于动物蛋白中的牛乳蛋白、胶原蛋白、鱼肉蛋白以及植物蛋白中的玉米醇溶蛋白、麦谷蛋白、大豆蛋白、大米谷蛋白和醇溶谷蛋白等蛋白质中，其特定的多肽序列使之表现出一定的生物活性。

（一）谷胱甘肽的制备

谷胱甘肽是一种具有重要生理功能的活性三肽，它由谷氨酸、半胱氨酸和甘氨酸经肽键缩合而成，化学名为 γ-L-谷氨酰-/L-半胱氨酰-甘氨酸（如图 10-4 所示）。

1. 谷胱甘肽的性质、功能与应用

谷胱甘肽的相对分子质量为 307.33，熔点 189～193℃（分解），晶体呈无色透明细长柱状，等电点为 5.93。它溶于水、稀醇、液氨和二甲基甲酰胺，而不溶于醇、醚和

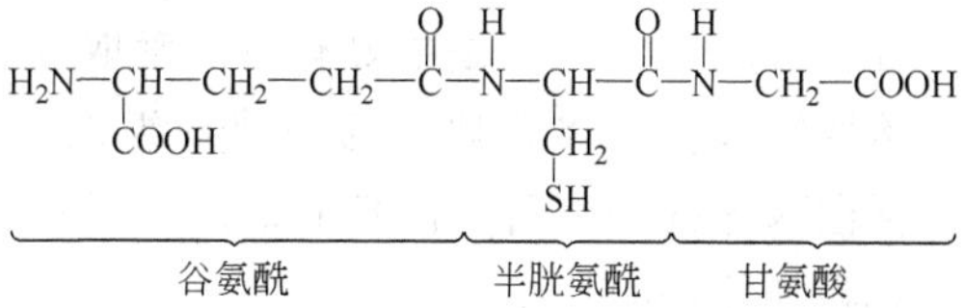

图 10-4　谷胱甘肽的化学结构

丙酮。谷胱甘肽固体较为稳定，而水溶液在空气中则易被氧化。两分子还原型的谷胱甘肽（GSH）活泼巯基氧化缩合为二硫键，即得到氧化型谷胱甘肽（GSSG）。但只有还原型谷胱甘肽才具有生理活性，生物体内的氧化型谷胱甘肽需还原后才能发挥其重要的生理功能。GSH 在高水分活性下不易保存，只有将水分活度控制在 0.3 以下才能长期稳定保存。

谷胱甘肽广泛存在于自然界中，动物肝脏、面包酵母和小麦胚芽中都含有丰富的谷胱甘肽，其含量高达 100～1000mg/100g。人和动物的血液中含有较多的谷胱甘肽，许多蔬菜、薯类和谷物中也含有谷胱甘肽（表 10-3）。

表 10-3　谷胱甘肽在蔬菜、薯类及谷物中的含量

食　物	含量/[mg/(100g)]	食　物	含量/[mg/(100g)]
小麦胚芽	98～107	马铃薯	2～4
番茄	24～33	甘薯	0.1～0.2
菠菜	10～24	大豆	6～11
黄瓜	12～19	四季豆	1～3
茄子	6～10	绿豆芽	0.15～0.2
青椒	3～5	洋葱	0.25～0.5
甘蓝	3～7	香菇	0.65～0.7
胡萝卜	0.7～1	蘑菇	0.06～0.08

谷胱甘肽广泛分布于机体中，在许多重要的生物学现象中起着直接或间接的作用，如蛋白质和 DNA 的合成、物质的运输、酶的活性、新陈代谢及细胞的保护等。它是许多酶反应的辅基，可作为抗氧化剂保护生物分子蛋白的巯基，清除体内过多的自由基，参与体内三羧酸循环及糖代谢，具有解毒、延缓衰老、抗过敏、消除疲劳以及预防动脉硬化、糖尿病和癌症等作用，并能抑制乙醇侵害肝脏产生脂肪肝，防止皮肤色素沉积改善皮肤光泽，改善性功能及治疗眼角膜疾病。此外，还有研究显示，谷胱甘肽具有抑制艾滋病病毒的作用。

以富含谷胱甘肽的稳定型酵母提取物为饮料的基本原料，根据对象和用途的不同，与各种功能性食品基料或配料组合，可调配出适合各种不同人群的多功能饮料。以谷胱甘肽为功能活性因子，还可制成其他各种不同类型的功能食品。利用谷胱甘肽的氧化还原性，将其用于面制品、酸奶、婴儿食品和水果罐头等食品，可起到抗氧化作用。此外，谷胱甘肽在调味食品中的应用也十分广泛。

2. 谷胱甘肽的生产方法

谷胱甘肽的生产方法主要有溶剂萃取法、发酵法、酶法和化学合成法4种。

萃取法以富含谷胱甘肽的动植物组织为原料，通过添加适当的溶剂或结合淀粉、蛋白酶等处理，再分离精制而成。以小麦胚芽为例，从中提取谷胱甘肽的具体工艺流程如图 10-5 所示。

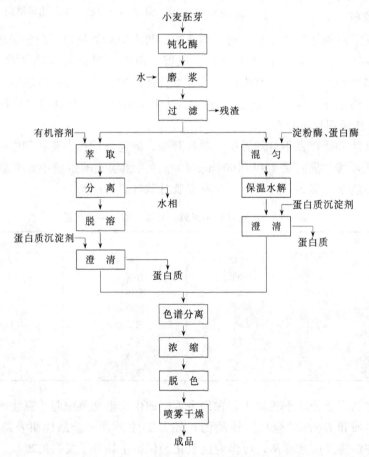

图 10-5　从小麦胚芽中提取谷胱甘肽的工艺流程

在对谷胱甘肽的干燥方法进行研究发现，以冷冻干燥法的效果最好，但产品的水分含量较高且不易保存；若喷雾干燥，因受短时高温，谷胱甘肽的得率较冷冻干燥的少，但产品的水分含量较低且易于保存；而以电热真空干燥法处理，产品的色泽和谷胱甘肽含量都不理想。因此，以喷雾干燥法处理谷胱甘肽提取液较为实用。

（二）降压肽的制备

在众多的生物活性肽中，具有降血压作用的血管紧张素转化酶抑制剂是研究的热点之一。人们已从多种食物蛋白质（如酪蛋白、玉米醇溶蛋白、胶原蛋白、鱼类蛋白和大豆蛋白等）中，分离出许多具有 ACEI（血管紧张素转换酶抑制肽）活性的降压肽，并通过动物试验和临床试验，证实其有明显的降压作用。

1. 降压肽的来源及特点

ACEI 最早是在蛇毒中发现的，后来又陆续从牛奶蛋白、人乳酪蛋白、玉米蛋白、胶原蛋白、大豆蛋白、发酵豆制品、小麦蛋白及其他食物蛋白中通过酶解或发酵发现了多种 ACEI 肽。其中从一些鱼类（沙丁鱼、金枪鱼）、酒糟中分离出来的小肽，显示出较强 ACEI 抑制活性。ACEI 肽的活性与其特殊的肽链结构密切相关。

2. 来自粮油蛋白资源的降压肽

（1）玉米醇溶蛋白中的降压肽　玉米醇溶蛋白中 Ile、Leu、Val 和 Ala 等疏水性氨基酸含量较高，Pro 和 Gln 也占较高的比例。正由于这种独特的氨基酸组成，使得玉米醇溶蛋白的多肽液中降压肽的含量很高。

α-玉米醇溶蛋白是玉米胚乳蛋白的主要成分，与 γ-玉米醇溶蛋白一样，富含 Pro 残基。据报道，酶解 γ-玉米醇溶蛋白得到的 Leu-Pro-Pro，则是一种最好的降压肽。以嗜热菌蛋白酶水解 α-玉米醇溶蛋白得到的多液肽，对高血压小鼠显示出明显的降压效果。

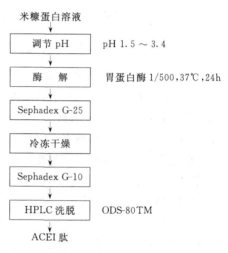

图 10-6　由米糠蛋白中分离
纯化降压活性肽

（2）米糠蛋白中的降压肽　目前，已从米糠蛋白的酶解物中分离提取了具降血压或增强免疫的生物活性肽。其制备方法是将米糠脱脂、碱液提取、盐析后获得的米糠蛋白溶液为原料，经酶解、分离后可得到 ACEI 肽。图 10-6 给出由米糠蛋白分离纯化 ACEI 肽的工艺过程。

四、木糖醇的生产

木糖醇是一种最常见的多元糖醇。农业植物纤维废料如玉米芯、棉子壳、甘蔗渣、稻壳以及其他禾秆、种子皮壳，均可用来作为木糖醇的原料。生产木糖醇的方法主要有中和法、离子交换脱酸法、结晶法等。主要的工序如图 10-7 所示。目前也出现了木糖醇的发酵法生产技术，生产成本相对较低，原料也多采用植物半纤维素的水解产物。

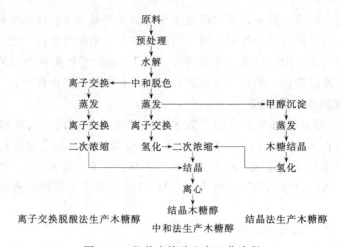

图 10-7　几种木糖醇生产工艺流程

简要地说，商业化木糖醇生产工艺一般包括 4 个重要步骤：

① 从原料中提取木聚糖并水解成木糖。

② 从水解液中分离出木糖。

③ 在镍催化下氢化木糖成木糖醇。

④ 木糖醇的结晶析出，也可在提纯前先氢化非纯木糖液。

水解液要经过一个很复杂的纯化阶段，以除去水解过程中伴随水解的一些其他成分。纯净的木糖液经氢化后生成木糖醇，并以结晶形式分离析出。

以玉米芯制取木糖醇为例，具体讨论其生产工艺。玉米芯含有大量的热水抽出物及其他非糖杂质，必须在水解之前首先去除干净。原料的预处理有水法、酸法和碱法 3 种方法；一般是使用水法。水法是采用 4 倍体积的 120～130℃高压热水处理 2～3h，这样就可有效地将玉米芯中的水溶性杂质充分溶出。酸法或碱法分别使用 0.1％强酸或强碱水溶液在 100℃下处理 1h，即可达到目的。但强碱处理易使溶液色泽加深而增大后道脱色工序的处理负荷。

玉米芯的水解有稀酸常压法（1.5％～2％ H_2SO_4 溶液，100～105℃，2～3h）和低酸加压法（0.5％～0.7％ H_2SO_4，120～125℃，3～4h）两种。如采用稀酸常压法，则将预处理好的玉米芯投入水解罐中，加 3 倍体积的 2％ H_2SO_4 溶液搅拌均匀，由罐底通入蒸汽加热至沸腾，持续水解 2.5h 后趁热过滤，冷却滤液至 80℃。滤渣用清水洗涤 4 次，洗液返回用于配制 2％ H_2SO_4 溶液。

在水解液中含有 0.6％的 H_2SO_4 溶液和 0.5％的有机酸溶液（主要是乙酸），除此之外还有胶质、腐殖质和色素等杂质，需经复杂的净化过程，才能进行氢化。水解液复杂的净化过程主要包括中和、脱色、蒸发和离子交换等步骤。

中和的目的在于除去水解液中的硫酸，同时伴随着中和过滤过程，除去一部分胶及悬浮物质。水解液中的有机酸主要是带挥发性的乙酸，尚待蒸发过程蒸出去。所以应控制中和终点无机酸量为 $0.03\% \sim 0.08\%$，以防止中和过头，生成乙酸钙。乙酸钙的溶解度很大，不会在中和过程沉淀出来，但到蒸发过程又分离不掉，结果污染了糖浆。这会导致离子交换过程的质量下降，酸、碱消耗量增加。但若中和不完全，无机酸残余 0.1% 以上，则在蒸发过程中会严重腐蚀设备。

除了正确掌握中和终点，除去水解液中的硫酸以外，还应在操作中做到中和液中含有最少量的溶解石膏。因为硫酸被中和后生成的硫酸钙（石膏）大部分沉淀出来，还有一部分溶解在中和液中，如操作不当，会增加中和液中石膏的溶解量，严重时会使蒸发器迅速结垢。

中和之后的水解液用活性炭进行脱色。往水解液中加入 3% 活性炭，在 $75℃$ 下低速搅拌保持 $45min$，趁热过滤。这样，滤液的透光度可由原来的 $5\% \sim 6\%$ 提高到 80%，之后进行蒸发浓缩，以提高木糖醇的浓度，同时蒸去微量的有机酸，还可促进微量的溶解性硫酸钙因浓度提高而析出。不过这些析出的硫酸钙，不完全悬浮在糖浆中，部分会沉积在加热管表面，成为蒸发器结垢的主要原因。

目前采用的中和脱色液蒸发工艺规程，按双效蒸发时为：第一效真空度 $16 \sim 20kPa$，分离室液温 $95 \sim 98℃$，溶液浓度 $10\% \sim 12\%$；第二效真空度 $80 \sim 93kPa$，分离室液温 $65 \sim 70℃$，蒸发浓缩终点控制浓度 35% 左右。

在蒸发过程中，沉积在管壁的垢层主要是中和时产生的硫酸钙，也夹杂着焦糖类有机物，通常很难清除干净。为防止结垢，需注意以下 3 个方面：

① 控制中和液中的硫酸钙含量。理论上硫酸钙溶解度是 0.21%，但如操作不当，硫酸钙含量过饱和至 $0.24\% \sim 0.26\%$，这样更易结垢。

② 控制加热管的蒸汽温度，特别是刚清洗完毕以后，在蒸发放果较好的情况下，不宜强热。一般清垢周期为 1 星期的话，夹套蒸汽温度从 $100℃$ 升到 $120℃$，应该是每 2 天升高 $10℃$。

③ 控制被蒸发液的回流速度和液面。当采用外加热蒸发时，回流速度决定于加热温度和真空度，也决定于回流管的直径大小和洁净程度。当正常操作时，回流速度快，产生一定的冲刷作用。保持正常的进液量，使加热管中有一定的液面，可防止管中干结生成焦糖和加速结垢的形成。

蒸发所得木糖浆纯度仅达 85% 左右，其中还含有灰分、酸、含氮物、胶体和色素等杂质，需用离子交换法进一步净化精制，以利于氢化工序的顺利进行。可结合阴、阳离子交换树脂（体积比 15∶1）进行净化处理，这样流出液的纯度可提高至 96% 以上，接近于无色、透明，并呈中性。

经上述各级处理的纯净木糖溶液，在镍催化作用下进行加氢反应。在木糖醇生产过程中，氢化是一个关键步骤。如图 10-8 所示，氢化是在碱性条件下进行的。

氢化时，首先往含木糖 $12\% \sim 15\%$ 的木糖液中添加 NaOH 调 pH 到 8，用高压

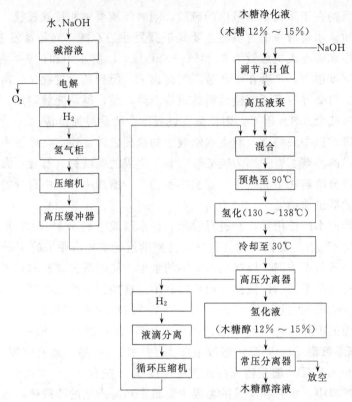

图 10-8　氢化木糖生成木糖醇的工艺流程

（7MPa）进料泵泵入混合器中，将混合物料通入预热器，升温至 90℃，再送到高压（6～7MPa）反应器（二套）、于 115～130℃进行氢化反应。所得氢化液流进冷却器中，降温至 30℃，再送进高压分离器（套）中，分离出的剩余氢气经滴液分离器，靠循环压缩机再送入混合器中。分离出的氢化液（含木糖醇 12%～15%）经常压分离器进一步驱除剩余的氢后得氢化液。此液无色或淡黄透明，透光度 80% 以上，折射率 12%～15%。

往氢化所得的木糖醇溶液中添加 3% 活性炭，在 80℃下脱色处理 30min，经阳离子交换树脂脱钙精制后，进行预浓缩使木糖醇浓度增至 50% 左右，再进行二次浓缩进一步提高浓度至 88% 以上，此时的产品称木糖醇膏。最后采用逐渐降温的办法，使木糖醇结晶析出，降温速率掌握在 1℃/h。经过 40h 左右的结晶过程，木糖醇膏物料由原来的透明状转变成不透明状的糊状物。此时温度已降至 25～30℃，即可借助于离心作用分离出成品木糖醇。

五、功能性油脂的生产及应用

水稻、小麦、玉米等谷类作物是人类食品资源的主体，种植多、产量大，它们的加工副产物中蕴藏着巨大的油脂资源，且具有不争耕地的特殊优势。从谷物种子的糠层和胚芽中提取出来的油脂叫做谷物油脂。谷物油脂种类有一二十种之多，目前研究和市场生产较多的是米糠油、玉米胚芽油和小麦胚芽油。它们是功能性谷物油脂的主要代表。

（一）米糠油

米糠油是最早投入生产的谷物油脂，之所以受到广泛重视，主要原因有三：一是世界每年米糠产量巨大，稻米加工厂每天约产米糠 4700 万吨，可以为人类提供约 700 万吨米糠油，是不需要占地种植的油脂资源。二是在几种常用食用油脂中，米糠油的脂肪酸组成最为接近人类理想的脂肪酸摄取模式，而且米糠油中还含有维生素 E、谷维素、植物甾醇等几十种天然生理活性物质，从而奠定了米糠油作为功能性油脂的地位。三是生产米糠油经济效益显著，米糠油深加工制油可增值 10～50 倍。中国作为世界上最大的稻米生产国，生产米糠量大，若能采用挤压膨化灭酶措施，集中入厂精炼制油，而非作畜禽饲料，对人多地少，每年尚需进口 200 万吨油脂或相当油料的我国将会产生显著的社会效益和经济效益。

1. 米糠油的脂质特点

米糠含油约 16%～23%，加工出油率约为 14%～16%。米糠油包含 88%～89% 的中性脂质，6%～7% 的糖脂和 4.5%～5% 的磷脂，精炼过程中经脱酸后，磷脂含量会大大降低。在中性脂质中，甘油三酯占毛糠油的 80%～85%，甘油一酯占 6%～6.5%。主要的磷脂是磷脂酰胆碱（35%）、磷脂酰乙醇胺（27%）、磷脂酰肌醇（23.33%）和磷脂酸（9.2%）。在糖脂中，酰化硬脂酰葡萄糖苷（51%）和双半乳糖二酰甘油（43%）是主要组分，微量组分为单半乳糖单酰甘油，毛糠油中植物甾醇含量为 2.55%～3.06%，有 8 种以上甾醇形式，其中主要为无甲基甾醇，β-谷甾醇占 50%～60%，菜油甾醇占 15%～25%，豆甾醇 10%～13%。

米糠油中的脂肪酸主要为油酸（37%～50%）、亚油酸（20%～40%）和棕榈酸（12%～20%），含量超过 1% 的还有 α-亚麻酸（1%～2%），硬脂酸（1%～3%），因此，米糠油是典型的油酸-亚油酸型油脂。将米糠油中饱和脂肪酸、单不饱和脂肪酸、多不饱和脂肪酸的比例与其他 9 种常用食用油脂的脂肪酸组成进行比较，可以看出，米糠油的膳食脂肪酸比例最为接近人类的膳食推荐标准（如 1∶1∶1，1∶2.14∶1.14，3∶4∶3）。

米糠油一个显著的特点是稳定性高。原因在于除了含有高含量的植物甾醇和很低的亚麻酸外，米糠油中含有丰富的谷维素和较高的天然维生素 E 组分。米糠油中含谷维素 2.0%～2.5%。维生素 E 总含量（91～168）mg/100g 油，如表 10-4 所示，特别是含有相对较高的抗氧化性强的生育三烯酚，以及含约 0.3% 左右的角鲨烯。

2. 米糠油的生理功能与应用

米糠油具有良好的营养价值是由其较合理的脂肪酸组成和含有较多的生理活性物质所决定的，米糠油的降血脂效果明显，这已经为诸多动物实验和冠心病人的临

表 10-4　三种油脂的维生素 E 和植物甾醇含量比较

油脂名称	维生素 E 含量/[mg/(100g)]				植物甾醇含量/[mg/(100g)]			
	总　量	α	β	δ	总　量	谷甾醇	豆甾醇	菜油甾醇
米糠油	91～168	61～62.8	20.3～36.2	0～10.7	2.55～3.66	53.29	12.00	29.81
菜子油	56～67.3	27～35.4	63～73	—	0.58～0.81	53.69	—	27.15
棉子油	78.5～86.0	47.7～62.4	37.6～42	0～10.4	0.37～0.72	89.68	痕量	9.01

床观察所证实。研究也表明，米糠油降低血清胆固醇的作用不仅仅是亚油酸的功能表现，而且还与油中所含的植物甾醇、维生素 E、谷维素等微量活性成分呈显著关联。我国传统医学认为，米糠油具有补中益气、养心宁神的作用，久服对怔忡、失眠、脑痹等症有效，可使高血压患者减轻眩晕，增强食欲，对腹胀便秘也有一定疗效。现代毒理研究证明了精制米糠油的食用安全性。所以，精制米糠油大多作为高级营养食用油消费，少量用于医药、精油化工、日用化工等行业。

精炼米糠油的食用形式有起酥油、烹调油、色拉油和调和油，如日本就将 70％ 的米糠油与 30％ 的红花子油调和后作为"健康油"出售。经过精炼和冬化处理的米糠油非常适合作蛋黄酱、色拉调料和其他乳化产品的配料。在发展中国家，精炼米糠油的主要用途是氢化成半固体脂肪，而在发达国家则主要生产色拉油。精制米糠油稳定性好，保存期长，煎炸时不起泡沫，抗聚合和抗氧化能力强，可以作为高质量煎炸用油脂。

3. 米糠油的提取与精炼

（1）米糠油的提取　溶剂浸出法提取米糠油在国际上较为多见，绝大多数选取正己烷或石油醚作为浸出溶剂。浸出处理工序中，为了防止米糠细粒（通过 100 目筛）对浸出造成的困难，以及钝化米糠解酯酶，先后用热空气干燥、饱和蒸汽处及挤压膨化等来稳定米糠，以便于浸出及精炼的预处理方式。实践表明，挤压膨化稳定米糠是获取高质量米糠油的最为经济、有效的方法。挤压膨化处理米糠的渗滤率比蒸汽处理高 2 倍，比热空气干燥高 9 倍；此外，浸出溶剂与挤压膨化物料比刚从热空气稳定米糠的 3.18 及蒸汽处理的 3.12 下降到 1.17。

（2）米糠油的精炼　毛糠油的游离脂肪酸含量取决于原料米糠的质量，一般为 3％～20％，若超过 20％，则只适合于制皂或其他工业用途。米糠油的精炼方法有化学精炼、物理精炼、生物精炼、溶剂提取与膜处理结合等方式。对化学精炼而言，脱胶和脱蜡必须在碱炼之前完成，高酸值的米糠油还需进行两次碱炼处理，这其中又以连续式碱炼工艺较间歇式碱炼工艺具备优势，一方面可获取高得率精炼油，另一方面二道皂脚质量高，提高了谷维素得率，可降低生产成本。

考虑到米糠油化学碱炼法的中性油损失、低精炼率、环保及加工成本等因素，物理精炼已被推广用于米糠油的生产中，特别是对高酸价米糠油精炼的优点尤为明显，其工艺流程是：

毛糠油→除杂→脱胶→脱色→蒸馏脱酸→冷却→成品油

近年来，人们已经开始进行生物精炼及膜处理的米糠油精制工艺研究，两者的共同特点均是处理条件温和、能耗低，而且有利于环境保护，特别是可避免产生大量的废水，中性油损失小。生物精炼是在脱胶和脱蜡处理后，用 1,3-定向脂肪酶将游离脂肪酸转化成中性的甘油酯，残余脂肪酸则再通过化学碱炼或物理精炼除去，从而降低精炼损失，提高成品油得率。膜处理方法是采用甲醇对高酸值毛糠油进行 1~2 次混合振摇、浸提，然后将上层游离脂肪酸的甲醇相经纳米过滤膜分离回收甲醇和脂肪酸。整个过程既没有皂脚也无废水产生，米糠油的脱胶则通过超滤完成。这两项技术有望分别随着酶制剂成本的降低和膜工业技术的完善而获得推广应用。

4. 米糠油的质量指标

我国已制定了精炼米糠油专业标准、米糠高级烹调油国家标准及米糠色拉油国家标准，后两者的特征指标完全一致，即折射率（20℃）为 1.4720~1.4760，相对密度为 0.9120~0.9237，碘值为 92~115gI$_2$/100g，皂化值为 179~195mgKOH/g。

（二）玉米胚芽油

玉米由于其多营养性而在世界上被誉为"黄金作物"，在全球的产量仅次于小麦和稻谷。玉米胚芽占整粒玉米的 11.55%~24.7%，其中含有 34%~52% 的脂肪，占整粒玉米含油量的 80% 以上，制取的玉米胚芽油在国际上称为"营养健康油"，价格也较大豆、棉子等植物油高。加之淀粉工业的一些产品（如啤酒）要求用脱脂率高的玉米淀粉，上述综合因素使玉米胚芽油的开发和研究得到广泛重视。我国作为世界第二大玉米生产国，年产玉米量约占全球总产量的 20% 左右，玉米油脂蕴藏量（按 4% 计，为 380 万吨）高达现有全国植物油总量的一半以上，但玉米胚芽油的年产量仅数万吨，大力开发利用这一优质廉价、不争耕地的资源是提高经济效益的有效途径。

1. 玉米胚芽油的脂质特点

玉米含油量约为 1.2%~5.7%，绝大多数种植玉米含油量为 4%~5%，高油玉米则含油达 19.5%。但不论哪种类型，绝大多数的油脂集中于胚芽层。从整粒玉米来看，绝大部分脂质以游离形式存在，甘油三酯约占 80%，磷脂约占 8%，其他微量脂质包括二酰甘油（1%~2.9%）、甾醇（1.3%~5.5%）、糖脂（2%~5.4%）、甾醇酯（1.1%~2.9%）及游离脂肪酸（0.3%~0.9%），还包括蜡、色素和气味组分等。精炼玉米胚芽油的甘油三酯含量达到 93%~98%，磷脂中以肌醇磷脂和磷脂酰胆碱为主，植物甾醇含量为 1.38%~2%，维生素 E 约占 0.09%~0.25%。另外，难皂化物如蜡、阿魏酸、甾醇酯约为 1%~1.5%。

玉米胚芽油中的脂肪酸主要为亚油酸（32%~62%）、油酸（19%~50%）和棕榈酸（8%~19%）。亚麻酸的含量约为 0.3%~2.7%，大多不超过 1%。玉米胚芽油极低的亚麻酸水平和缺乏月桂酸使其在储存期间表现出对水解或氧化的高度稳定性，加之玉米胚芽油富含维生素 E、植物甾醇等抗氧化剂，不仅有利于保持其作为精炼食用油的品质，而且有利于煎炸等烹调操作。

2. 玉米胚芽油的生理功能与应用

现代医学认明，长期食用玉米胚芽油对改善心血管疾病有着明显的临床效果。日本对米糠油、葵花子油和玉米胚芽油的研究结果显示，三者对人体血清胆固醇的降低率分别为 18％、13％和 16％。玉米精制油曾长期作为医疗保健油在药房销售。除在心血管疾病方面起预防作用外，玉米胚芽油还在角膜炎、夜盲症的防治中体现出一定功能。这是较合理的脂肪酸组成、相对高含量的维生素 E 及植物甾醇等生理活性成分综合作用的结果。

3. 玉米胚芽油的提取

玉米胚芽油的制取是从玉米分离提胚开始，提胚方法有湿法和干法两类。前者是将清理过的玉米浸泡，然后经磨粉机脱胚，最后通过旋液分离器分离得到胚芽。湿法分离的优点在于玉米胚芽纯度较高，出油率高。这一方式在淀粉行业被普遍采用。后者包括半干式、半湿式、组合式提胚工艺，其中半干法较多地被推荐，提胚过程即是将原料经清理后进行一次强力着水调湿，然后经破碎、筛选和吸风分离、分级得到胚芽，提胚率为 6％～11％（干基），胚芽纯度为 75％～92％，胚料含油 21％～25％。干法提胚的优点在于产品不需干燥，工艺灵活，操作简单，动力消耗低。国内酒精行业的玉米提胚多采用干法。

玉米胚芽提油有压榨法、直接浸出法、预榨浸出法、水酶法、超临界二氧化碳流体萃取法 5 种工艺。压榨法主要用于湿法提取的玉米胚芽油。对于干法提胚，榨前必须彻底清理除杂，降低胚中含粉率。此外，压榨法对于玉米胚产量低的厂家较为适宜。玉米胚芽产量较大时多采用直接浸出法和预榨浸出法提油，后者残油率可降至 2％～1％，而且具有毛油质量好，设备生产能力高，加工成本较低等优点。其工艺流程如下。

玉米胚芽→清理→磁选→软化→轧胚→蒸炒→预榨→破碎→浸出→浸出毛油

　　　　　　　　　　　　　　　　　　　冷却→预榨毛油

采用水酶法和超临界二氧化碳流体萃取法提取玉米胚芽油的厂家少，但却是玉米胚芽提油的发展方向。水酶法即是将水热预处理后的胚芽捣碎，然后加入酶（如纤维素酶、聚半乳糖醛酸酶、蛋白酶、α-淀粉酶）制剂处理，反应完全后经离心分离获取油脂，其突出优点是条件温和、能耗低、便于精炼，特别适合直接用于高水分的原料。超临界二氧化碳流体萃取玉米胚芽油技术早在 1984 年就有专利申请，一般是在 50～90℃、55.16～86.74MPa 条件下将破碎后的玉米胚芽送入萃取器与超临界二氧化碳流体混合，通过压力和温度调节达到最佳萃取效果，并起到精炼作用；突出优点是获得的油脂质量好，维生素 E 损失小，同时能获得高质量的食品级玉米胚芽蛋白，产品脱脂、脱过氧化酶及苦味率高，稳定性好，货架期长。

4. 玉米胚芽油的质量指标

玉米胚芽油的专业标准中，其特征指标为折射率（20℃）1.4726～1.4737，相对密度（20℃/4℃）为 0.9153～0.9234，碘值为 109～133gI$_2$/100g，皂化值为 187～195mgKOH/g。

（三）小麦胚芽油

1. 小麦胚芽油的生理功能与应用

小麦胚芽油含有高于其他植物油的维生素 E 含量，同时富含亚油酸和二十八碳醇。所以小麦胚芽油均是作为医药用油和营养补充剂，小麦胚芽油能改善人体的机能状态，促进人体微循环，降低血脂，对防治心血管疾病和糖尿病有一定效果，维生素 E、植物甾醇的高含量和二十八碳醇的存在也使小麦胚芽油在抗衰老、改善心肌功能、提高运动耐力等方面表现出一定生理活性。小麦胚芽油还作为提高其他功性油脂稳定性、协同增强活性效果的配剂，如将浓缩小麦胚芽油添加到月见草油中就是代表性的一例。

2. 小麦胚芽油的提取与精制

小麦胚芽的提取有清理提胚、皮磨系统提胚、心磨系统提胚等几种工艺方法，分离出的小麦胚芽因脂肪氧化酶和脂肪水解酶活性较强，宜采用热风、远红外、微波或均质后增塑处理等方法钝化酶，以保证原料质量。提取小麦胚芽毛油在中国多采用压榨法，即将原料蒸炒后用 95 型螺旋压榨机压榨，缺点是出油率低。采用浸出法提取小麦胚芽油与通常的植物油脂浸出工艺相似，但考虑到小麦胚芽的稳定性，浸出设备设计能力应与原料产量一致，并尽量减少工艺流程中的维生素 E 损失。当前，为得到高质量的小麦胚芽油，超临界二氧化碳流体萃取法和分子蒸馏法已被用于小麦胚芽油的提取及其中天然维生素 E 的浓缩。

用压榨法、浸出法提取的小麦胚芽毛油，尚需进行精炼处理。一般经过滤、沉降除杂后进行碱炼，再经水洗、干燥、脱色、除臭后得到食用小麦胚芽油，或采用在真空条件下用刮膜分子蒸馏装置进行二级脱酸脱臭后再用活性白土脱色的物理精炼方法。

3. 小麦胚芽油的质量指标

一般要求有小麦胚芽油固有的滋味，不得有异味或杂物，为浅黄透明油状液体。

（四）其他植物油脂

其他谷物油脂还有小米糠油、高粱糠油、小麦糠油、米胚芽油、高粱胚芽油、稗子糠油等，只不过它们尚远不及前述三种功能性谷物油脂的生产规模与价值。不过，在某些国家或特定地区，还是有作为功能性油脂开发的，如米胚芽油中的维生素 E 含量也较高，为 0.26%～0.47%，日本就将其作为小麦胚芽油的替代品进行开发，从而减少了小麦胚芽油的进口。中国粮食作物种类较多，某类谷物（如高粱、小米等）资源丰富的地区，充分利用油脂及其功能性成分是很有现实意义的。

245

（五）功能性油脂的应用

1. 磷脂在功能性食品中的应用

磷脂分子中既含有疏水性基团，又含有亲水性基团，因此是一种很好的表面活性剂，具有良好的乳化特性。大豆磷脂作为一种天然乳化剂已在食品工业中得到广泛的应用。

例如在面包生产时，添加 12％的脱脂大豆粉及 1％的大豆磷脂起乳化润湿作用，制出面包表面柔软光泽，内部结构均匀细密，焦香风味浓郁。

作为乳化剂用在食品中的磷脂添加量一般不超过 1％，这样少的添加量无法保证磷脂作为一种活性成分发挥其特有的生理功能。作为功能性食品基料，磷脂的配合添加量应达到 30％以上。由于组成磷脂的脂肪酸以多不饱和脂肪酸为主，虽然营养价值高，但易于氧化腐败，故配合维生素 E 或小麦胚芽油一起添加，既可防止磷脂多不饱和脂肪酸的氧化，又给富含磷脂的功能性食品添加了维生素 E 的生理活性。例如小麦胚芽油 40％、精制磷脂 50％、维生素 E 9.9％和 β-胡萝卜素 0.1％为营养胶丸的配方。

2. 低能量焙烤食品

焙烤食品的配料系统十分复杂，需配合平衡才能得到良好的口感特性。在这平衡的配料体系中，蔗糖和油脂起着重要的作用，合适甜味剂和油脂替代品的功能特性对保证产品的质构非常重要。除了使用合适的甜味剂和膳食纤维外，在低能量焙烤食品中较多地应用葡聚糖。在这里，葡聚糖既是一种油脂替代品，又是一种填充料。

六、富硒麦芽的生产及应用

在众多微量元素中，硒具有"抗癌大王"之称。硒易被人体吸收，能有效地留在血清中，修补心肌，增强肌体免疫力，清除体内产生癌症的自由基，抑制癌细胞中 DNA 的合成和癌细胞的分裂与生长，能有效地预防胃癌、肝癌以及贫血、不孕症等的发生。20 世纪 70 年代，硒谷胱甘肽过氧化酶的发现，进一步揭示了它的许多重要生物功能，硒成了生命科学中最重要的必需微量元素之一。虽然硒对胃癌、肝癌有较强的抑制作用，但自然界中微量元素主要以无机态存在，难以被人体直接利用，而一般动植物食品中，活性微量元素含量甚微，难以满足人体需求，生物富集已成为人类开发利用的重要手段。

通过谷物种子发芽法转化无机硒为有机硒是一种良好的功能性富硒食品基料，可用来生产富硒饼干、面条和面包等一系列食品，应用前景广阔。

1. 生产富硒麦芽的工艺

富硒麦芽工艺条件是：小麦或小麦种子用 3 倍质量的含 200mg/kg 亚硒酸钠水溶液于 24～25℃下浸泡 6～7h，沥水后保持此温度促其发芽，在最初 1.5d 内每隔

12h 就用上述亚硒酸钠水溶液浸泡 10min 后沥水并继续保温发芽，之后改为每日早晚各一次用水冲淋翻拌使麦层适当降温，同时通入新鲜空气排出 CO_2 气体。整个发芽期间要将发芽室空气湿度调节至既能使麦粒保持适当的水分，又要使发芽室具有一定的透气性，以保证发芽麦粒有充足的空气。这样约过 5d，当麦芽长至 2cm，停止发芽培养，在室温下风干 24h 使麦芽枯萎，然后在低于 70℃温度下干燥至含水量 11％以下，粉碎即得富硒麦芽粉。

按上述工艺制得的麦芽粉得率约 45％～50％，产品含硒量为 40mg/kg，其中有机硒含量占总硒量的 97％左右，有机硒中 60％以上是结合于蛋白质上的。

2. 富硒功能性食品的加工

以富硒功能性饼干为例，通过添加富硒麦芽粉来提供硒源，并以乳糖醇作主要的甜味剂，结合使用多功能纤维粉，由此制得的功能性饼干富含硒和膳食纤维，可供心血管病人、糖尿病人以及肿瘤患者食用。

配方（按％计）：面粉 58，富硒麦芽粉 0.4，多功能纤维粉 8.5，42％或 55％高果糖浆 5.7，乳糖醇 14.5，起酥油 8.6、食盐 1.2、大豆磷脂 1.2、碳酸氢钠 0.6、NH_4HCO_3 0.3 和适量水。其生产工艺流程如图 10-9 所示。

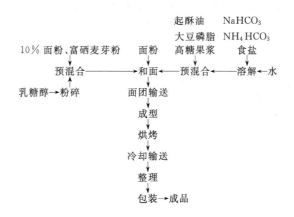

图 10-9　富硒功能性饼干生产工艺流程

这种饼干的生产工艺与普通酥性饼干大致相同，关键在于将富硒麦芽粉与小麦粉混合均匀。成品饼干中硒含量为 0.7mg/kg，膳食纤维占 6％。

七、维生素的生产及应用

从小麦麸皮中提取抗氧化剂维生素 E 是最常见的，小麦麸皮中所含天然抗氧化剂（主要成分为维生素 E）在 1％以上，与化学合成抗氧化剂比较，具有安全无毒、营养丰富及用量不受限制等特点，可广泛用于日用化工及食品工业。其提取工艺：将麸皮装入布袋，放入酒精容器中加热，得到维生素 E 含量为 0.7％以上的溶液，同时还得到 B 族维生素混合溶液。再使用分子蒸馏法或溶剂法分离浓缩天然维生素 E 等产品。可以作为天然的维生素产品，也可作为功能因子添加到各类食品中。

复 习 题

1. 什么是功能性食品，其分类有哪些？
2. 功能性食品的基料有哪些？
3. 粮油功能性食品主要有哪几类？
4. 膳食纤维在食品中有哪些应用？
5. 叙述大豆低聚糖的生产工艺及其应用。
6. 叙述谷胱甘肽的生产方法。
7. 商业化木糖醇的生产工艺有哪些步骤？
8. 玉米胚芽提油有哪些常用方法？
9. 富硒麦芽生产时应该注意哪些事项？
10. 叙述从小麦麸皮中提取维生素 E 的工艺流程。

参 考 文 献

[1] 李小平编著. 粮油食品加工技术. 北京：中国轻工业出版社，2000.
[2] 杜仲镛主编. 粮食深加工. 北京：化学工业出版社，2001.
[3] 赵晋府主编. 食品工艺学. 北京：化学工业出版社，2004.
[4] 胡国华主编. 食品添加剂在粮油食品中的应用. 北京：化学工业出版社，2005.
[5] 胡永源. 粮油加工技术. 北京：化学工业出版社，2006.
[6] 叶敏. 米面制品加工技术. 北京：化学工业出版社，2006.
[7] 朱永义等. 谷物加工工艺与设备. 北京：科学出版社，2002.
[8] 刘英等. 谷物加工工程. 北京：化学工业出版社，2005.
[9] 周显青. 稻谷精深加工技术. 北京：化学工业出版社，2006.
[10] 李新华，董海洲. 粮油加工学. 北京：中国农业大学出版社，2002.
[11] 姚惠源. 稻谷深加工. 北京：化学工业出版社，2004.
[12] 吴加根. 谷物与大豆食品工艺学. 北京：中国轻工业出版社，1995.
[13] 刘长虹. 蒸制面食生产技术. 北京：化学工业出版社，2005.
[14] 沈建福. 粮油食品工艺学. 北京：中国轻工业出版社，2002.
[15] 李则选. 粮食加工. 北京：化学工业出版社，2005.
[16] 周惠明，陈正行. 小麦制粉与综合利用. 北京：中国轻工业出版社，2001.
[17] 李里特. 大豆加工与利用. 北京：化学工业出版社，2004.
[18] 仇学农，李建科. 大豆制品加工技术. 北京：中国轻工业出版社，2002.
[19] 周显青. 食用豆类加工与利用. 北京：化学工业出版社，2003.
[20] 张志健. 新型豆制品加工工艺与配方. 北京：科学技术文献出版社，2002.
[21] 赵齐川. 豆制品加工技艺. 北京：金盾出版社，1994.
[22] 张振山，方继功. 豆制食品生产工艺与设备. 北京：中国食品出版社，1988.
[23] ［美］Keshun Liu 著. 大豆化学加工工艺与应用. 江连洲译. 哈尔滨：黑龙江科学技术出版社，2005.
[24] 王凤翼，钱方. 大豆蛋白质生产与应用. 北京：中国轻工业出版社，2004.
[25] 彭阳生. 植物油脂加工实用技术. 北京：金盾出版社，2003.
[26] 李全宏. 植物油脂制品安全生产与品质控制. 北京：化学工业出版社，2005.
[27] 刘大川，苏望懿. 食用植物油与植物蛋白. 北京：化学工业出版社，2001.
[28] 倪培德. 油脂加工技术. 北京：化学工业出版社，2004.
[29] 滕文军. 玉米食品加工工艺与配方. 北京：科学技术文献出版社，2001.
[30] 杜连起主编. 谷物杂粮食品加工技术. 北京：化学工业出版社，2004.
[31] 刘亚伟编著. 玉米淀粉生产及转化技术. 北京：化学工业出版社，2003.
[32] 张子飚编著. 玉米特强粉生产加工技术. 北京：金盾出版社，2004.
[33] 汤兆铮编著. 杂粮主食品及其加工新技术. 北京：中国农业出版社，2002.
[34] 王国扣. 世界薯类加工业的发展特点与方向. 粮油加工与食品工业，2002，(1).
[35] 许志勇，冯卫华编. 薯类制品加工工艺与配方. 北京：科学技术文献出版社，2001.
[36] 杜连起主编. 甘薯食品加工技术. 北京：化学工业出版社，2004.
[37] 陈志成主编. 薯类精深加工利用技术. 北京：化学工业出版社，2002.
[38] 杨政水. 甘薯综合加工研究. 中国农学通报，2004. 20 (4).

[39] 李庆龙主编. 粮食食品加工技术. 北京：中国食品出版社，1987.

[40] 刘玉田主编. 淀粉类食品新工艺与新配方. 济南：山东科学技术出版社，2002.

[41] 吴时敏主编. 功能性油脂. 北京：中国轻工业出版社，2001.

[42] 郑建仙主编. 现代功能性粮油制品开发. 北京：科学技术文献出版社，2003.

[43] 沈建福主编. 粮油食品工艺学. 北京：中国轻工业出版社，2002.

[44] 徐群英. 粮油功能食品的开发. 武汉工业学院学报，2000，(4)：14～16.

[45] 李昌文，欧阳韶晖. 小麦麸皮的综合利用. 粮油加工与食品机械，2003，(7)：55～56.